数控车削程序编制与调试

主　编　朱　勇
副主编　宋晓芬　雍　玲　周　芸
参　编　张向晖　金之彧　朱　笛　吴　敏
主　审　付　磊　何启超

重庆大学出版社

内容提要

本书以《数控车工国家职业标准(中级)》规定的知识和技能要求为基本目标,根据机械类专业 1+X 项目模式组织编写,提取典型工作任务设计学习任务。全书由七个项目组成,分别是:初识数控车床编程,数控车床仿真加工,轴类零件编程与调试,套类零件编程与调试,槽类零件编程与调试,螺纹零件编程与调试,综合零件车削编程与调试。

本书适合职业院校数控或机械专业师生使用,也可供相关从业人员、参加数控铣工考级的考生参考使用。

图书在版编目(CIP)数据

数控车削程序编制与调试／朱勇主编. -- 重庆：
重庆大学出版社,2022.6
ISBN 978-7-5689-3307-0

Ⅰ.①数… Ⅱ.①朱… Ⅲ.①数控机床—车床—车削
—程序设计—职业教育—教材②数控机床—车床—车
削—调试方法—职业教育—教材 Ⅳ.①TG519.1

中国版本图书馆 CIP 数据核字(2022)第 120936 号

数控车削程序编制与调试
SHUKONG CHEXIAO CHENGXU BIANZHI YU TIAOSHI

主 编 朱 勇
副主编 宋晓芬 雍 玲 周 芸
参 编 张向晖 金之彧 朱 笛 吴 敏
主 审 付 磊 何启超
策划编辑:鲁 黎
责任编辑:文 鹏 版式设计:鲁 黎
责任校对:关德强 责任印制:张 策

*

重庆大学出版社出版发行
出版人:饶帮华
社址:重庆市沙坪坝区大学城西路 21 号
邮编:401331
电话:(023)88617190 88617185(中小学)
传真:(023)88617186 88617166
网址:http://www.cqup.com.cn
邮箱:fxk@ cqup.com.cn(营销中心)
全国新华书店经销
重庆市国丰印务有限责任公司印刷

*

开本:787mm×1092mm 1/16 印张:17 字数:427 千
2022 年 6 月第 1 版 2022 年 6 月第 1 次印刷
印数:1—1 500
ISBN 978-7-5689-3307-0 定价:39.80 元

· 编委会 ·

主　编　朱　勇（上海市奉贤中等专业学校）

副主编　宋晓芬（上海市奉贤中等专业学校）

　　　　雍　玲（上海市奉贤工业技术学校）

　　　　周　芸（上海市奉贤中等专业学校）

参　编　张向晖（上海市奉贤中等专业学校）

　　　　金之彧（上海市奉贤中等专业学校）

　　　　朱　笛（上海市奉贤中等专业学校）

　　　　吴　敏（上海现代化工职业学院）

主　审　付　磊（武定县职业高级中学）

　　　　何启超（上海航天设备制造总厂有限公司）

前言

　　《数控车削程序编制与调试》是中等职业学校数控技术应用专业的一门专业（技能）方向课程，是该专业普通车削加工后续延伸课程，也是数控车削加工课程的前导课程。其功能是通过编制各种特征加工程序并进行模拟加工，帮助学生掌握数控车削加工程序的识读和编制方法，并达到数控车工（四级）职业资格标准中的相关要求，从而具备中、高等复杂程度零件数控车削程序识读和编制的职业能力。

　　本书根据理实训一体化的教学模式组织实施，重点关注对岗位人才的需求特点，提取企业岗位典型工作任务设计学习任务。本书编写本着"实用与够用"的原则，课程建议学时数为72学时。设计理念主要包括以下四项特点：

　　1. 工匠精神培养。培养学生的职业规范和综合职业素养，将安全和规范教育融入各个教学环节之中，注重培养团队协作精神、组织协调能力，注重培养学生的质量意识。

　　2. 教学内容呈现。以国家职业标准中级数控车工考核要求为基本依据，内容上主要以七个项目进行展开，教学内容符合当前中职学生的基础能力要求，任务实施与应用训练相互配合，相关知识与任务拓展巧妙联系，强调对学生自主学习与动手能力的培养。

　　3. 教学项目结构。从中等职业学校学生基础能力出发，遵循专业理论的学习规律和技能形成规律，根据数控车床编程的特征分类制定教学项目，按照由简到难的顺序，设计一系列项目，使学生在任务引领下学习数控车削程序编制与调试技能。

　　4. 教学实施形式。教学实施过程通过【任务描述】【学习要点】【相关知识】【任务实施】【任务拓展】【评价反馈】【每课一练】等形式，引导学生明确任务环节的学习目标，学习相关的知识和技能，并适当拓展相关知识内容。

本书主要教学内容及参考学时安排如下：

项目	任务	主要内容	参考课时	合计
项目1 初识数控车床及编程	任务1.1 认识数控车床	数控车床发展/结构/种类等	2	8
	任务1.2 了解数控车床坐标系	标准坐标系/机床坐标系/工件坐标系	2	
	任务1.3 熟悉数控车床程序	程序结构/G指令功能	4	
项目2 数控车床仿真加工	任务2.1 认识数控车床仿真系统	进入退出软件/界面/机床	4	12
	任务2.2 学会数控车床仿真软件操作	面板介绍/基板操作	4	
	任务2.3 数控车床零件仿真加工	实例1轴类仿真/实例2套类仿真	4	
项目3 轴类零件车削编程与调试	任务3.1 简单阶梯轴零件车削编程与调试	快速定位指令G00/G01/G90/94等	4	22
	任务3.2 外圆弧轴零件车削编程与调试	圆弧插补指令G02/G03/G41/G42等	8	
	任务3.3 综合阶梯轴零件车削编程与调试	复合循环指令G71/G72/G73/G70等	10	
项目4 套类零件车削编程与调试	任务4.1 钻削零件车削编程与调试	端面啄式钻孔循环指令G74	2	10
	任务4.2 阶梯孔零件车削编程与调试	圆柱/圆锥车削单一循环指令G90	4	
	任务4.3 锥孔零件车削编程与调试	内圆柱圆锥面加工指令G71	4	
项目5 槽类零件车削编程与调试	任务5.1 直槽车削编程与调试	暂停指令G04/外切槽刀及选用	2	6
	任务5.2 矩形槽车削编程与调试	径向切槽复合循环指令G75	2	

项目	任务	主要内容	参考课时	合计
项目 5 槽类零件车削编程与调试	任务 5.3 梯形带轮车削编程与调试	梯形槽轮廓基点坐标	2	6
项目 6 螺纹零件车削编程与调试	任务 6.1 外螺纹零件车削编程与调试	单行程螺纹切削指令 G32	2	6
	任务 6.2 内螺纹零件车削编程与调试	螺纹车削单一循环指令 G92	2	
	任务 6.3 综合螺纹零件车削编程与调试	螺纹切削复合循环指令 G76	2	
项目 7 综合零件车削编程与调试	任务 7.1 轴类零件综合车削编程与调试	复合循环指令应用 G71/G73/G92	4	8
	任务 7.2 套类零件综合车削编程与调试	复合循环指令应用 G71/G73/G76	4	
合　计			72	

备注:安排教学总学时为 72 学时 = 18 周/学期×4 学时/周,复习课和练习课可以机动安排。

　　本书由朱勇担任主编,负责统稿并编写项目 1、项目 2 中任务 1.1、1.2 以及项目 3 中任务 3.1;宋晓芬任副主编并编写项目 4,周芸编写项目 5,雍玲编写项目 6,张向晖编写项目 2 中任务 2.3 及全书零件图绘制;朱笛编写项目 3 中任务 3.3,金之彧编写项目 7;吴敏编写项目 3 中任务 3.2。

　　本书主审付磊为上海市机电技术应用名师培育工作室主持人,何启超为首批上海职业教育技能大师工作室主持人,第 46 届世界技能大赛上海代表队数控车铣削项目指导教练。

　　本书在编写过程中参阅了有关院校和科研单位的相关资料与文献,在此表示感谢! 由于编者水平有限,书中不当之处,恳求批评指正。

编　者

2022 年 1 月

目 录

项目 **1**
初识数控车床及编程

【项目导入】

1）何谓数控车床？

数控车床是计算机数字控制（Computerized Numerical Control，CNC）机床的一种高精度、高效率的自动化机床。数控车床按照事先编制好的加工程序，自动地对被加工零件进行加工，配备多工位刀塔或动力刀塔，可加工直线圆柱、斜线圆柱、圆弧和各种螺纹、槽、蜗杆等复杂工件，具有直线插补、圆弧插补等各种补偿功能，如图1-0-1所示。

图 1-0-1　数控车床

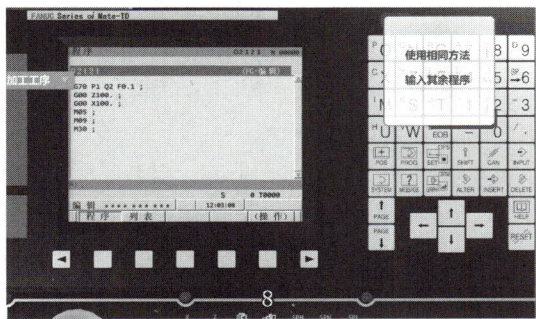

图 1-0-2　数控车床手工编程

2）何谓数控编程？

在数控车床上加工零件，首先需要根据零件图样分析零件的加工工艺过程、工艺参数等内容，用规定的指令或程序格式编制出正确的数控加工程序，这个过程称为数控编程。不同的数控系统和数控机床，它们程序指令是不同的，编程时必须按照数控机床的规定进行编程，如图1-0-2所示。

3）何谓数控编程方法？

数控编程方法可分为手工编程和自动编程（计算机辅助编程）两大类。

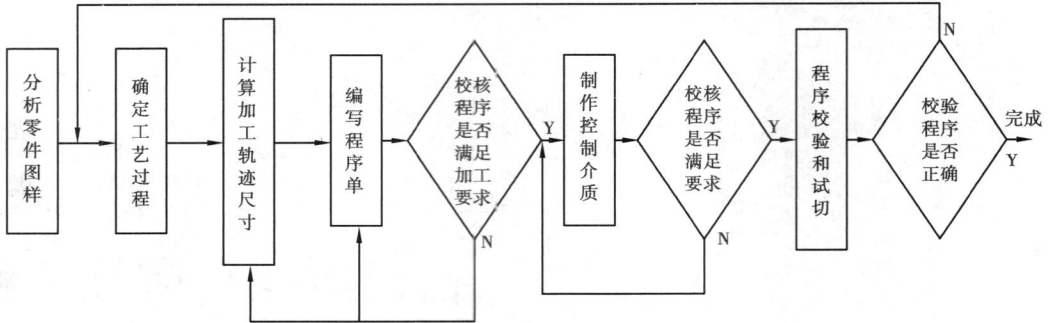

图 1-0-3　手工编程的一般流程

编程过程依赖人工完成的称为手工编程。手工编程主要用于结构简单并且可以使用数控系统提供的各种简化编程指令来编制数控加工程序的零件。由于数控车床主要的加工对象是回转体类零件,其程序的编制相对简单,因此其数控加工程序主要依靠手工编程完成。手工编程的一般过程如图 1-0-3 所示。

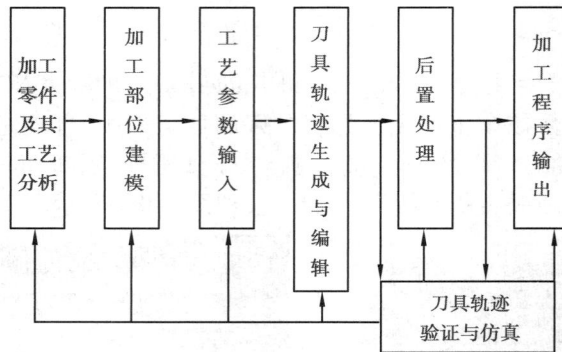

图 1-0-4　自动编程的一般流程

自动编程是指编程人员使用计算机辅助设计与制造软件绘制出零件的二维或三维图形,根据工艺参数选择切削方式,设置刀具参数和切削用量等,再经计算机系统处理,自动生成数控加工程序,并通过动态图形模拟校验程序的正确性。自动编程需要计算机辅助设计与制造软件的支持,也需要编程人员具有一定的工艺分析和手工编程的能力。自动编程的一般流程如图 1-0-4 所示。

【项目要求】

技能与学习水平:
①能够识别数控车床的类型。
②能够了解数控车床的工作原理。
③能确定数控车床坐标系原点。
④能用右手法则判别坐标系中 X、Z 的正方向。
⑤能识读数控车削程序格式及组成。

知识与学习水平：
①简述数控车床的结构。
②简述数控车床的分类。
③简述数控车床的工作原理及加工过程。
④简述数控车床的特点。
⑤简述机床坐标系、工件坐标系确定方法。
⑥简述数控程序的组成。

任务 1.1 认识数控车床

关键词	数控车床的型号	数控车床传动系统	数控车床的分类
	数控车床的功能	控制部分	伺服电动机

【任务描述】

认识数控车床的型号、种类、结构、主要加工内容及特点。仔细观察数控车床，了解其基本结构，说出 CKA6136 数控车床部件名称，如图 1-1-1 所示。

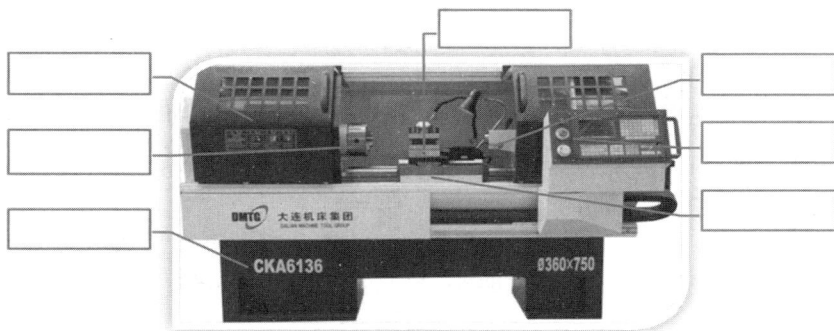

图 1-1-1　CKA6136 数控车床部件结构

【学习要点】

①了解数控车床的型号及种类。
②熟悉数控车床的结构及主要部件功能。
③了解数控车床的主要加工内容。
④能识别各种数控车床。

数控车床的结构介绍　　数控车床的面板介绍

【相关知识】

认识数控车床，观察车床外形及型号，分析、了解数控车床的主要结构、加工特点、加工内容，并且认识数控车床操作面板的按键功能。

1）数控车床的型号

数控车床的型号表示采用《金属切削机床　型号编制方法》标准（GB/T 15375—2008），采用字母及一组数字组成。

[例 1-1-1]　数控车床代号为 CKA6140，含义如下：

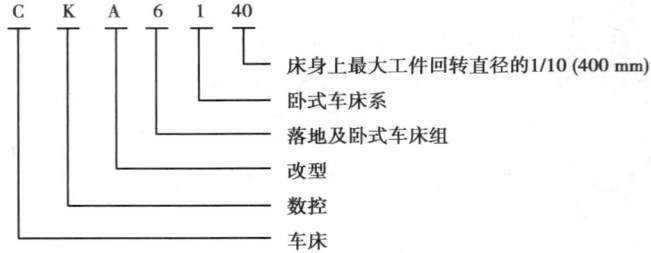

```
C   K   A   6   1   40
                    └── 床身上最大工件回转直径的1/10 (400 mm)
                └────── 卧式车床系
            └────────── 落地及卧式车床组
        └────────────── 改型
    └────────────────── 数控
└────────────────────── 车床
```

[例 1-1-2]　数控车床代号为 CJK6130，含义如下：

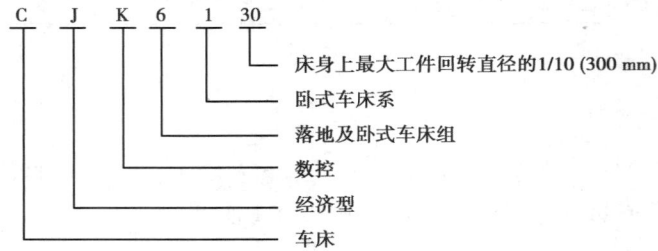

```
C   J   K   6   1   30
                    └── 床身上最大工件回转直径的1/10 (300 mm)
                └────── 卧式车床系
            └────────── 落地及卧式车床组
        └────────────── 数控
    └────────────────── 经济型
└────────────────────── 车床
```

2）数控车床传动系统

数控车床传动路线比普通车床有较大简化和改进，提高了加工精度，减少了传动误差。数控车床传动路线如图 1-1-2 所示。

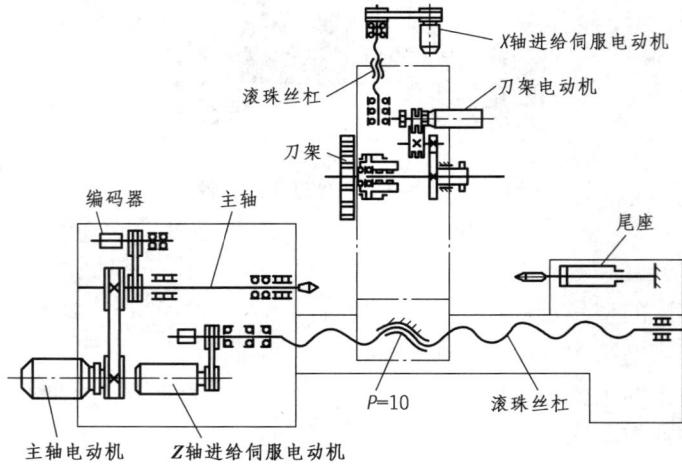

图 1-1-2　数控车床传动路线图

3）数控车床的结构和功能

数控车床结构由车床主体、控制部分、驱动部分、辅助部分等组成，见表 1-1-1。

表 1-1-1 数控车床结构

序号	组成部分	功能说明	实物展示
1	车床主体	车床主体部分是数控车床的基础,由床身、主轴箱与主轴部件、进给箱、滚珠丝杠、导轨、刀架、尾座等组成	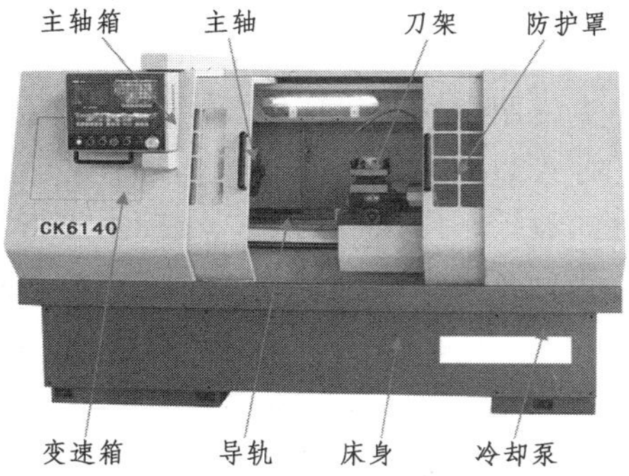 主轴箱 主轴 刀架 防护罩 变速箱 导轨 床身 冷却泵
2	控制部分	控制部分是数控车床的控制核心,由各种数控系统完成对数控车床的控制	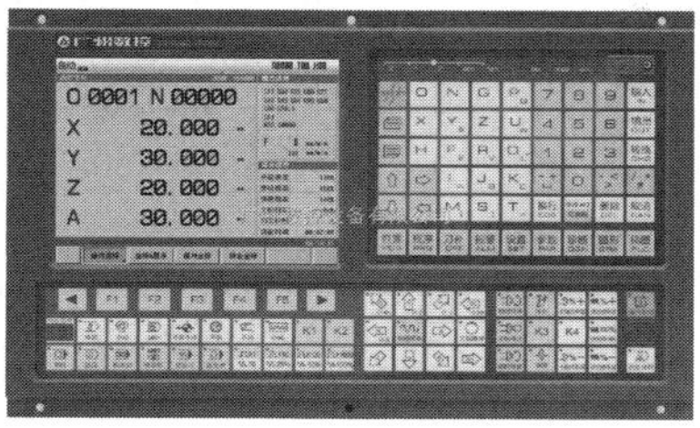
3	驱动部分	驱动部分是数控车床执行机构的驱动部件,由伺服驱动装置和伺服电动机组成	 伺服驱动装置和伺服电动机
4	辅助部分	辅助部分是完成数控加工辅助动作的装置,由冷却系统、润滑系统、照明系统、自动排屑系统、防护罩等组成	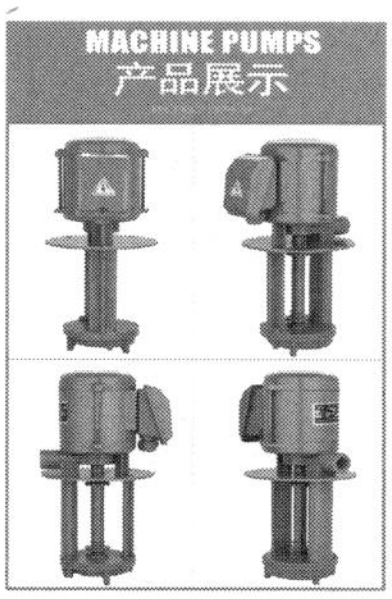 冷却泵  润滑泵

4)数控车床的分类

数控车床有多种分类方法,可以按主轴位置、数控系统、刀架数量、数控系统的功能分为以下几类：

（1）按数控车床主轴位置分类

①立式数控车床。

立式数控车床简称数控立车。其主轴垂直于水平面，并有一个直径很大的圆形工作台，供装夹工件用。这类机床主要用于加工径向尺寸大、轴向尺寸相对较小的大型复杂工件。

②卧式数控车床。

卧式数控车床又分为卧式数控水平导轨车床和卧式数控倾斜导轨车床。倾斜导轨可使数控车床具有更大的刚性，并易于排除切屑。

（2）按数控系统分类

常用的数控系统有日本 FANUC（法那科）和 MITSUBISHI（三菱）数控系统、德国 SIEMENS（西门子）和海德汉数控系统，西班牙的法格，以及我国广州数控系统、武汉华中和华兴数控系统、北京凯恩帝、上海开通、成都广泰、深圳珊星等，部分见表 1-1-2。

表 1-1-2　数控系统及控制面板

序号	数控系统	控制面板
1	FANUC 0i	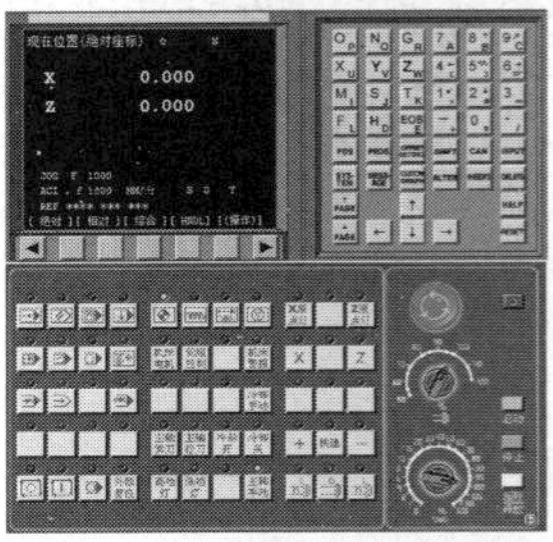
2	SIEMENS　810D	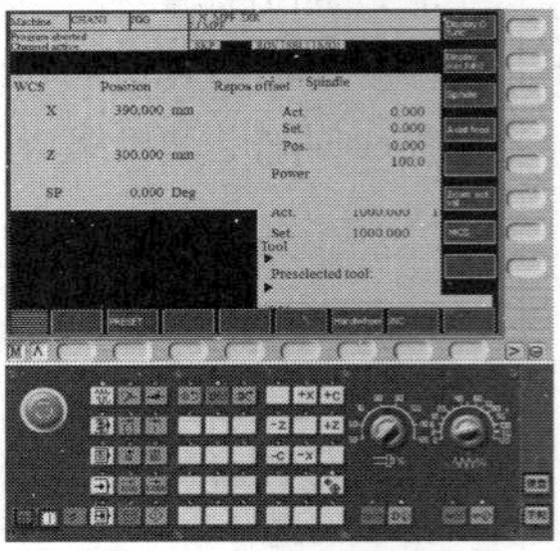
3	华中数控世纪星	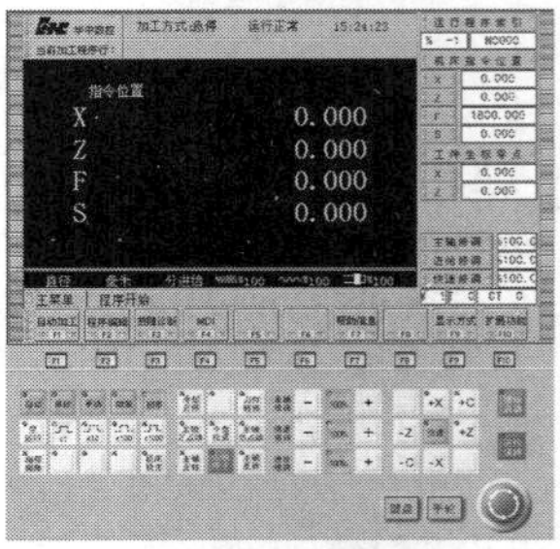

续表

序号	数控系统	控制面板
4	MITSUBISHI	
5	广州数控系统	

（3）按刀架数量分类

①单刀架数控车床。

普通数控车床一般都配置有各种形式的单刀架，如一刀位固定刀架、四刀位卧式回转刀架或多刀位自动回转刀架，如图1-1-3所示。

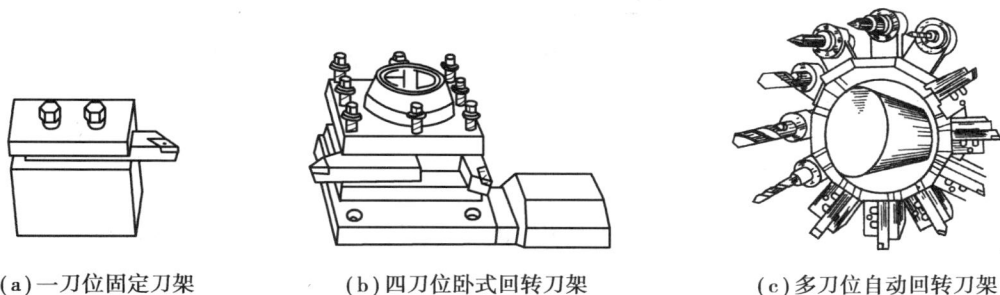

（a）一刀位固定刀架　　　　（b）四刀位卧式回转刀架　　　　（c）多刀位自动回转刀架

图1-1-3　单刀架形式的自动回转刀架

②双刀架数控车床。

双刀架的配置可以是平行交错结构，也可以是同轴垂直交错结构，如图1-1-4所示。

（4）按数控系统的功能分类

①经济型数控车床。

经济型数控车床，通常是基于普通车床进行数控改造的产物。一般采用开环或半闭环伺服系统；主轴一般采用变频调速，并安装有主轴脉冲编码器用于车削螺纹。一般刀架前置，具有功能简单、针对性强、精度适中等特点，主要用于精度要求不高且有一定复杂性的工作。

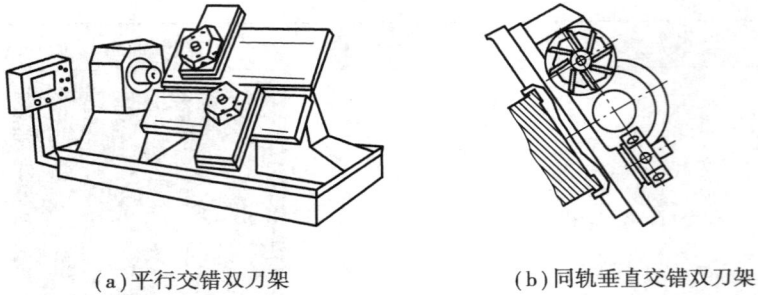

（a）平行交错双刀架　　　　　　（b）同轨垂直交错双刀架

图 1-1-4　双刀架形式的自动回转刀架

②全功能型数控车床。

全功能型数控车床,总体结构先进、控制功能齐全、辅助功能完善、加工自动化程度高,稳定性和可靠性好,适宜精度高、形状复杂、工序多、品种多变的单件或中小批量工件的加工。

③车削中心。

车削中心以全功能型数控车床为主体,并配置刀库、换刀装置、分度装置、铣削动力头和机械手等,如图 1-1-5 所示。在工件一次装夹后,它可完成回转类零件的车、铣、钻、铰、攻螺纹等多种加工工序,如图 1-1-6 所示。

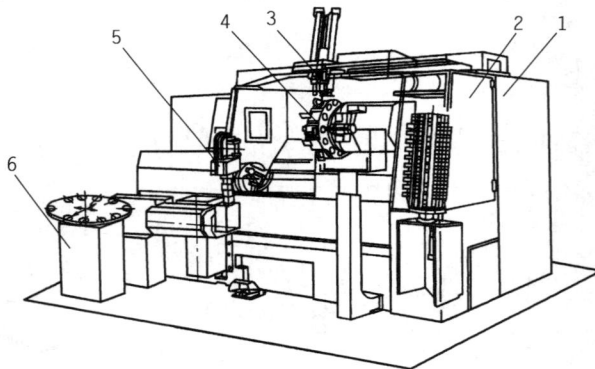

图 1-1-5　车削中心

1—车床主机;2—刀库;3—自动换刀装置;4—刀架;5—工件装卸机械手;6—载料机

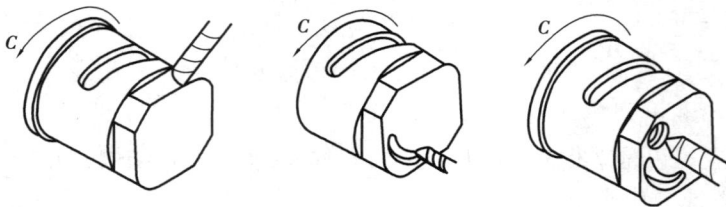

图 1-1-6　车削中心 C 轴加工能力

④FMC 车床。

FMC 车床实际上是一个由数控车床、机器人等构成的柔性加工单元。它能实现工件搬运、装卸的自动化和加工调整准备的自动化,如图 1-1-7 所示。

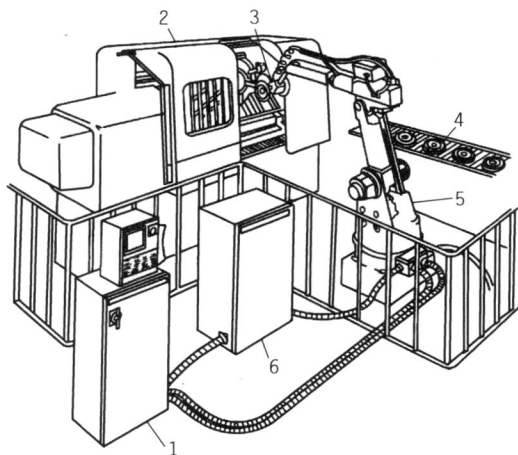

图 1-1-7 FMC 车床

1—机器人控制柜;2—NC 车床;3—卡爪;4—工件;5—机器人;6—NC 控制柜

5)数控车床的功能

数控车床的主要功能见表 1-1-3。

表 1-1-3 数控车床的主要功能

项目	简图	项目	简图
钻中心孔		钻孔	
铰孔		攻螺纹	
车外圆		镗孔	

续表

项目	简图	项目	简图
车端面	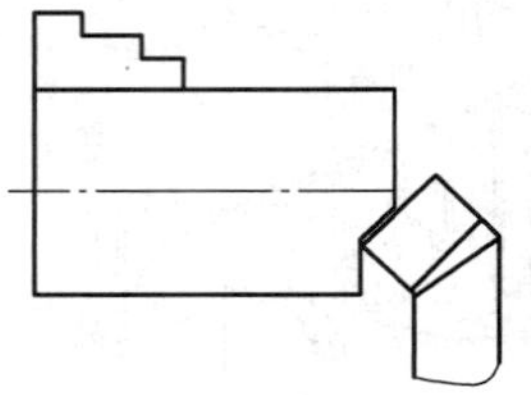	车槽	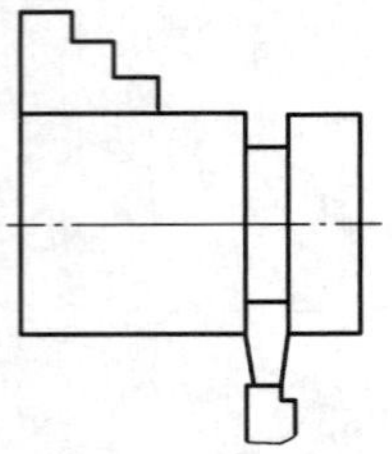
车成形面	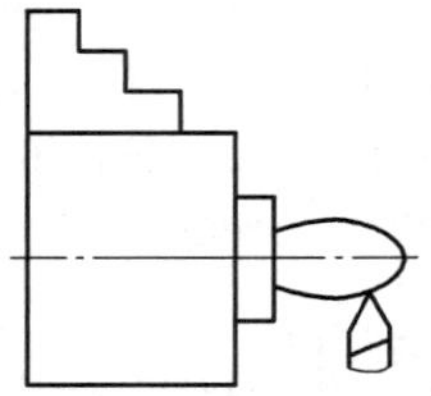	车圆锥	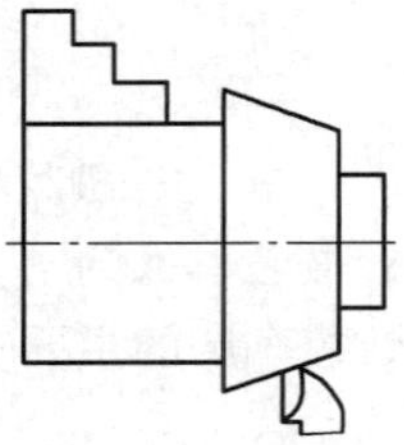
滚花	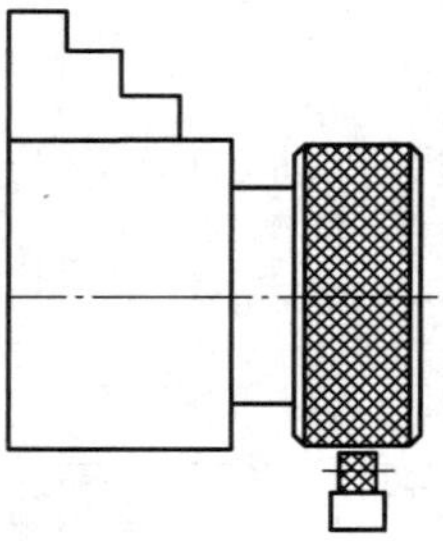	车螺纹	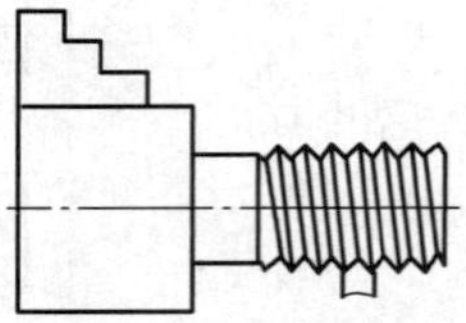

6)安全文明生产知识(含实习)

(1)着装要求

正确穿戴工作服、工作鞋、防护眼镜、工作帽等劳动保护用品,女同学必须将头发塞入帽中,以免发生事故;时时佩戴防护眼镜,防止切屑飞溅,损伤眼睛。

(2)纪律要求

严格听从实习指导教师安排,严格遵守上课纪律,不迟到,不早退,坚守岗位,不串岗、离岗,严禁在车间打闹、嬉戏。

(3)安全防护要求

牢固树立安全意识,对不熟悉的设备、设施、按钮不私自乱开乱动,不做有安全隐患的各种操作;在车间不慎受伤时,应及时处理并尽快向指导教师汇报。

(4)行为习惯和工作态度要求

认真聆听老师的每一步讲解,认真按老师的示范进行操作,认真执行岗位职责,严格遵守机床操作规程,不做与岗位无关的任何事情。

（5）团队合作要求

能与他人和睦相处,学会与他人共事,能尊重、帮助他人,能坦然面对竞争。

【任务实施】

本任务是认识数控车床型号、种类、结构、特点、加工内容及安全文明生产知识。实施任务需具备一定的条件,如各种类型数控车床、数控车床加工实例等,根据具体情况采用以下方法和步骤。

1）实施方法

参观数控实训车间或本地数控加工企业等形式认识数控车床,也可通过上网查询、老师提供图片、影印资料等途径来弥补设备的不足。对于数控系统面板按钮功能,主要通过上机实际操作或采用仿真软件来认识。

2）实施步骤

（1）知识和纪律教育

进行安全文明生产知识教育和纪律教育。

（2）认识数控车床型号、种类、特点

①记录并分析数控车床型号、加工零件形状及结构。

②记录所看到的数控车床种类,分析其特点。

③分析数控车床加工内容。

（3）认识数控车床各部分结构、功能

①观察数控车床整机。分析数控车床数控系统、床身组件、各部分结构及位置。

②认识主轴箱。观察主运动传动组成,观察其内部构造,分析其工作原理。

③认识 X、Z 向运动部件。观察进给传动组成、传动过程及特点。

④认识刀架。了解其使用方法,熟悉其功能。

⑤认识尾座。了解其使用方法,分析其工作原理。

⑥认识数控车床的辅助装置组成。

【任务拓展】

①了解本校数控实训中心数控车床数量、种类、加工典型零件等情况。

②了解数控车床的主要技术参数及作用。主要技术参数包括最大车削直径、最大车削长度、纵向最大行程、横向最大行程、主轴内孔直径、主轴转速范围、主电动机功率（kW）、滑板最大移动速度 X/Z、滑板移动最小设定单位 X/Z、刀架工位数、加工零件公差等级等。

【评价反馈】

任务评价见表1-1-4。

表 1-1-4 任务评价表

评分项目		评分标准或要求	配分	评价方式			得分
				自评 20%	互评 30%	师评 50%	
职业技能	技能知识	了解数控机床发展史	10				
		掌握数控车床的基本结构及作用	30				
		掌握数控车床的分类	15				
		了解数控车床的特点	15				
职业素养	学习意识	学习态度认真、主动性较强	5				
		能够根据材料自学,课前主动预习	5				
	合作意识	与组员合作融洽,帮助他人完成任务	5				
		具有良好的沟通、协作、组织能力	5				
	规范意识	理论一体教室环境卫生维护	5				
		多媒体教学设备维护	5				
总配分			100 分	总得分			

说明:教师就单个项目、活动或任务设计评分量表,可任意组合自评、互评、师评等评价方式,设置不同评价方式的权重并量化评价维度,明确评价具体要求。

【每课一练】

一、判断题

(　　)1. 道德是对人类而言的,非人类不存在道德问题。

(　　)2. 市场经济给职业道德建设带来的影响主要是负面的。

(　　)3. 爱岗敬业是一种社会道德规范。

(　　)4. 办事公道的前提是做到公私分明。

(　　)5. 知法懂法就意味着具有法制观念。

二、单选题

1. 职业道德运用范围的有限性不是指(　　)。

A. 特定的行业　　　B. 特定的职业　　　C. 特定年龄的人群　　　D. 公共道德关系

2. 职业道德的形式因(　　)而异。

A. 内容　　　　　　B. 范围　　　　　　C. 行业　　　　　　　　D. 行为

3. 诚实劳动体现的是(　　)。

A. 忠诚所属企业　　B. 维护企业信誉　　C. 保守企业秘密　　　　D. 爱护企业团结

4. 良好的人际关系体现出企业良好的(　　)。

A. 企业文化　　　　B. 凝聚力　　　　　C. 竞争力　　　　　　　D. 管理和技术水平

5. 从业人员遵守合同和契约是(　　)。

A. 忠诚所属企业　　B. 维护企业信誉　　C. 保守企业秘密　　　　D. 爱护企业团结

任务 1.2　了解数控车床坐标系

关键词	右手螺旋定则	机床坐标系	工件坐标系
	编程坐标系	工件原点	

【任务描述】

在编写数控车床加工程序的过程中,需要确定刀具与工件的加工位置,也需要通过机床参考点和坐标系来描述刀具的运动轨迹。为了便于编程时描述机床的运动,简化程序的编制方法,数控机床的坐标系和运动的方向均已标准化。

1)在图 1-2-1 所示零件图中绘出机床坐标系和工件坐标系

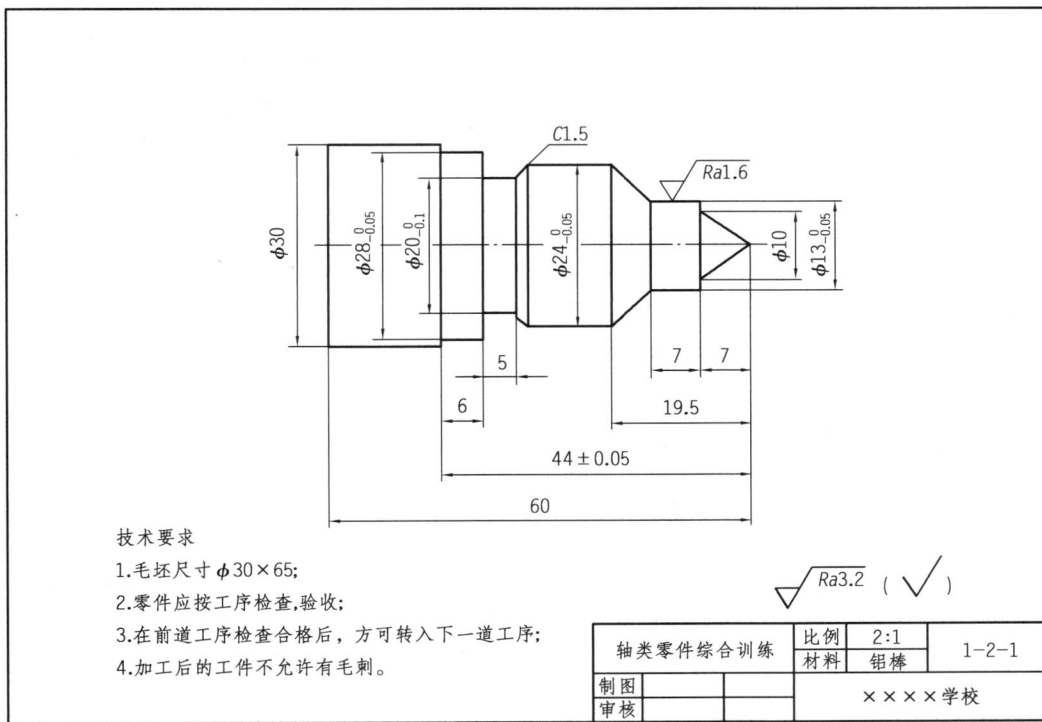

图 1-2-1

2)识读轴类零件图

如图 1-2-1 零件图样所示,将图纸信息填入表 1-2-1 中。

表 1-2-1 轴类零件图读图

序号	识读内容	内容信息
1	零件名称	
2	零件材料	
3	技术要求	
4	零件轮廓要素	
5	表面质量要求	

【学习要点】

①理解机床坐标系概念及作用。
②能用右手法则判别坐标系中 X 坐标、Z 坐标的正方向。
③具有识别各种数控车床坐标系的能力。

【相关知识】

为了便于编程时描述机床的运动,简化程序编制及保证记录数据的互换性,国际标准化组织统一了标准坐标系。我国《工业自动化系统与集成 机床数值控制 坐标系和运动命名》(GB/T 19660—2005)予以规定。

1)右手笛卡儿直角坐标系

右手笛卡儿直角坐标系规则,是用右手的拇指、食指和中指分别代表 X、Y、Z 轴,三个手指互相垂直,所指方向分别为 X、Y、Z 轴的正方向。在数控机床上为了确定机床的运动和方向,运用右手笛卡儿直角坐标的原则建立一个坐标系,称为机床坐标系。

如图 1-2-2 所示,机床上这三个坐标轴与机床的主要导轨相平行,为直线运动的坐标轴。围绕 X、Y、Z 各轴的回转运动分别用 A、B、C 表示,其正方向用右手螺旋定则确定。

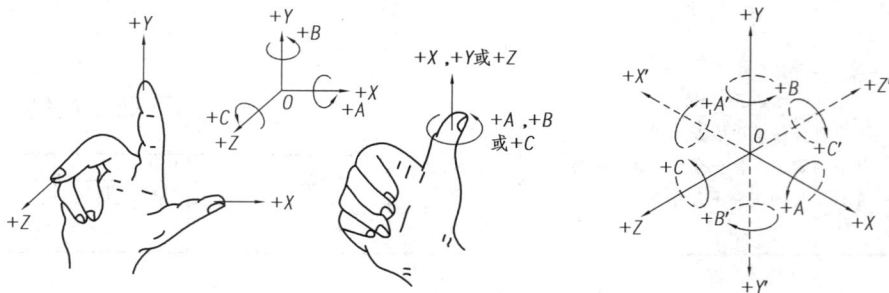

图 1-2-2 右手笛卡儿直角坐标系

2)刀具相对工件运动的原则

"永远假定工件是静止的,而刀具是相对于静止的工件运动",该原则使编程人员能在不知道刀具移向工件还是工件移向刀具的情况下,就可根据零件图纸,确定机床的加工过程及编程。坐标命名时,把刀具看作相对静止不动,工件移动,工件移动的坐标就用+X'、+Y'、+Z'、…、+C'等表示。

3）机床运动方向的确定

确定机床坐标轴时，一般是先确定 Z 轴，再确定 X 轴，最后确定 Y 轴。机床的某一直线运动部件的运动正方向规定为增大工件与刀具之间距离的方向。

（1）Z 坐标的运动

Z 坐标的运动由传递切削动力的主轴所决定，与主轴轴线平行的标准坐标轴即为 Z 坐标。卧式数控车床的 Z 轴平行于工件的回转轴线和纵向导轨，其正方向是增大车刀和工件之间距离的方向，如图 1-2-3 所示。

图 1-2-3　卧式车床坐标系

（2）X 坐标的运动

X 坐标的运动一般是水平的，它平行于工件装夹面，是刀具或工件定位平面内运动的主要坐标。卧式数控车床的 X 轴在工件的径向上，且平行于横向滑座，其正方向是安装在横向滑座的主要刀架上的刀具离开工件回转中心的方向。

数控车床的坐标介绍

（3）Y 坐标的运动

正向 Y 坐标的运动是根据 X 和 Z 的运动，根据右手笛卡儿直角坐标系来确定。

4）机床坐标系和工作坐标系

（1）机床坐标系

机床坐标系是数控车床的基本坐标系，它是以机床原点为坐标原点建立起来的 XOZ 直角坐标系。机床原点是由生产厂家决定的，它不是一个客观存在的物理点，而是通过设置机床参考点和在机床参数中设定机床参考点在机床坐标系中的坐标值来定义的一个固定点。机床参考点是一个物理点，其位置由 X、Z 向的挡块和行程开关确定。对于某台数控车床来讲，机床参考点与机床原点之间有严格的位置关系，机床出厂前已调试准确，确定为某一固定值，并输入机床参数中，这个值就是机床参考点在机床坐标系中的坐标。

机床每次通电之后，必须进行回参考点操作，通过确认机床参考点位置来间接确定机床原点位置，从而准确地建立机床坐标系，如图 1-2-4 所示。

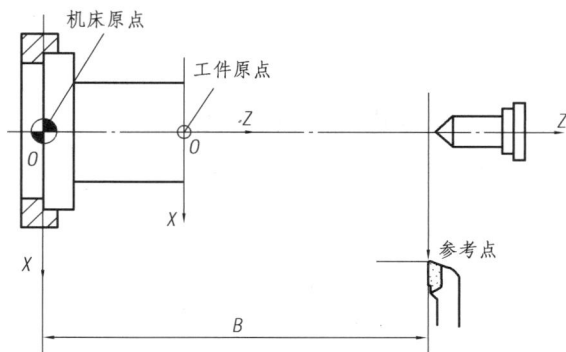

图 1-2-4　建立机床坐标系

（2）工件坐标系

数控车床加工时，工件可以通过卡盘夹持于机床坐标系下的任意位置。这样一来，用机

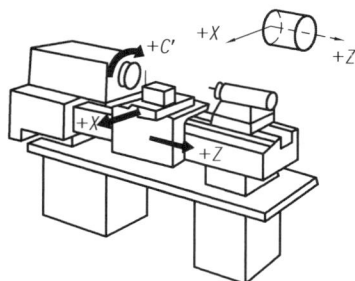

床坐标系描述刀具轨迹就显得不大方便。为此,编程人员在编写零件加工程序时通常要选择一个工件坐标系,即针对某一工件并根据零件图样建立的坐标系称工件坐标系(又称编程坐标系)。这样刀具轨迹就变为工件轮廓在工件坐标系下的坐标了。编程人员就不用考虑工件上各点在机床坐标系下的位置,从而将问题简化。

工件坐标系是人为设定的,设定的依据是既要符合尺寸标注的习惯,又要便于计算坐标和编程。

(3)工件原点

工件坐标系的原点是工件原点。选择工件原点时,最好将工件原点设置在工件图样中的尺寸能够方便地转换成坐标值的位置。数控车床工件原点一般设置在主轴中心线上工件的右端面或左端面,如图1-2-5所示。

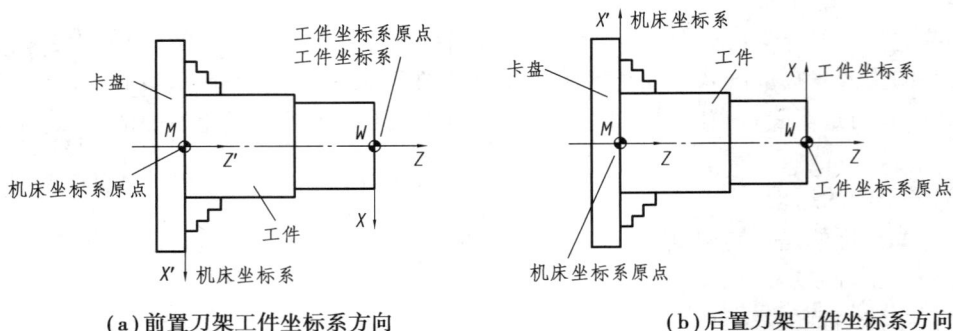

(a)前置刀架工件坐标系方向　　　　　(b)后置刀架工件坐标系方向

图1-2-5　数控车床工件坐标系与机床坐标系的关系

(4)工件原点选用原则

①能方便工件的装夹、测量和检验。

②对于有对称形状的几何零件,工件原点最好选在对称中心上。

③工件原点尽量选在尺寸精度较高的工件表面上,这样可以提高工件的加工精度和同一批零件的一致性。

④工件原点选在工件图样的尺寸基准上,这样可以直接使用图样标注的尺寸作为编程点的坐标值,减少计算工作量。

【任务实施】

①在生产中所使用的数控车床有哪几个坐标轴?

②伸出右手,根据右手笛卡儿直角坐标系,判定图1-2-1卧式车床的坐标轴及正负方向。

③数控车床上有哪些坐标系?它们之间有什么关系?分别在什么位置?怎样进行设置?

④数控车床的机床原点、机床参考点及工件原点之间有何区别?试以某具有参考点功能的车床为例,用图示表达出它们之间的相对位置关系。

【任务拓展】

①轴类毛坯如图1-2-6所示,绘制机床原点、工件原点及工件坐标系。

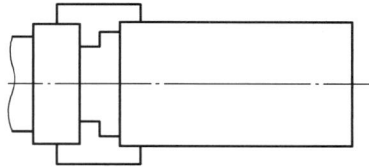

图 1-2-6　光轴

②如图 1-2-7 所示,绘制机床原点、工件原点及工件坐标系。

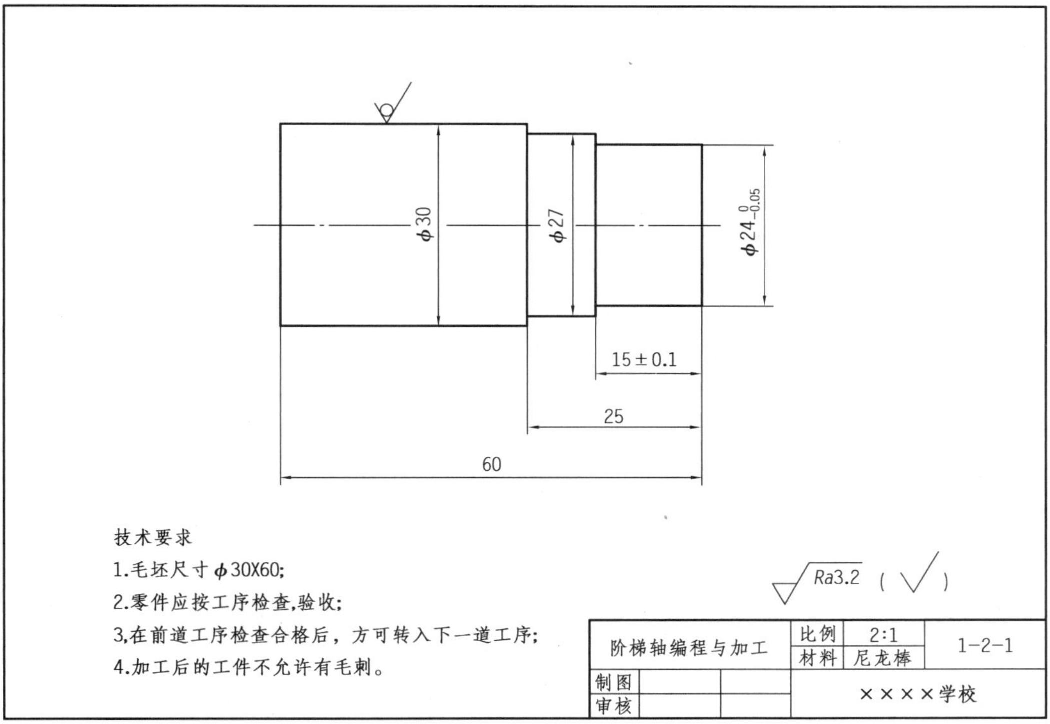

φ30
φ27
φ24 0 -0.05
15±0.1
25
60
技术要求
1.毛坯尺寸 φ30X60;
2.零件应按工序检查,验收;
3.在前道工序检查合格后，方可转入下一道工序;
4.加工后的工件不允许有毛刺。
Ra3.2 (√)
阶梯轴编程与加工
比例
2:1
材料
尼龙棒
1-2-1
制图
审核
××××学校

图 1-2-7　阶梯轴编程与加工

【评价反馈】

任务评价,见表 1-2-2。

表 1-2-2　任务评价表

评分项目		评分标准或要求	配分	评价方式			得分
				自评 20%	互评 30%	师评 50%	
职业技能	技能知识	能对机床进给运动进行分析	10				
		确定 *Y* 轴方向	20				
		确定 *X* 轴方向	20				
		确定 *Z* 轴方向	20				

续表

评分项目		评分标准或要求	配分	评价方式			得分
				自评20%	互评30%	师评50%	
职业素养	学习意识	学习态度认真、主动性较强	5				
		能够根据材料自学、主动进行课前预习	5				
	合作意识	与组员合作融洽，帮助他人完成任务	5				
		具有良好的沟通、协作、组织能力	5				
	规范意识	理实一体教室环境卫生维护	5				
		多媒体教学设备维护	5				
总配分			100分	总得分			

说明：教师就单个项目、活动或任务设计评分量表，可任意组合自评、互评、师评等评价方式，设置不同评价方式的权重并量化评价维度，明确评价具体要求。

【每课一练】

一、判断题

(   )1. 右手直角坐标系中的拇指表示 Z 轴。

(   )2. 在直角坐标系中，与主轴轴线平行或重合的轴一定是 Z 轴。

(   )3. 绕 Z 轴旋转的回转运动坐标轴是 K 轴。

(   )4. 机床参考点是由程序设定的一个基准点。

(   )5. 编制数控加工程序时，一般以机床坐标系作为编程的坐标系。

二、单选题

1. 数控机床 Z 轴(   )。

A. 与工件装夹平面垂直   B. 与工件装夹平面平行

C. 与主轴轴线平行   D. 水平安置

2. 绕 X 轴旋转的回转运动坐标轴是(   )。

A. A 轴   B. Y 轴   C. Z 轴   D. U 轴

3. 右手直角坐标系中(   )表示 Z 轴。

A. 拇指   B. 食指   C. 中指   D. 无名指

4. 数控机床的标准坐标系是以(   )来确定的。

A. 右手笛卡尔直角坐标系   B. 绝对坐标系

C. 相对坐标系   D. 极坐标系

5. 数控机床上有一个机械原点，该点到机床坐标系零点在进给坐标轴方向上的距离可以在机床出厂时设定，该点称(   )。

A. 换刀点   B. 工件坐标原点   C. 机床坐标原点   D. 机床参考点

任务1.3 熟悉数控车床程序

关键词	程序号	数控程序段	准备功能字
	辅助功能字	刀具功能字	直径值编程

【任务描述】

数控编程示例图形如图1-3-1所示,要求会识读程序,并且了解程序段的指令含义及作用,见表1-3-1。

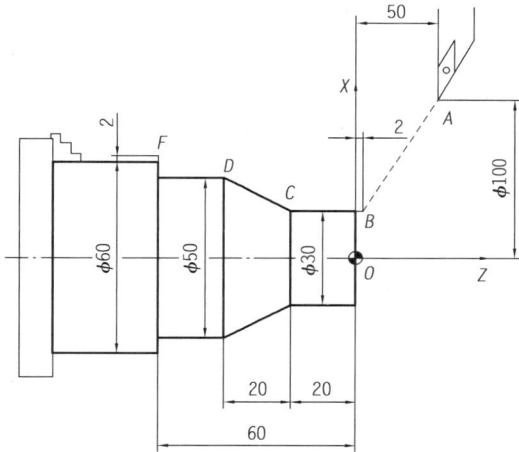

图1-3-1 数控编程示例图形

表1-3-1 程序及说明

程序	说明
O1111;	
N10 G50 X100.0 Z50.0;	
N20 M04 S800;	
N30 G00 X30.0 Z2.0;	
N40 G01 Z-20.0 F0.1;	
N50 X50.0 Z-40.0;	
N60 Z-60.0;	
N70 X64.0;	
N80 G00 X100.0 Z50.0;	
N90 M05;	
N100 M30;	

【学习要点】

①理解数控编程的概念与编程方法。
②掌握数控程序的格式及组成。
③掌握数控编程的常用专业术语及指令代码。
④掌握数控车床的编程规则。

【相关知识】

1）数控程序的结构

一个完整的程序由程序号、程序内容和程序结束三个部分组成。其格式见表1-3-2。

表1-3-2 数控程序结构组成

程序	说明
O0001 ；	程序名
N10 T0101 ；	程序主体内容
N20 S800 M03 ；	
N40 G90 G00 X28.0 ；	
N50 G01 X-8.0 Y8.0 F200 ；	
N60 G01 X0 Y0 ；	
N70 G01 X28.0 Y30.0 ；	
N80 G00 X40.0 ；	
⋮	
N110 M05 ；	
N120 M30 ；	程序结束

（1）程序号

在程序的开头要有程序号，以便进行程序检索。程序号就是给零件加工程序一个编号，说明该零件加工程序开始。如数控系统中，一般采用英文字母"O"及其后4位十进制数（不能全为0）表示（Oxxxx）程序号。4位数中，若前面为0，则可以省略，如"O0010"等效于"O10"。

（2）程序内容

程序内容是整个加工程序的核心，通常由若干程序段组成，每个程序段由一个或多个指令构成，表示数控机床要完成的全部动作。

（3）程序结束

程序结束是以程序结束指令M02、M30或M99（子程序结束）作为程序结束的符号，用来结束零件加工。M02与M30在有些机床（系统）上使用时是完全等效的，而在另一些机床（系统）上使用有所不同。用M02自动运行结束后光标停在程序结束处；而用M30自动运行结束后，光标和屏幕显示能自动返回程序开头处，一按"循环启动"钮就可以再次运行程序。

2）数控程序段的组成

为使机床自动操作而给数控机床发出的一组指令称数控程序。数控程序由若干个"程序段"组成,程序段又是由字母(或地址)和数字组成的,字表示某一功能的组代码符号。如:

X50.0:为一个字,表示 X 向尺寸为 50 mm

F20:为一个字,表示进给速度为 20 mm/min

程序字是机床数字控制的专用术语,又称程序功能字。程序段格式是指一个程序段中各字的排列顺序及其表达方式。目前使用最多的则是地址字程序段格式,见表 1-3-3。所谓地址字可变程序段格式,就是在一个程序段内数据的数目及字的长度(位数)都是可以变化的格式。该格式的优点是程序简短、直观,容易检验、修改。

表 1-3-3　地址字程序段格式

序号	1	2	3	4	5	6	7	8	9	10	11
代号	N	G	X U	Y V	Z W	I J K R	F	S	T	M	;
含义	顺序号字	准备功能字		坐标尺寸字			进给功能字	主轴转速功能字	刀具功能字	辅助功能字	结束符

例如:

N20　G01　X25.　Z-36.　F100　S800　M03　T0101;

3）地址字及其功能

（1）顺序号字 N

顺序号也称作程序段号,一般位于程序段开头,N 后面由 1～4 位数字组成。对于整个程序,名字前有地址,名字的排列顺序要求不严,数据的位数可多可少。顺序号字的作用如下:

①便于对程序进行校对和检索修改。

②用于加工过程中的显示屏显示。

③便于程序段的复归操作,例如回到程序的中断处再开始操作。

④主程序、子程序或宏程序中用于指明条件转向或无条件转向的目标。

（2）准备功能字 G

准备功能字称作 G 指令或 G 功能,用来指定数控机床的加工方式和插补方式。数控车床 FANUC 0i 系统准备功能 G 功能代码见表 1-3-4。

表 1-3-4　数控车床 FANUC 系统准备功能 G 代码表

指令	组	功能
G00	01	快速定位
G01		直线插补
G02		顺时针圆弧插补
G03		逆时针圆弧插补

续表

指令	组	功能
G04	00	暂停
G10		设定数据
G20	06	英制数据输入
G21		米制数据输入
G27	00	返回参考点校验
G28		返回参考点
G32	01	螺纹切削
G34		可变导程螺纹切削
G40	07	取消刀尖半径补偿
G41		刀尖半径左补偿
G42		刀尖半径右补偿
G50	00	设定坐标系或主轴最高转速
G65		调用用户宏程序
G70		精加工复合循环
G71		外圆粗加工复合循环
G72		端面粗加工复合循环
G73		固定形状加工复合循环
G74		端面钻孔复合循环
G75		外圆切槽复合循环
G76		螺纹切削复合循环
G90	01	外径、内径车削单循环
G92		螺纹切削单循环
G94		端面切削单循环
G96	02	主轴恒线速控制
G97		主轴恒转速控制
G98	05	每分钟进给量
G99		每转进给量

①G 指令是使数控机床做好某种操作的准备指令,用地址 G 和两位数字来表示,G00 ~ G99 共 100 种。

②G 指令又称准备功能,是使数控机床做某种运动方式的指令。地址 G 和数字组成的字表示准备功能,也称为 G 代码。

③G 指令分为模态与非模态两类。一个模态 G 功能被指令后,直到同组的另一个 G 功能被指令后才无效。非模态的 G 功能仅在其被指令的程序段中有效。

（3）坐标尺寸字

坐标尺寸字在程序段中主要用来指定数控机床刀具到达的坐标位置。坐标尺寸字是由规定的地址符及后续的带正、负号或是带正、负号又有小数点的多位十进制数组成的。尺寸字由地址码、"+""-"符号及绝对值（或增量）的数值构成。尺寸字的地址码有 X,Y,Z,U,V,W,P,Q,R,A,B,C,I,J,K,D 和 H 等。

（4）进给功能字 F

进给功能字称作 F 指令或 F 功能,它的功能是指定数控机床刀具切削的进给速度,单位为 mm/min 或 mm/r。它由地址码 F 和后面若干位数字构成。这个数字的单位取决于每个数控系统所采用的进给速度的指定方法。F 的单位取决于 G98（每分钟进给量,单位为 mm/min）或 G99（每转进给量,单位为 mm/r）。

对于车床:每分钟进给量 = 主轴每转进给量×主轴转速:

$$F = f \times n$$

式中 F——每分钟进给量;

　　　　f——每转进给量;

　　　　n——主轴转速。

注意事项:

①F 指令为模态指令,在工作时 F 值一直有效,直到被新的 F 值所取代,但 G00 快速定位时不指定 F 值,因为 G00 的速度由系统参数决定,与 F 值无关。

②粗车时进给量 f 一般取 0.3 ~ 0.8mm/r,精车时一般取 0.1 ~ 0.3mm/r,切断时常取 0.05 ~ 0.2 mm/r。

（5）主轴转速功能字 S

主轴转速功能字称作 S 指令或 S 功能,主要用来指定数控机床的主轴转速或速度,单位为 r/min 或 m/min,由地址码 S 和其后面的若干位数字组成。S 是模态指令,S 功能只有在主轴速度可调节时有效,所指定的主轴转速可以借助机床控制面板上的主轴倍率开关进行调整。

例:

G96 S150:指令表示控制主轴转速,使切削点的速度始终保持在 150 m/min。

G97 S1000:指令表示主轴转速 1 000 r/min。

（6）刀具功能字 T

刀具指令由地址符 T 和数字组成,具有选择、调用刀具的功能。FANUC 0i 系统中,数控车床的刀具指令由地址符和四位数字组成,例如"T0101",前两位数字为刀具号,后两位数字为刀具补偿号。刀具补偿包括刀具位置补偿和刀尖圆弧半径补偿。没有换刀功能的数控系统一般没有 T 功能。

（7）辅助功能字 M

辅助功能代码用于控制机床的辅助设备,如主轴、刀架和冷却泵的工作,并由继电器通电与断电控制辅助设备。辅助功能 M 代码由地址字符 M 与后面二位数地址值组成,M00 ~ M99 共 100 种。数控车床 FANUC 数控系统辅助功能 M 代码表见表 1-3-5。

表 1-3-5　数控车床 FANUC 系统辅助功能 M 代码表

指令	功能	说明
M00	程序停止	机床无条件暂停,按程序启动按钮后继续执行后面程序段
M01	任选停止	与 M00 功能相似,控制面板"条件停止"开关接通有效
M02	程序结束	主程序运行结束指令,结束加工程序运行
M03	主轴正转	从主轴前端向主轴尾端看,主轴逆时针运转
M04	主轴反转	从主轴前端向主轴尾端看,主轴顺时针运转
M05	主轴停止	主轴停止转动
M06	刀具交换	按指定刀具号换刀
M08	切削液开	切削液自动打开
M09	切削液关	切削液自动关闭
M30	程序结束	程序结束后自动返回程序头,机床控制系统复位
M98	调用子程序	主程序调用子程序指令
M99	子程序返回	子程序结束并返回到主程序指令

（8）程序段结束

FANUC 0i 数控系统的程序段结束符号用"；"表示。

4）数控车床编程规则

（1）绝对值编程、增量值编程和混合编程

编程时,既可采用绝对值编程,又可采用增量值编程,或是采用绝对值与增量值结合的混合编程。

①绝对值编程。

绝对值编程是根据预先设定的编程原点（工件坐标系原点）计算出工件轮廓基点或节点的绝对值坐标进行编程的一种方法。采用绝对值编程时,首先要找出编程原点的位置,并用地址符 X、Z 表示工件轮廓基点或节点的绝对坐标,然后进行编程。

绝对值编程：G00 X__Z__；

②增量值编程。

增量值编程是用相对于前一位置的坐标增量值来表示位置的一种编程方法,即程序中的终点坐标是相对于起点坐标而言的。采用增量值编程时,用地址符 U、W 代替 X、Z 进行编程。

增量值编程：G00 U__W__；

③混合编程。

设定工件坐标系后,采用绝对值编程与增量值编程混合起来的方式进行编程的方法称为混合编程。进行数控编程时,采用绝对值编程还是增量值编程,或是混合编程,取决于数据处理的方便程度,例如 G00 X70.0 W-60.0;或 G00 U-40.0 Z30.0；。

（2）直径值编程和半径值编程

数控车床加工的工件多为横截面是圆的轴类零件,因此可将数控车床的系统参数设定为采用工件直径尺寸编程或半径尺寸编程。数控车床系统出厂设置为直径编程,在编制与 X 轴有关的各项尺寸的程序时一定要用直径编程。在直径编程中,直接取图样中轴类零件的直径值作为 X 轴的值。在半径编程中,取轴类零件横截面的中心线至外表面的距离值,即半径值作为 X 轴的值。

如图 1-3-2 所示,用直径编程方式 A、B 点的坐标值为:A(X30.0,Z0)、B(X50.0,Z-20.0);如图 1-3-3 所示,用半径编程方式 A、B 点的坐标值为:A(X15.0,Z0)、B(X25.0,Z-20.0)。

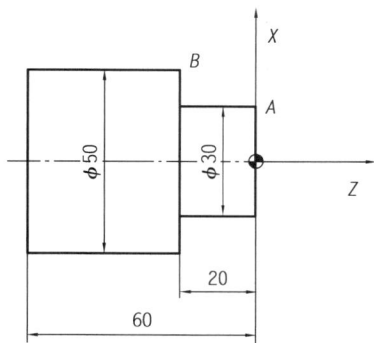

图 1-3-2   直径编程   图 1-3-3   半径编程

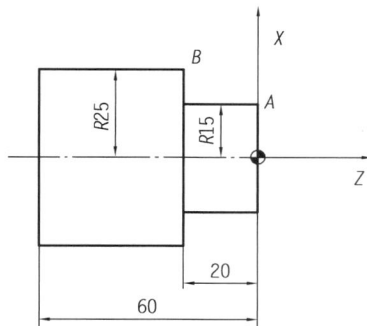

(3)小数点输入数值类型

FANUC 数控系统小数点输入数值有两种类型:计算器型小数点输入和标准型小数点输入。程序指令中没有加上小数点时,在计算器型小数点输入的情况下,其单位为 mm;在标准型小数点输入的情况下,指令值的单位为最小设定单位 μm。

一般通过参数来选择计算器型小数点输入或标准型小数点输入。在同一程序中,小数点输入和不带小数点输入可以混合使用。小数点输入数值类型示例见表 1-3-6。

表 1-3-6   小数点输入数值类型示例

程序指令	计算器型小数点输入	标准型小数点输入
X1000 不带小数点的指令值	1 000 mm 单位:mm	1 mm 单位:最小设定单位(0.001 mm)
X1000.0 带小数点的指令值	1 000 mm 单位:mm	1 000 mm 单位:mm

【任务实施】

根据相关知识,识读表 1-3-7 中的程序内容。

表 1-3-7   程序及说明

程序	说明
O1111;	程序名
N10 G50 X100.0 Z50.0;	建立工件坐标系
N20 M04 S800;	主轴反转,转速为 800 r/min

续表

程序	说明
N30 G00 X30.0 Z2.0;	刀具快速靠近工件 A—B
N40 G01 Z-20.0 F0.1;	车削外圆 B—C
N50 X50.0 Z-40.0;	车削锥面 C—D
N60 Z-60.0;	车削外圆 D—E
N70 X64.0;	车削台阶右端面 E—F
N80 G00 X100.0 Z50.0;	刀具快速离开工件 F—A
N90 M05;	主轴停转
N100 M30;	程序结束

【任务拓展】

1）识读程序段指令含义

要求：根据程序段指令功能，写出划线指令含义。

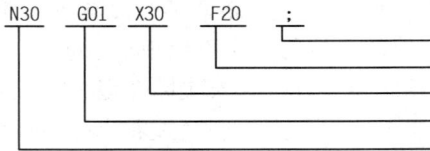

N30　G01　X30　F20　　；

2）识读刀具功能含义

要求：根据刀具功能指令，写出划线内容含义。

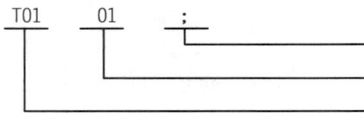

T01　01　　；

3）识读程序含义

要求：根据阶梯轴编程与加工图（图1-3-4），填写表1-3-8，并且在图中用大写字母标注相应位置。

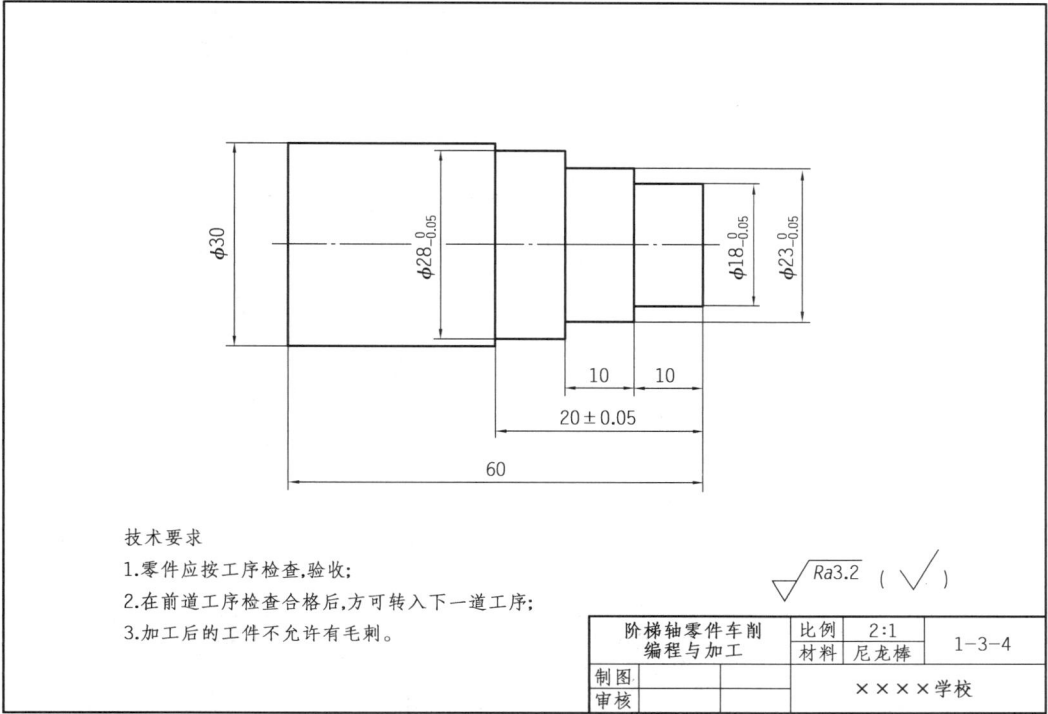

技术要求

1.零件应按工序检查,验收;

2.在前道工序检查合格后,方可转入下一道工序;

3.加工后的工件不允许有毛刺。

$\sqrt{Ra3.2}$（ $\sqrt{}$ ）

阶梯轴零件车削编程与加工	比例	2:1	1-3-4
	材料	尼龙棒	
制图			××××学校
审核			

图 1-3-4　阶梯轴零件图

表 1-3-8　程序及说明

程序	说明
O1111 ;	
N10 T0101 ;	
N20 M03 S600 ;	
N30 G00 X40. Z5. ;	
N40 G01 X18. Z0 F0. 2 ;	
N50 G01 X18. Z−10. F0. 2 ;	
N60 G01 X23. Z−10. F0. 2 ;	
N70 G01 X23. Z−20. F0. 2 ;	
N80 G01 X28. Z−30. F0. 2 ;	
N90 G01 X40. Z−30. F0. 2 ;	
N100 G00 X40. Z5. ;	
N110 G00 X100. Z50. ;	
N120 M05 ;	
N130 M30 ;	

4）识读零件填写坐标

轴类零件图如图 1-3-5 所示，填写表 1-3-9 零件轮廓绝对坐标和增量坐标。

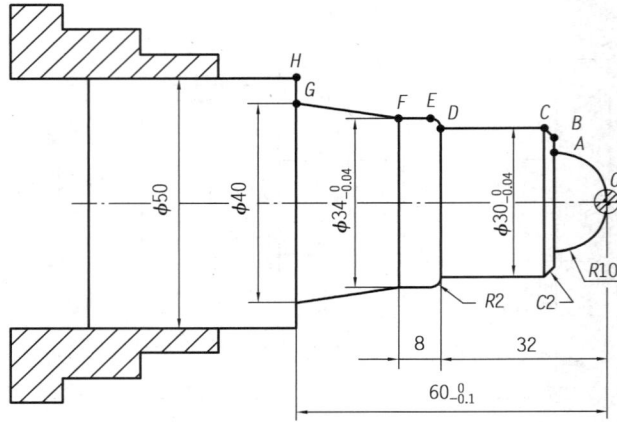

图 1-3-5　轴类零件图

表 1-3-9　轴类零件轮廓坐标

序号	编号	绝对坐标		增量坐标	
		X	Z	U	W
1	O				
2	A				
3	B				
4	C				
5	D				
6	E				
7	F				
8	G				
9	H				

【评价反馈】

任务评价，见表 1-3-10。

表 1-3-10　任务评价表

评分项目		评分标准或要求	配分	评价方式			得分
				自评 20%	互评 30%	师评 50%	
职业技能	技能知识	掌握数控编程概念的相关知识	5				
		掌握编程步骤的相关知识	5				
		掌握程序结构的相关知识	5				
		掌握 M 指令的相关知识	10				
		掌握 G 指令的相关知识	10				
		掌握其他指令的相关知识	10				
		能够对零件进行坐标计算	25				
职业素养	学习意识	学习态度认真、主动性较强	5				
		能够根据材料自学、主动进行课前预习	5				
	合作意识	与组员合作融洽,帮助他人完成任务	5				
		具有良好的沟通、协作、组织能力	5				
	规范意识	理实一体教室环境卫生维护	5				
		多媒体教学设备维护	5				
总配分			100 分	总得分			

说明:教师就单个项目、活动或任务设计评分量表,可任意组合自评、互评、师评等评价方式,设置不同评价方式的权重并量化评价维度,明确评价具体要求。

【每课一练】

一、判断题

(　　)1. 目前,椭圆轨迹的数控加工一定存在节点计算。

(　　)2. 忽略机床精度,插补运动的轨迹始终与理论轨迹相同。

(　　)3. 数控系统的脉冲当量越小,数控轨迹插补越精细。

(　　)4. 右手直角坐标系中的拇指表示 Z 轴。

(　　)5. 通常在命名或编程时,不论何种数控机床都一律假定工件静止、刀具运动。

二、单选题

1. 在同一个程序段中可以指定几个不同组的 G 代码,如果在同一个程序段中指令了两个以上的同组 G 代码,只有(　　)G 代码有效。

A. 最前一个　　　　B. 最后一个　　　　C. 任何一个　　　　C. 程序段错误

2. G57 指令与(　　)指令不是同一组的。

A. G56　　　　　　B. G55　　　　　　C. G54　　　　　　C. G53

3.下列 G 指令中,(　　　)是非模态指令。

A. G02　　　　　　B. G42　　　　　　C. G53　　　　　　D. G54

4.只在本程序段有效,其他程序段需要时必须重写的 G 代码称为(　　　)。

A.模态代码　　　　B.续效代码　　　　C.非模态代码　　　　D.单步执行代码

5.在 FANUC 系统中,下列程序段中不正确的是(　　　)。

A. G04 P1.5　　　　B. G04 X2　　　　C. G04 X0.500　　　　D. G04 U1.5

项目 **2**
数控车床仿真加工

【项目导入】

本项目通过认识数控车床、数控车床的开机回零、数控程序的输入与编辑、数控车床对刀操作、数控车削加工仿真等任务实施,熟悉 FANUC 0i 数控系统面板功能、基本操作及数控仿真软件的使用等内容,理解机床坐标系、工件坐标系、数控程序结构等理论知识,初步具备数控车床基本操作、仿真技能,为后面零件加工项目的实施提供一定数控机床操作、程序校验与仿真等技能知识准备,如图 2-0-1 所示。

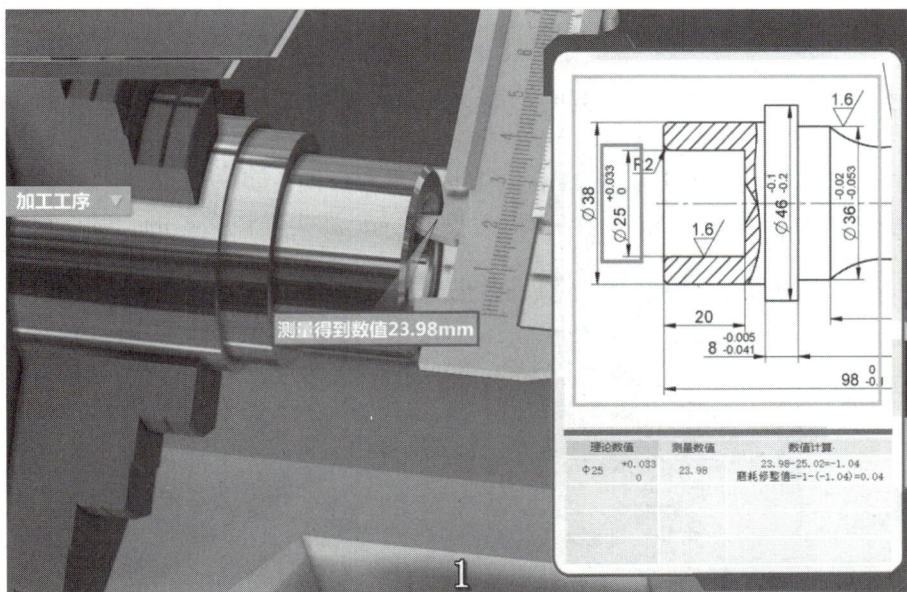

图 2-0-1　数控车床仿真加工动画

【项目要求】

技能与学习水平:

1. 能使用仿真软件数控车床的各按键操作功能。

2．能使用仿真软件进行车床准备、对刀、程序导入等基本操作。

3．能使用仿真软件的设置刀具参数并自动加工零件。

4．能使用测量功能分析零件加工质量。

知识与学习水平：

1．说明仿真软件在教学中的作用。

2．简述仿真软件基本功能。

3．简述仿真软件系统面板和操作面板的功能。

任务 2.1 认识数控车床仿真系统

关键词	仿真软件	控制面板	工件测量
	工具栏	视图	后置刀架

【任务描述】

如图 2-1-1 所示，在刀架 1、3、5、7 位置，分别安装外圆刀具、切槽刀具、螺纹刀具和内孔镗刀。刀具规格：

T01 号位刀具：外圆右向 93° 车刀，刀尖 35° 刀片，刃长 16 mm，刀尖半径 0.4 mm，刀具长度 60 mm；

T03 号位刀具：方头切槽刀片，宽度 3 mm，刀尖半径 0.2 mm，切槽深度 8 mm，刀具长度 60 mm；

T05 号位刀具：60° 螺纹刀，刃长 11 mm，刀具长度 60 mm；

T07 号位刀具：刀尖角度 55° 内孔刀具，刃长 11 mm，刀尖半径 0.4 mm，最小直径 21 mm，主偏角 93°。

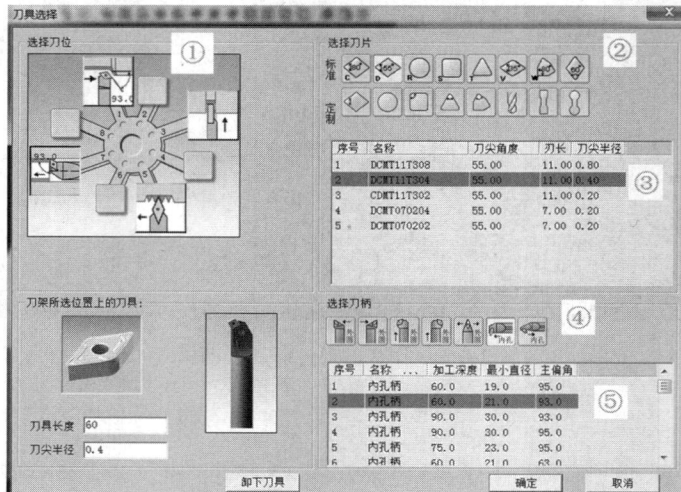

图 2-1-1 刀具选择

【学习要点】

1. 了解数控加工仿真技术及仿真软件在教学中的应用现状。

2. 掌握仿真软件的公共操作部分。

3. 掌握软件中视图、工件、刀具、测量等操作方法。

【相关知识】

1）仿真软件安装与运行

（1）仿真软件简介

数控加工仿真系统是基于虚拟现实的仿真软件。本书介绍的仿真软件由"上海宇龙软件工程有限公司"研制开发。该软件针对国内外常用的 FANUC、SIMENS、华中等数控系统。"数控加工仿真系统"可以实现对数控车床、数控铣床和加工中心加工全过程的仿真，包括：毛坯定义与夹具，刀具定义与选用，零件基准测量和设置，数控程序输入、编辑和调试，加工仿真以及各种错误加检测功能。本书主要针对 FANUC 0i 标准车进行介绍。

（2）仿真软件的安装与卸载

①仿真软件的安装。

本系统的安装可分为两个部分：加密锁管理软件和数控仿真软件的安装。

根据计算机的操作系统执行相应目录下的 Setup. exe：Windows 2000 在"\数控加工仿真系统\2000"目录下；Windows XP 在"\数控加工仿真系统\xp"目录下。

②仿真软件的卸载。

a. 打开"开始"\"设置"\"控制面板"的"添加\删除程序"；

b. 选中程序列表中的"数控加工仿真系统"；

c. 点击"添加\删除（R）…"即可删除本程序。

（3）仿真软件的运行

在局域网中选择一台机器作为教师机，是授课教师使用的数控加工仿真系统。一个局域网内只能有一台教师机，将加密锁安装在教师机相应接口。其他机器作为学生机，学生机通常由学生使用。

①启动加密锁管理程序。

用鼠标左键依次点击"开始"\"程序"\"数控加工仿真系统"\"加密锁管理程序"。加密锁程序启动后，屏幕右下方的工具栏中将出现"🖳"图标。

②数控加工仿真系统的运行。

依次点击"开始"\"程序"\"数控加工仿真系统"\"数控加工仿真系统"，系统将弹出"用户登录"界面。此时，可以通过点击"快速登录"按钮进入数控加工仿真系统的操作界面或通过输入用户名和密码，再点击"登录"按钮，进入数控加工仿真系统。

2）仿真机床基本操作及工件测量

（1）软件功能操作

仿真系统操作界面如图 2-1-2 所示，顶部是软件功能操作的主菜单和图标。有文件（F）、视图（V）、机床（M）、零件（P）、测量（T）等主菜单，每个主菜单有相应的子菜单。本节只介绍主菜单和工具栏，数控机床仿真操作界面将在后面作讲解。

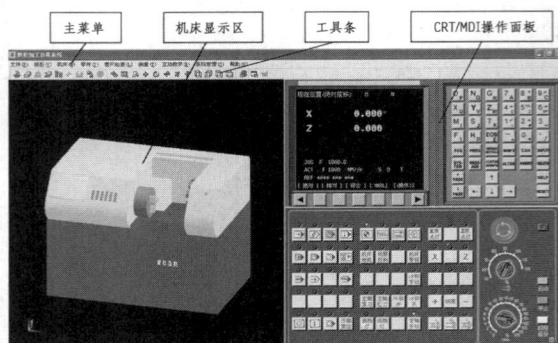

图 2-1-2　仿真系统操作界面

①主菜单。

主菜单是一个下拉式菜单,常用主菜单与子菜单见表 2-1-1。

表 2-1-1　常用的主菜单与子菜单

主菜单	子菜单	作用
文件(F)	新建项目(N)	重新进入一次仿真系统
	打开项目(O)	恢复以前保存下来的工作状态
	保存项目(S)	当前的工作状态按指定的路径保存为一个文件
	另存项目(A)	当前的工作状态更换名称或路径保存
	导入零件模型(I)	调用先前保存下来的零件状态作为本步操作的毛坯
	导出零件模型(E)	保存当前的零件状态,作为下一步工作的毛坯使用
	退出(X)	结束数控仿真操作
视图(V)	复位	将显示区中所显示的机床视图恢复到初始状态
	动态平移	按鼠标左键拖动,将显示区内的视图平行移动
	动态旋转	按鼠标左键拖动,将显示区内的视图在三维空间内转动
	动态缩放	滚动鼠标中间滚轮,实现显示区内机床视图放大或缩小
	局部放大	鼠标左键框选显示区内局部视图,局部放大选中部位
	前视图	站在机床的操作位置(正前方)观察机床和零件
	俯视图	从正上方观察机床和零件
	左侧视图	从左向右观察机床和零件
	右侧视图	从右向左观察机床和零件
	控制面板切换	显示或隐藏 CRT/MDI 操作面板
	选项	设定显示参数或仿真加工速度

续表

主菜单	子菜单	作用
机床(**M**)	选择机床	弹出"选择机床"对话框
	选择刀具	弹出"刀具选择"对话框
	拆除工具	拆除刀架上的刀具
	DNC 传送	外部文件存储数控程序(记事本或 Word 格式)载入
零件(**P**)	定义毛坯	弹出"定义毛坯"对话框,设定毛坯形状和尺寸
	放置零件	弹出"选择零件"对话框,将毛坯放入默认的安装位置
	移动零件	调整零件的夹持长度或将零件调头装夹
	拆除零件	夹具(卡盘)中拆除零件
测量(**T**)	剖面图测量	弹出"车床工件测量对话框",测量零件剖视图中的尺寸

②工具。

工具栏中图标与主菜单中子菜单名称的对应关系见表 2-1-2。

表 2-1-2　工具栏中图标含义

图标	名称	图标	名称
	选择机床		动态平移
	定义毛坯		动态旋转
	夹具		绕 X 轴旋转
	放置零件		绕 Y 轴旋转
	选择刀具		绕 Z 轴旋转
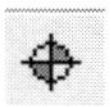	基准工具		左侧视图
	DNC 传送		俯视图
	复位		前视图
	局部放大		选项
	动态放缩	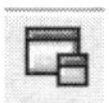	控制面板切换

(2)视图的基本操作

①视图变换的选择。

在工具栏中选择工具图标,分别对应于菜单"视图"下拉菜单的复位、局部放大、动态缩放、动态平移、动态旋转、绕 X 轴旋转、绕 Y 轴旋转、绕 Z 轴旋转、左侧视图、右侧视图、俯视图、前视图。或者可以将光标置于机床显示区域内，点击鼠标右键，在弹出的浮动菜单中进行相应选择。将光标移至机床显示区，拖动鼠标，进行相应操作。

②控制面板切换。

在"视图"菜单或浮动菜单中选择"控制面板切换"，或在工具条中点击" "，即完成控制面板切换。

③"选项"对话框。

在"视图"菜单或浮动菜单中选择"选项"或在工具条中选择" "，在对话框中进行设置。其中，透明显示方式可方便观察内部加工状态；"仿真加速倍率"中的速度值用以调节仿真速度，有效数值范围从 1 到 100。如果选中"对话框显示出错信息"，出错信息提示将出现在对话框中。否则，出错信息将出现在屏幕的右下角。

（3）数控机床系统的选择

打开菜单"机床"\"选择机床…"，在选择机床对话框中选择控制系统类型和相应的机床并按确定按钮。

（4）数控车床工件的装夹和刀具选择

数控加工仿真系统，可以实现对数控车床毛坯定义、刀具定义与选用、零件模型的导入与导出、零件的放置与调整以及车床刀具的选择和安装等。

①定义毛坯。

打开菜单"零件"\"定义毛坯"或在工具条上选择" "，系统打开如图 2-1-3 所示对话框。

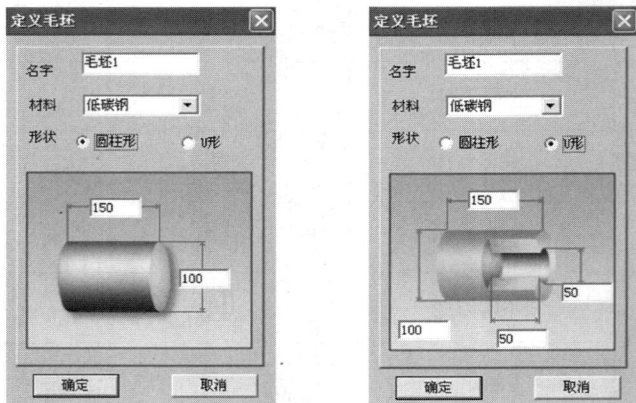

图 2-1-3　定义"圆柱形"和"U 形"毛坯

②导出零件模型。

导出零件模型的功能是把经过部分加工的零件作为成型毛坯予以单独保存。如图 2-1-4所示，此毛坯已经过部分加工，称为零件模型，可通过导出零件模型功能予以保存。

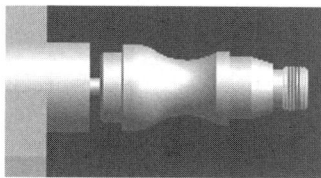

图 2-1-4　零件模型

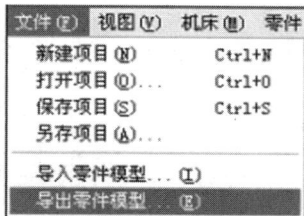

图 2-1-5　导出零件模型

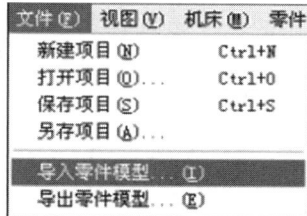

图 2-1-6　导入零件模型

打开菜单"文件"\"导出零件模型",如图 2-1-5 所示,系统弹出"另存为"对话框,在对话框中输入文件名,点击保存按钮,此零件模型即被保存,可在以后需要时调用。文件的后缀名为".PRT",请不要更改后缀名。

③导入零件模型。

打开菜单"文件"\"导入零件模型",如图 2-1-6 所示,若已通过导出零件模型功能保存过成型毛坯,则系统将弹出"打开"对话框,在此对话框中选择并且打开所需的后缀名为".PRT"的零件文件,则选中的零件模型被放置在三爪卡盘上。

④放置零件。

打开菜单"零件\放置零件"命令或者在工具条上选择图标"　　",系统弹出操作对话框。在列表中点击所需的零件,选中的零件信息加亮显示;按下"安装零件"按钮,系统自动关闭对话框,零件将被放到机床卡盘上。

⑤调整零件位置。

零件可在卡盘上移动,毛坯放卡盘后,系统将自动弹出一个小键盘。按动小键盘上的方向按钮,可实现零件的平移、旋转或车床零件调头。小键盘上的"退出"按钮用于关闭小键盘。选择菜单"零件"\"移动零件"也可以打开小键盘。请在执行其他操作前关闭小键盘。

⑥车床刀具的选择和安装。

打开菜单"机床"\"选择刀具"或者在工具条中选择"　　",系统弹出刀具选择对话框。数控车床允许同时安装 8 把刀具(后置刀架),如图 2-1-7 所示;或者 4 把刀具(前置刀架),如图 2-1-8 所示。

a.选择、安装车刀。

◆在刀架图中点击所需的刀位。该刀位对应程序中的 T01 ~ T08(T04)。

◆选择刀片类型。

◆在刀片列表框中选择刀片。

◆选择刀柄类型。

◆在刀柄列表框中选择刀柄。

b.变更刀具长度和刀尖半径。

"选择车刀"完成后,该界面的左下部位显示出刀架所选位置上的刀具。其中显示的"刀具长度"和"刀尖半径"均可以由操作者修改。

刀具安装－
摆放垫铁

刀具安装－
螺钉安装

刀具安装－
回转中心

刀具安装－
刀尖高度

刀具安装－
端面不平

c. 拆除刀具。

在刀架图中点击要拆除刀具的刀位，点击"卸下刀具"按钮。

d. 确认操作完成。

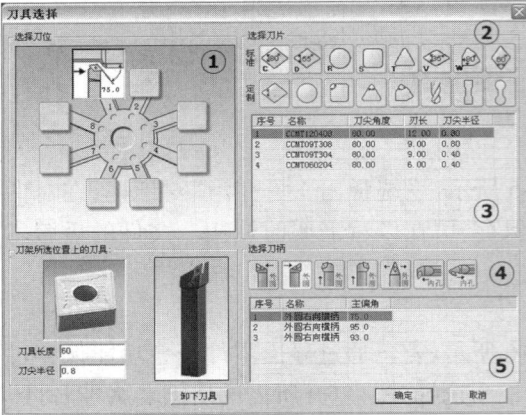

图 2-1-7　后置刀架刀具选择　　　　　　　图 2-1-8　前置刀架刀具选择

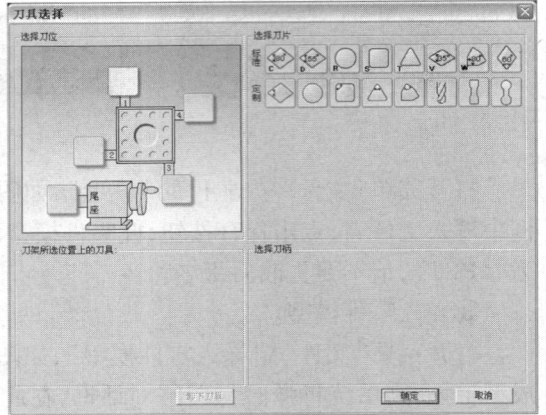

（5）车床工件测量

数控加工仿真系统提供卡尺以完成对工件的测量。如果当前车床上有工件且工件不处于正在被加工的状态，菜单选择"测量\坐标测量"，弹出对话框如图 2-1-9 所示。

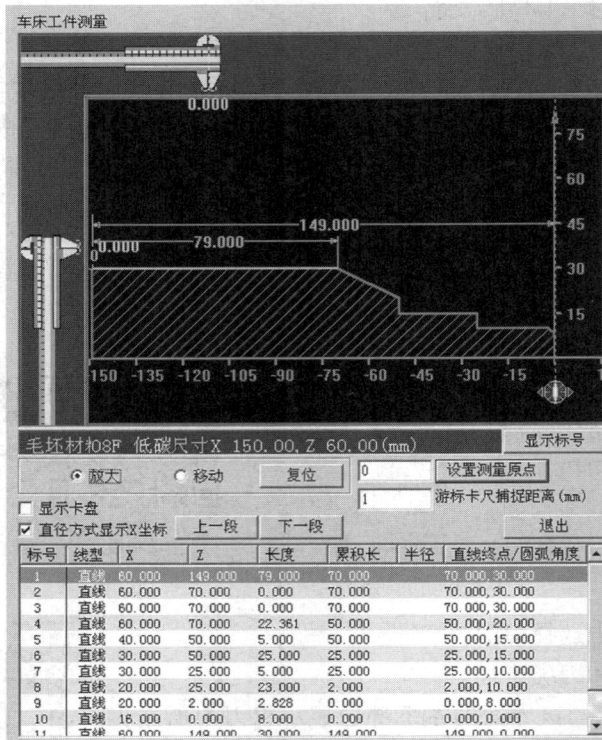

图 2-1-9　车床工件测量对话框

对话框上半部分的视图显示了当前机床上零件的剖面图。坐标系水平方向以零件轴心

为 Z 轴,向右为正方向,默认工件最右端中心记为原点,拖动 ⊕ 可以改变 Z 轴的原点位置,垂直方向为 X 轴,显示零件的半径刻度。Z 方向、X 方向各有一把卡尺用来测量两个方向上的投影距离。

①选择一条线段。

在列表中点击选择一条线段,当前行变蓝,视图中将用黄色标记出此线段在零件剖面图上的详细位置。

②设置测量原点。

拖动 ⊕,改变测量原点。拖动时在虚线上有一黄色圆圈在 Z 轴上滑动,遇到线段端点时,跳到线段端点处,如图 2-1-10 所示。

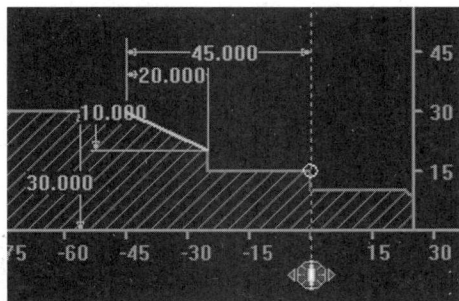

图 2-1-10　设置测量原点　　　　图 2-1-11　显示卡盘

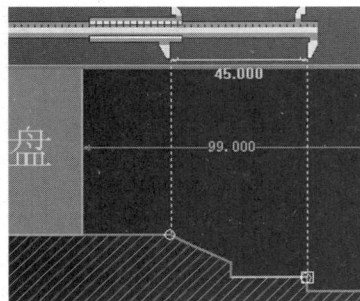

③视图操作。

选择对话框中"放大"或者"移动"可以使光标在视图上拖动时做相应的操作,完成放大或者移动视图。点击"复位"按钮,视图恢复到初始状态。

选中"显示卡盘",视图中用红色显示卡盘位置,如图 2-1-11 所示。

④卡尺测量。

在视图的 X,Z 方向各有一把卡尺,可以拖动卡尺的两个卡爪测量任意两位置间的水平距离和垂直距离。移动卡爪时,延长线与工件焦点由 ➙ 变为 ⊠,卡尺位置为线段的一个端点,用同样的方法使另一个卡爪处于端点位置,就可测出两端点间的投影距离,此时卡尺读数为 45.000。通过设置"游标卡尺捕捉距离",可以改变卡尺移动端查找线段端点的范围。点击"退出"按钮,即可退出此对话框。

【任务实施】

1)打开选择刀具对话框

打开菜单"机床"\"选择刀具"或者在工具条中选择" 🛠️ ",系统弹出刀具选择对话框。数控车床允许同时安装 8 把刀具(后置刀架),如图 2-1-12 所示。

2)安装 T01 号位外圆车刀

①在"选择刀位"中点击 1 号刀位,该刀位对应程序中的 T01。

②在"选择刀片"中点击 35°刀片类型。

③在"刀片参数"中选择序号 3 所示刀片参数。

外圆车刀

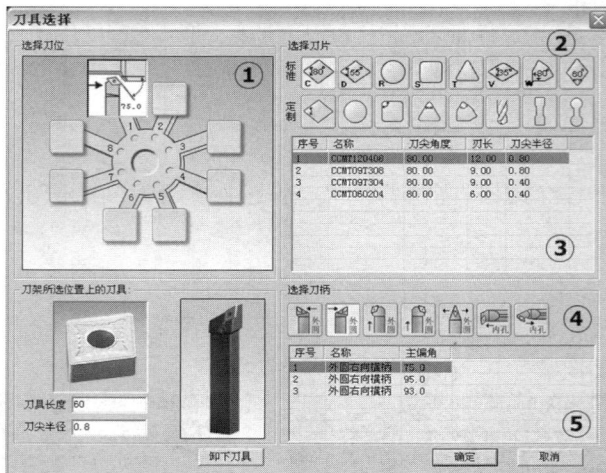

图 2-1-12　后置刀架刀具选择

④在"选择刀柄"中选择第二把外圆刀柄。

⑤在"刀具名称"中选择序号 2 外圆右向横柄。

3）安装 T03 号位切槽车刀

①在"选择刀位"中点击 3 号刀位,该刀位对应程序中的 T03。

②在"选择刀片"中点击定制行第七把切槽刀片类型。

③在"刀片参数"中选择序号 4 所示刀片参数。

④在"选择刀柄"中选择第一把外圆刀柄。

⑤在"刀具名称"中选择序号 2 外圆右向横柄。

4）安装 T05 号位外螺纹刀

①在"选择刀位"中点击 5 号刀位,该刀位对应程序中的 T05。

②在"选择刀片"中点击 60°刀片类型。

③在"刀片参数"中选择序号 1 所示刀片参数。

④在"选择刀柄"中选择第一把外圆刀柄。

⑤在"刀具名称"中选择序号 1 外螺纹柄。

5）安装 T07 号位内孔车刀

①在"选择刀位"中点击 7 号刀位,该刀位对应程序中的 T07。

②在"选择刀片"中点击 55°刀片类型。

③在"刀片参数"中选择序号 2 所示刀片参数。

④在"选择刀柄"中选择第六把内孔刀柄。

⑤在"刀具名称"中选择序号 2 内孔柄。

⑥刀具全部安装完成,点击"确定",如图 2-1-13 所示,四把刀具已安装在刀架上。

6）变更刀具长度和刀尖半径

①"选择车刀"完成后,该界面的左下部位显示出刀架所选位置上的刀具。

②点击"刀具长度"和"刀尖半径"均可修改。

7）拆除刀具

①"选择车刀"完成后,该界面的左下部位显示出刀架所选位置上的刀具。

外切槽刀

内切槽刀

外螺纹刀

内螺纹刀

内孔车刀

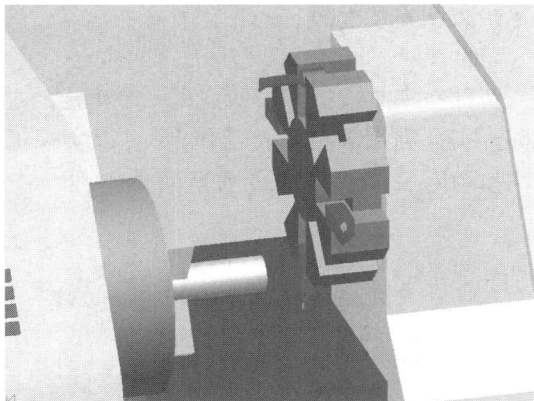

图 2-1-13　后置刀架刀具安装

②在刀架图中点击要拆除刀具的刀位,点击"卸下刀具"按钮。

③点击"确定",完成刀具拆除。

【任务拓展】

数控加工工艺文件是把数控机床加工的内容用文字形式规定而形成的文件,其中包括数控机床加工工序、走刀路线等工艺文件,数控加工工艺文件是编写加工程序的依据。这些工艺文件在生产中不得随意更改,必须严格执行,只有这样才能稳定生产,保证产品加工质量。

1)数控加工工艺过程

(1)工艺过程

工艺过程是指原材料经过加工变为成品的过程。

机械加工工艺过程是指改变毛坯的尺寸、形状、位置、表面质量或材质使之变为成品的加工过程。

(2)工序

工序是指一个(或一组)工人,在一台机床(或一固定工作地),对一个(或几个)工件所连续完成的那一部分工艺过程。

工序是组成工艺过程的基本单元,工序划分可按粗、精加工来划分,也可按采用不同的刀具来划分,还可按切削加工不同的表面来划分。

(3)工步

工步是指加工表面、切削工具和切削用量中转速与进给量保持不变情况下所连续完成的那一部分工序内容。

数控加工中用一把刀具采用相同的切削用量对若干个完全相同的表面进行连续加工时,为简化工序内容,通常把其看作成一个工步。

(4)走刀

走刀是指刀具以加工进给速度相对工件所完成一次进给运动的工步内容。

(5)安装

安装是指工件在夹具中定位与夹紧的过程。

安装也是工序中的一部分内容。一个工序中可以多次安装,但多一次安装就多一次安装

41

误差,故在数控加工中应尽量减少安装次数。

（6）工位

工位是指一次安装中,工件在夹具或机床中所占据一个确定的加工位置。

工位是安装中的一部分内容,利用数控回转工作台,可以实现工件在一次安装中获得多个工位,这样减少了安装次数与安装误差,提高了生产效率。

2）基准的概念

（1）设计基准

在零件图上,用于确定其他点、线、面位置的基准为设计基准。如轴类零件的轴线,形状对称的中心线均可作为零件的设计基准。

（2）工艺基准

零件在加工、测量、装配过程中,或在工艺文件上所采用的基准称为工艺基准。

①定位基准。在零件加工时,使零件在机床上或夹具中占据正确位置所依据的基准称为定位基准。定位基准有定位平面、定位孔与定位销等。

②测量基准。在检验零件时,测量已加工表面的尺寸与位置所采用的基准称为测量基准。

③装配基准。装配时确定零件在部件或产品中相对位置所用的基准称为装配基准。

3）定位基准要求

①定位基准要求与设计基准、工序基准以及编程基准统一。

②定位基准的设定满足工序集中的原则。

③工件按定位基准定位,避免人工调整工件位置。

确定定位基准是制定数控加工工艺文件的一项重要工作,它直接影响零件加工的顺序与质量。

4）加工顺序的安排

制定数控加工工艺要遵循以下几个原则:

①先主后次的原则。区分零件的主要加工面与次要加工面,先考虑主要加工面的加工,次要加工面穿插在主要加工面的工序之中。

②先粗后精的原则。按粗加工、半精加工、精加工次序对零件进行加工。

③基面先行的原则。零件加工时需要有正确的定位基准,定位基准直接影响零件的加工精度。在加工工艺中,第一道工序先安排加工精基准面(加工此面时只能以粗基准定位,粗基准只能使用一次)。

④先面后孔的原则。由于孔加工刀具的刚性差,在孔加工时,刀具入口表面不平整会引起刀具振动,刀具轴线偏移,甚至造成刀具刃口崩裂,如果先面后孔可避免上述缺陷。

5）轴类零件车削工艺分析

如图 2-1-14 所示。此轴首选工艺应考虑长工件一次装夹完成外圆、螺纹加工,有利于保证工件的同轴度要求。采用调头装夹方法,先加工零件螺纹,调头装夹时会压坏已加工的螺纹,因此,应先考虑加工零件的圆柱体部分,后加工零件的螺纹。轴类零件的加工工艺分析见表 2-1-3。

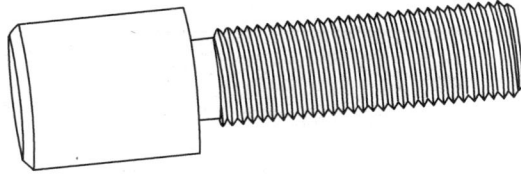

图 2-1-14 轴类零件

表 2-1-3 轴类零件加工工艺分析

（1）零件图	（2）建立工件坐标系（FANUC）
（3）车端面、倒角、外圆	（4）调头装夹、车端面、倒角、外圆
（5）车退刀槽	（6）车螺纹

【评价反馈】

任务评价，见表 2-1-4。

表 2-1-4　任务评价表

评分项目		评分标准或要求	配分	评价方式			得分
				自评 20%	互评 30%	师评 50%	
职业技能	技能知识	软件启动成功	10				
		熟悉软件操作界面	10				
		完成零件设置、安装	10				
		完成刀具安装	30				
		在规定时间内按时完成课堂任务	10				
职业素养	学习意识	学习态度认真、主动性较强	5				
		能够根据材料自学、主动进行课前预习	5				
	合作意识	与组员合作融洽，帮助他人完成任务	5				
		具有良好的沟通、协作、组织能力	5				
	规范意识	理实一体教室环境卫生维护	5				
		多媒体教学设备维护	5				
总配分			100 分	总得分			

说明：教师就单个项目、活动或任务设计评分量表，可任意组合自评、互评、师评等评价方式，设置不同评价方式的权重并量化评价维度，明确评价具体要求。

【每课一练】

一、判断题

(　　)1. 对刀的目的就是确定刀具的刀位点在工件坐标系中的当前坐标值，对刀方法一般有试切对刀法、夹具对刀元件间接对刀法、多刀相对偏移对刀法。

(　　)2. 目前常用的对刀仪是机外刀具预调测量仪和机内激光自动对刀仪。

(　　)3. 对刀器有光电式和指针式之分。

(　　)4. 在数控程序调试时，每启动一次只进行一个程序段的控制称为计划暂停。

(　　)5. 刀具参数输入包括刀库的刀具与刀具号对应设定、刀具半径和长度的设定。

二、单选题

1. 数控车床屏幕上菜单中英文词汇"FEED"所对应的中文词汇是(　　)。

A. 切削液　　　　　B. 急停　　　　　C. 进给　　　　　C. 刀架转位

2. 数控车床屏幕上菜单中英文词汇"SPINDLE"所对应的中文词汇是(　　)。

A. 切削液　　　　　B. 主轴　　　　　C. 进给　　　　　C. 刀架转位

任务2.2　学会数控车床仿真软件操作

关键词	系统面板	操作面板	机床位置界面
	数控程序管理	机床参数	数控车床对刀

【任务描述】

如图 2-2-1 所示,在数控仿真软件中输入 O0001 程序,通过程序编辑与调试完成轨迹仿真。

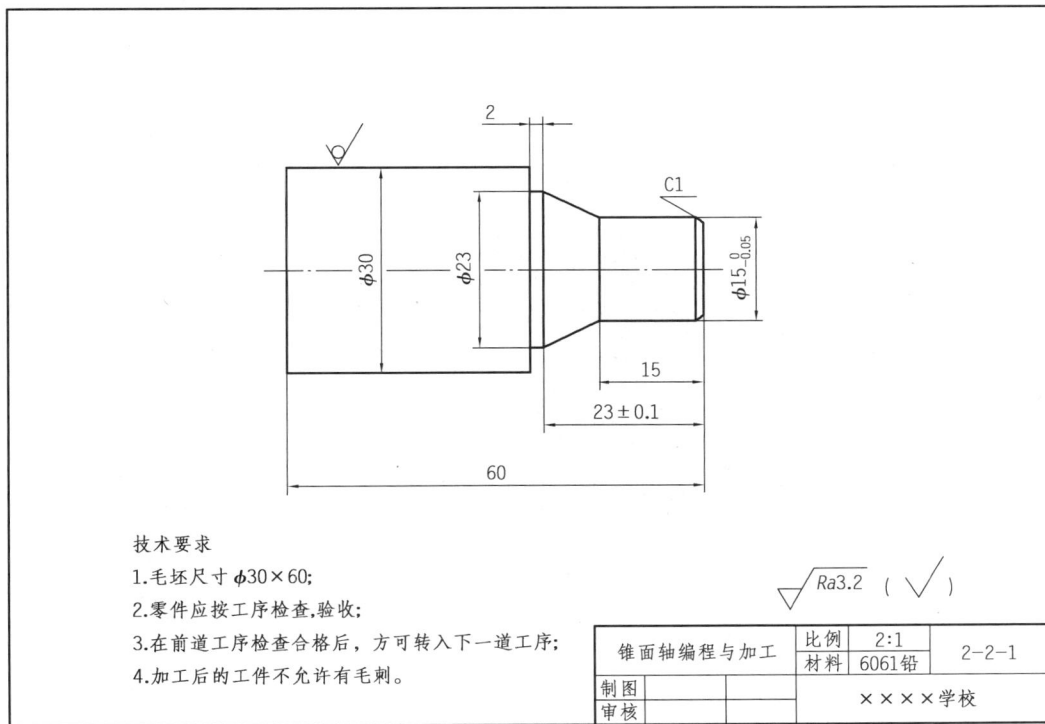

技术要求
1.毛坯尺寸 $\phi30\times60$;
2.零件应按工序检查,验收;
3.在前道工序检查合格后,方可转入下一道工序;
4.加工后的工件不允许有毛刺。

$\sqrt{Ra3.2}$　(　$\sqrt{}$　)

锥面轴编程与加工	比例	2:1	2-2-1
	材料	6061铝	
制图		××××学校	
审核			

图 2-2-1

锥面轴数控车削程序

O0001；	N80 G01 X23.Z-23.F0.2；
N10 T0101；	N90 G01 X23.Z-25.F0.2；
N20 M03 S800；	N100 G01 X35.Z-25.F0.2；
N30 G00 X35.0Z5.0；	N110 G00 X35.Z5.；
N40 G01 X13.Z5.F0.2；	N120 G00 X100.Z5.；
N50 G01 X13.Z0.F0.2；	N130 M05；
N60 G01 X15.Z-1.F0.2；	N140 M30；
N70 G01 X15.Z-15.F0.2；	

【学习要点】

①认识仿真软件FANUC 0i数控车床系统面板和操作面板。
②掌握仿真软件FANUC 0i数控车床的各按键操作功能。
③能用仿真软件进行车床准备、对刀、程序导入等基本操作。

【相关知识】

1）FANUC 0i机床面板简介

（1）CRT/MDI系统面板

FANUC 0i车床CRT/MDI系统面板，如图2-2-2所示。左侧为CRT显示屏，右侧为MDI手动数控输入面板，通过CRT/MDI系统面板完成程序名的新建、程序的输入输出、编辑、调用，各个键的详细说明见表2-2-1。

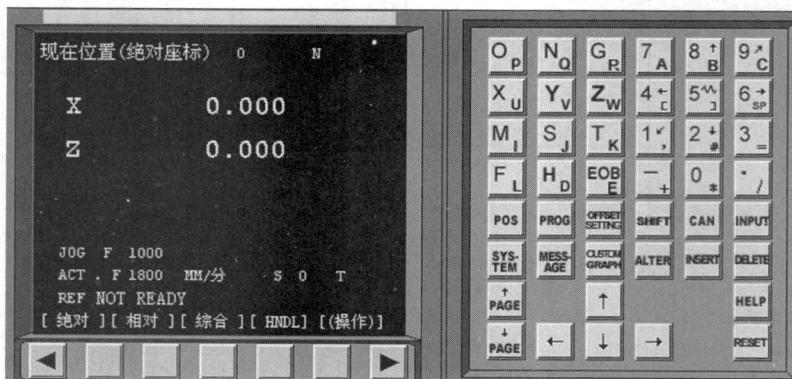

图2-2-2　FANUC 0i车床CRT/MDI系统面板

表 2-2-1　CRT/MDI 系统面板功能键说明

MDI 键	功能说明
PAGE PAGE	软键 PAGE 实现显示内容的向上翻页;软键 PAGE 实现显示内容的向下翻页
↑ ← ↓ →	移动 CRT 中的光标位置。软键 ↑ 实现光标的向上移动;软键 ↓ 实现光标的向下移动;软键 ← 实现光标的向左移动;软键 → 实现光标的向右移动
O P N G X U Y Z M S T F H EOB	实现字符的输入,点击 SHIFT 键后再点击字符键,将输入右下角的字符。例如:点击 O P 将在 CRT 的光标所处位置输入"O"字符,点击软键 SHIFT 后再点击 O P 将在光标所处位置处输入 P 字符;软键中的"EOB"将输入";"号表示换行结束
7 8 9 4 5 6 1 2 3 0	实现字符的输入,点击软键 5 将在光标所在位置输入"5"字符,点击软键 SHIFT 后再点击 5 将在光标所在位置处输入"]"
POS	在 CRT 中显示坐标值
PROG	CRT 将进入程序编辑和显示界面
OFFSET SETTING	CRT 将进入参数补偿显示界面
CUSTOM GRAPH	在自动运行状态下将数控显示切换至轨迹模式
SHIFT	输入字符切换键
CAN	删除单个字符
INPUT	将数据域中的数据输入指定的区域
ALTER	字符替换
INSERT	将输入域中的内容输入指定区域
DELETE	删除一段字符
RESET	机床复位

（2）操作面板

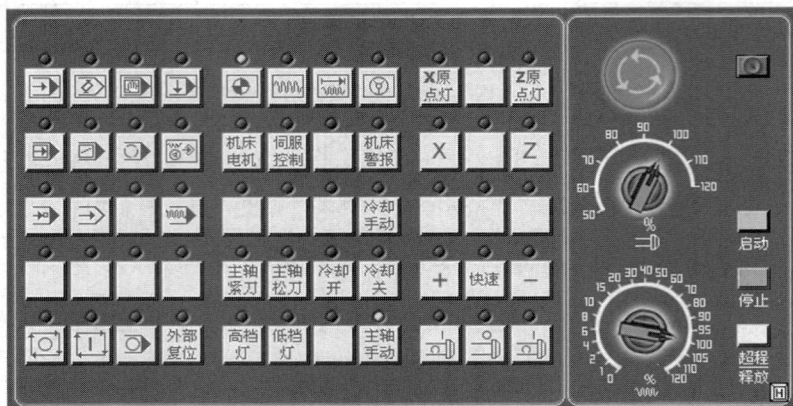

图 2-2-3　FANUC 0i 车床标准操作面板

FANUC 0i 车床标准操作面板，如图 2-2-3 所示，通过操作面板完成启动、停止、超程释放、紧急停止等，各键功能详见表 2-2-2。

表 2-2-2　操作面板功能键说明

按钮	名称	功能说明
	自动运行	按钮被按下后，系统进入自动加工模式
	编辑	按钮被按下后，系统进入程序编辑状态，直接通过操作面板输入数控程序和编辑程序
	MDI	按钮被按下后，系统进入 MDI 模式，手动输入并执行指令
	远程执行	按钮被按下后，系统进入远程执行模式即 DNC 模式，输入输出资料
	单节	按钮被按下后，运行程序时每次执行一条数控指令
	单节忽略	按钮被按下后，数控程序中的注释符号"/"有效
	选择性停止	当此按钮按下后，"M01"代码有效
	机械锁定	锁定机床
	试运行	机床进入空运行状态
	进给保持	程序运行暂停，在程序运行过程中按下此按钮运行暂停。按"循环启动"恢复运行
	循环启动	程序运行开始；处于"自动运行"或"MDI"位置时按下有效，其余模式下使用无效

按钮	名称	功能说明
	循环停止	程序运行停止,在数控程序运行中按下此按钮停止程序运行
	回原点	机床处于回零模式;机床必须首先执行回零操作,然后才可以运行
	手动	机床处于手动模式,可以手动连续移动
	手动脉冲	机床处于手轮控制模式
	手动脉冲	机床处于手轮控制模式
	X 轴选择按钮	在手动状态下,按下该按钮则机床移动 X 轴
	Z 轴选择按钮	在手动状态下,按下该按钮则机床移动 Z 轴
	正向移动	手动状态下,点击该按钮系统将向所选轴正向移动。回零状态时,点击该按钮将所选轴回零
	负向移动	手动状态下,点击该按钮系统将向所选轴负向移动
	快速按钮	按下该按钮,机床处于手动快速状态
	主轴倍率	将光标移至此旋钮上后,通过点击鼠标的左键或右键来调节主轴旋转倍率
	进给倍率	调节主轴运行时的进给速度倍率
	急停按钮	按下急停按钮,使机床移动立即停止,并且所有输出如主轴的转动等都会关闭
	超程释放	系统超程释放
	主轴控制	从左至右分别为:正转、停止、反转
	手轮显示	按下此按钮,则可以显示出手轮面板
	手轮面板	点击 Ⓗ 按钮将显示手轮面板
	手轮轴选	手轮模式下,将光标移至此旋钮上后,通过点击鼠标的左键或右键来选择进给轴
	手轮倍率	手轮模式下将光标移至此旋钮上后,通过点击鼠标的左键或右键来调节手轮步长。X1、X10、X100 分别代表移动量为 0.001 mm、0.01 mm、0.1 mm

续表

按钮	名称	功能说明
	手轮	将光标移至此旋钮上后,通过单击鼠标的左键或右键来转动手轮
	启动	启动控制系统
	停止	关闭控制系统

2)机床启停操作

(1)开机

①点击"启动"按钮,此时车床电机和伺服控制的指示灯变亮。

②检查"急停"按钮是否松开至状态,若未松开,点击"急停"按钮,将其松开。

(2)回零

①回零就是回机床原点或零点的简称。检查操作面板上回原点指示灯是否亮,若指示灯亮,则已进入回原点模式;若指示灯不亮,则点击"回原点"按钮,转入回原点模式。

②在回原点模式下,先将 X 轴回原点,点击操作面板上的 X 轴选择按钮,使 X 轴方向移动指示灯变亮,点击"正方向移动"按钮,此时 X 轴将回原点,X 轴回原点灯变亮,CRT 上的 X 坐标变为"390.00"。

③再点击 Z 轴选择按钮,使指示灯变亮,点击,Z 轴将回原点,Z 轴回原点灯变亮,,此时机床回零。

(3)关机

在仿真机床中,直接点击右上角的关闭按钮;或者选择"文件/退出"即可关机。在真实机床中,关机时,需先按下红色的急停按钮;再关闭机床电源,使开关处于"OFF"状态。最后关闭外部电源,使开关处于"OFF"状态。

3)机床常规操作

(1)机床位置界面

点击进入坐标位置界面。点击菜单软键[绝对]、菜单软键[相对]、菜单软键[综合],CRT 界面将对应相对坐标、绝对坐标和综合坐标。

注意:

在进行车削零件调头加工时,为确保工件总长,方便坐标的查看,通常先进行端面削车后在相对菜单中进行清零,从而明确将清除的残余量。操作方法如下:相对⇒操作⇒起源⇒全轴。

（2）手动方式

通常都是在大距离移动时采用 [快速]，从而达到快速移动坐标轴的目的。

①点击操作面板上的"手动"按钮 [图]，使其指示灯亮 [图]，机床进入手动模式。

②分别点击 [X]，[Z] 键，选择移动的坐标轴。

③分别点击 [+]，[-] 键，控制机床向正方向或负方向移动。可以根据加工工件的需要，点击适当的按钮，移动机床。

④分别点击 [图] [图] [图] 键，控制主轴的转动和停止。

注意事项：

刀具切削工件时，主轴需转动。加工过程中，刀具与工件发生非正常碰撞后（非正常碰撞包括车刀的刀柄与工件发生碰撞），系统弹出警告对话框，同时主轴自动停止转动，调整到适当位置，继续加工时需再次点击 [图] [图] [图] 按钮，使主轴重新转动。

（3）手轮方式

在对刀时，为精确调节机床，同时也方便操作者观察，可以采用手轮移动的方式。

①点击操作面板上的"手动脉冲"按钮 [图] 或 [图]，使指示灯 [图] 变亮。

②点击按钮 [H]，显示手轮 [图]。

③光标对准"轴选择"旋钮 [图]，点击鼠标左键或右键，选择坐标轴。

④光标对准"手轮进给速度"旋钮 [图]，点击鼠标左键或右键，选择合适的进给倍率。

⑤光标对准手轮 [图]，点击鼠标左键，机床向负方向移动；点击鼠标右键，机床向正方向移动。

⑥点击 [图]、[图]、[图] 按钮，控制主轴的转动和停止。点击 [H]，可隐藏手轮。

在真实机床中使用手轮时，如果手轮方式移动后要进行手动方式移动，此时必须保证手轮的移动轴已经关闭，处于"OFF"状态 [图]。

（4）MDI 方式

点击操作面板上的 MDI 键 [图] 按钮，使其指示灯变亮，进入 MDI 模式。在 MDI 键盘上按 [PROG] 键，进入 MDI 编辑页面。

MDI 方式一般在执行较短程序段时采用。运行完一遍程序后，程序会消失，想再次执行还需要重新输入。在程序启动后不可以再对程序进行编辑，只在"停止"和"复位"状态下才能编辑。对刀时，能通过 MDI 方式对刀具进行调用，如 T0100；选择 1 号刀具，不加载刀具补偿。

4）数控车床对刀

数控程序一般按工件坐标系编程，对刀的过程就是建立工件坐标系与机床坐标系之间关系的过程。下面具体说明试切法对刀设置工具补正/形状的方法。其中，将工件右端面中心点设为工件坐标系原点。

调用刀具时直接加载了刀具补正值。如 T0101：刀具号为 T01，刀具补正值在 T01 对应的工具补正/形状 01 中。

（1）外圆对刀设置 X 轴补正值

①用所选刀具试切工件外圆，保持 X 轴方向不动，刀具 Z 正向退出。点击"主轴停止" 按钮，使主轴停止转动，点击菜单"测量/坐标测量"，试切后的工件直径，记为 a。

对刀操作

②点击 MDI 键盘上的 键，进入工具补正/形状参数设定界面，将光标移到与刀位号相对应的位置，输入 Xa，按菜单软键［测量］，对应的刀具偏移量自动输入。

（2）端面对刀设置 Z 轴补正值

①试切工件端面，保持 Z 轴方向不动，刀具 X 正方向退出。点击"主轴停止" 按钮，使主轴停止转动，把刀具在工件端面的 Z 坐标值，记为 b（此处以工件端面中心点为工件坐标系原点，则 b 为 0）。

对中心高

②点击 MDI 键盘上的 键，进入工具补正/形状参数设定界面，将光标移到相应的位置，输入 Zb，按［测量］软键，对应的刀具偏移量自动输入。

5）数控程序处理

（1）程序管理界面

点击 POS 进入程序管理界面，点击菜单软键［LIB］，将列出系统中所有的程序。在所列出的程序列表中选择某一程序名，点击 PROG 将显示该程序。

（2）导入数控程序

数控程序可以通过记事本或写字板等编辑软件输入并保存为文本格式。

①点击操作面板上的编辑键 ，编辑状态指示灯变亮 ，此时已进入编辑状态。

②点击 MDI 键盘上的 PROG ，CRT 界面转入编辑页面。

③按菜单软键［操作］，在出现的下级子菜单中按软键 ▶，按菜单软键［READ］；

④点击 MDI 键盘上的数字/字母键，输入程序名如"O0001"，按软键［EXEC］；

⑤点击菜单"机床/DNC 传送"，在弹出的对话框中选择所需的 NC 程序，按"打开"确认，则数控程序被导入并显示在 CRT 界面上。

（3）数控程序管理

①显示数控程序目录。

经过导入数控程序操作后，点击操作面板上的编辑键 ，编辑状态指示灯变亮 ，此时已进入编辑状态。点击 MDI 键盘上的 PROG ，CRT 界面转入编辑页面。按菜单软键［LIB］，经过 DNC 传送的数控程序名列表显示在 CRT 界面上。

②选择一个数控程序。

经过导入数控程序操作后，点击 MDI 键盘上的 PROG ，CRT 界面转入编辑页面。利用 MDI 键盘输入"Ox"（x 为数控程序目录中显示的程序号），按 ↓ 键开始搜索，搜索到后"Ox"显示在屏幕首行程序号位置,NC 程序将显示在屏幕上。

③删除一个数控程序。

点击操作面板上的编辑键[图],编辑状态指示灯变亮[图],此时已进入编辑状态。利用 MDI 键盘输入"Ox",按[图]键,程序即被删除。

④新建一个 NC 程序。

点击操作面板上的编辑键[图],编辑状态指示灯变亮[图],此时已进入编辑状态。点击 MDI 键盘上的[图],CRT 界面转入编辑页面。利用 MDI 键盘输入"Ox"(x 为程序号,但不能与已有程序号的重复),按[图]键,CRT 界面上将显示一个空程序,可以通过 MDI 键盘开始程序输入。输入一段代码后,按[图]键则数据输入域中的内容将显示在 CRT 界面上,用回车换行键[图]结束一行的输入后换行。

(4)数控程序编辑

点击操作面板上的编辑键[图],编辑状态指示灯变亮[图],此时已进入编辑状态。点击 MDI 键盘上的[图],CRT 界面转入编辑页面。选定了一个数控程序后,此程序显示在 CRT 界面上,可对数控程序进行编辑操作。

①移动光标。

按[图]和[图]用于翻页,按方位键[↑][↓][←][→]移动光标。

②插入字符。

先将光标移到所需位置,点击 MDI 键盘上的数字/字母键,将代码输入到输入域中,按[图]键,把输入域的内容插入到光标所在代码后面。

③删除输入域中的数据。

[图]键用于删除输入域中的数据。

④删除字符。

先将光标移到所需删除字符的位置,按[图]键,删除光标所在的代码。

⑤替换。

先将光标移到所需替换字符的位置,将替换成的字符通过 MDI 键盘输入到输入域中,按[图]键,把输入域的内容替代光标所在处的代码。

(5)保存程序

编辑好程序后需要进行保存操作。

①点击操作面板上的编辑键[图],编辑状态指示灯变亮[图],此时已进入编辑状态。

②按菜单软键[操作],在下级子菜单中按菜单软键[Punch]。

③在弹出的对话框中输入文件名,选择文件类型和保存路径,按"保存"按钮。

6)机床参数设定

车床的刀具补偿包括刀具的磨损量补偿参数和形状补偿参数,两者之和构成车刀偏置量补偿参数。

（1）输入摩耗量补偿参数

刀具使用一段时间后会磨损，从而使产品加工尺寸产生误差，因此需要对刀具设定磨损量补偿。步骤如下：在 MDI 键盘上点击 [OFFSET SETTING] 键，进入摩耗补偿参数设定界面，如图 2-2-4 所示。

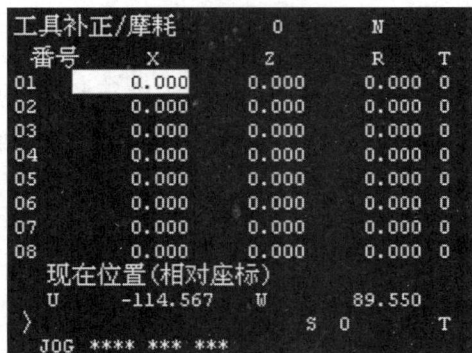

工具补正/摩耗			O	N	
番号	X	Z		R	T
01	0.000	0.000		0.000	0
02	0.000	0.000		0.000	0
03	0.000	0.000		0.000	0
04	0.000	0.000		0.000	0
05	0.000	0.000		0.000	0
06	0.000	0.000		0.000	0
07	0.000	0.000		0.000	0
08	0.000	0.000		0.000	0

现在位置(相对座标)
U   -114.567   W   89.550
〉   S O   T
JOG **** *** ***

图 2-2-4　摩耗补偿参数设定

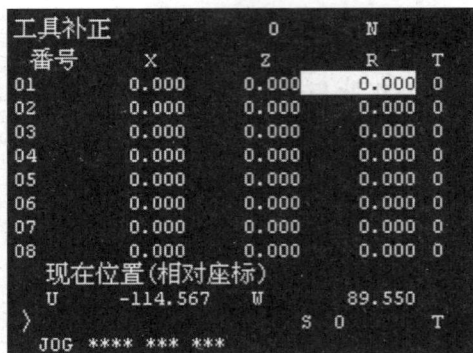

工具补正			O	N	
番号	X	Z		R	T
01	0.000	0.000		0.000	0
02	0.000	0.000		0.000	0
03	0.000	0.000		0.000	0
04	0.000	0.000		0.000	0
05	0.000	0.000		0.000	0
06	0.000	0.000		0.000	0
07	0.000	0.000		0.000	0
08	0.000	0.000		0.000	0

现在位置(相对座标)
U   -114.567   W   89.550
〉   S O   T
JOG **** *** ***

图 2-2-5　形状补偿参数设定

用方位键 [↑][↓] 选择所需的番号，并用 [←][→] 确定所需补偿的值。点击数字键，输入补偿值到输入域。按菜单软键[输入]或按 [INPUT]，参数输入到指定区域。按 [CAN] 键逐字删除输入域中的字符。

（2）输入形状补偿参数

通常情况下，对刀时刀具的偏置量也是输入在此界面中。在 MDI 键盘上点击 [OFFSET SETTING] 键，进入形状补偿参数设定界面，如图 6-21 所示。按方位键 [↑][↓] 可选择所需的番号，接 [←][→] 键可确定所需补偿的值。点击数字键，输入补偿值到输入域。按菜单软键[输入]或按 [INPUT]，参数输入到指定区域。按 [CAN] 键逐字删除输入域中的字符。

（3）输入刀尖半径和方位号

把光标移到刀尖半径 R 和方位号 T 中，按数字键输入半径或方位号，按菜单软键[输入]，如图 2-2-5 所示。

7）机床自动加工

（1）检查运行轨迹

NC 程序导入后，可检查运行轨迹。

①点击操作面板上的"自动运行"按钮 [→]，使指示灯变亮 [→]，转入自动加工模式。

②点击 MDI 键盘上的 [PROG] 按钮，点击数字/字母键，输入"Ox"（x 为所需要检查运行轨迹的数控程序号），按 [↓] 开始搜索，找到后，程序显示在 CRT 界面上。

③点击 [CUSTOM GRAPH] 按钮，进入检查运行轨迹模式，点击操作面板上的"循环启动"按钮 [Ⅰ]，即可观察数控程序的运行轨迹。

此时也可通过"视图"菜单中的动态旋转、动态放缩、动态平移等方式对三维运行轨迹进行全方位的动态观察。

（2）自动运行操作步骤

①检查机床是否回零，若未回零，先将机床回零。

②导入数控程序或自行编写一段程序。

③点击操作面板上的"自动运行"按钮，使其指示灯变亮。

④点击操作面板上的"循环启动"按钮，程序开始执行。

【任务实施】

1）识读数控车削程序

识读表 2-2-3 中数控车削程序，将含义写在右侧。

表 2-2-3 程序及说明

程序	说明
O0001；	
N10 T0101；	
N20 M03 S800；	
N30 G00 X35. Z5.；	
N40 G01 X13. Z5. F0.2；	
N50 G01 X13. Z0. F0.2；	
N60 G01 X15. Z-1. F0.2；	
N70 G01 X15. Z-15. F0.2；	
N80 G01 X23. Z-23. F0.2；	
N90 G01 X23. Z-25. F0.2；	
N100 G01 X35. Z-25. F0.2；	
N110 G00 X35. Z5.；	
N120 G00 X100. Z5.；	
N130 M05；	
N140 M30；	

2）程序调试及轨迹仿真

（1）新建程序名

①点击操作面板上的编辑键，编辑状态指示灯变亮，此时已进入编辑状态。

②点击 MDI 键盘上的"程序功能键"。

③点击 MDI 键盘上的地址功能键，输入"0001"。

④点击 MDI 键盘上的"插入"功能键。

⑤点击 MDI 键盘上的"结束"功能键，显示结束符号"；"。

⑥点击 MDI 键盘上的"插入"功能键■。

（2）程序输入

①点击 MDI 键盘上的地址功能键"N"，按数字功能键"1""0"，按地址功能键"T"，按数字功能键"0""1""0""1"。

②点击 MDI 键盘上的"结束"功能键，显示结束符"；"。

③点击 MDI 键盘上的"插入"功能键。

④按以上的输入方式，每输入一行指令字就按一下 MDI 键盘上的"结束"功能键，直至程序全部输入完成。

⑤按 MDI 键盘上的"复位"功能键■，光标返回程序起点。

（3）轨迹仿真

①点击操作面板上的"自动运行"按钮■，使指示灯变亮■，转入自动加工模式。

②点击 MDI 键盘上的■按钮，点击数字/字母键，输入"O0001"，按■开始搜索，找到后，程序显示在 CRT 界面上。

③点击■按钮，进入检查运行轨迹模式，点击操作面板上的"循环启动"按钮■，即可观察数控程序的运行轨迹。

④通过"视图"菜单中的动态旋转、动态放缩、动态平移等方式对三维运行轨迹进行全方位的动态观察。

【任务拓展】

①识读数控车削程序，识读表 2-2-4 中数控车削程序，将含义写在右侧。根据程序轨迹的结果，在图 2-2-6 中画出刀具的运动轨迹。

表 2-2-4 程序及说明

程序	说明
O0001；	
N10 T0101；	
N20 M03 S800；	
N30 G00 X35.Z5.；	
N40 G01 X5.Z5.F0.2；	
N50 G01 X5.Z0.F0.2；	
N60 G01 X16.Z−10.F0.2；	
N70 G01 X16.Z−23.F0.2；	
N80 G01 X24.Z−28.F0.2；	
N90 G01 X24.Z−30.F0.2；	
N100 G01 X35.Z−30.F0.2；	

续表

程序	说明
N110 G00 X35.Z5.；	
N120 G00 X100.Z5.；	
N130 M05；	
N140 M30；	

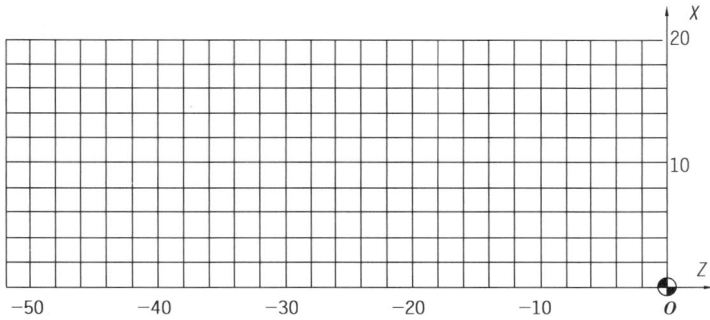

图 2-2-6　刀具运动轨迹

②识读数控车削程序,识读表 2-2-5 中数控车削程序,将含义写在右侧。根据程序轨迹的结果,在图 2-2-7 中画出刀具的运动轨迹。

表 2-2-5　程序及说明

程序	说明
O0001；	
N10 T0101；	
N20 M03 S800；	
N30 G00 X35.Z5.；	
N40 G00 X0.Z5.；	
N50 G01 X0.Z0.F0.2；	
N60 G01 X11.Z−10.F0.2；	
N70 G01 X14.Z−10.F0.2；	
N80 G01 X14.Z−16.F0.2；	
N90 G01 X22.Z−21.F0.2；	
N100 G01 X22.Z−30.F0.2；	
N110 G01 X35.Z−30.F0.2；	
N120 G00 X35.Z5.；	

续表

程序	说明
N130 G00 X100. Z5. ;	
N140 M05 ;	
N150 M30 ;	

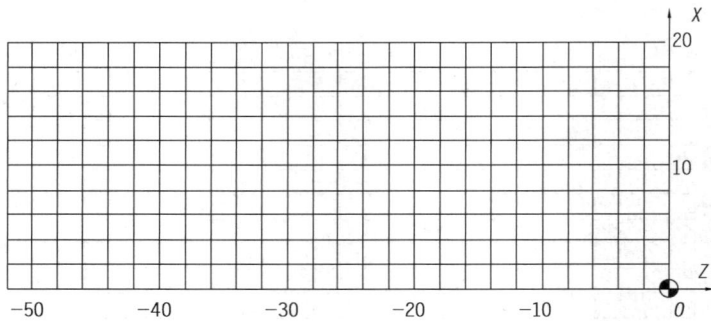

图 2-2-7　刀具运动轨迹

③识读数控车削程序,输入数控仿真软件中。根据要求进行编辑修改调试,并进行轨迹仿真。

a. 识读表 2-2-6 中程序,在右侧写出程序含义。

表 2-2-6　程序及说明

程序	说明
O0001 ;	
N1　T0101 ;	
N10 M03 S800 ;	
N20 M08 ;	
N30 X100.0 Z250.0 ;	
N40 X20.0 Z5.0 ;	
N50 G01 Z-35.0 ;	
N60 X25.0 ;	
N70 GOO Z5.0 ;	
N80 GOO X20.0 ;	
N90 Z-25.0 ;	
N100 GOO X30.0 ;	
N110 G01 Z5.0 ;	
N120 X15.0 ;	

程序	说明
N130 Z-15.0;	
N140 G01 X20.0;	
N150 G00 X100.0 Z200.0;	
N160 M09;	

b. 根据表 2-2-7 中程序编辑内容,在仿真软件中对程序进行编辑。

表 2-2-7　程序编辑

序号	程序编辑内容	完成打"√"	备注
1	将 N10 程序段中的 S800 改为 S500		
2	在"N30 X100.0"程序字之间插入 G00 指令		
3	在"N50 G01 Z-35.0;"程序段之后增加 F0.2 指令		
4	删除"N80 G00 X20.0;"程序段中的 G00 指令		
5	将"N90 Z-25.0;"程序段中的 Z-25.0 改为 Z-20.0		
6	删除"N100 G00 X30.0;"程序段中的 G00 指令		
7	将"N110 G01 Z5.0;"程序段中的 G01 指令改为 G00 指令		
8	在"N130 Z-15.0;"程序字之间插入 G01 指令		
9	在"N160 M09;"程序后增加一段结束程序"N170 M30;"		

【评价反馈】

任务评价,见表 2-2-8。

表 2-2-8　任务评价表

评分项目		评分标准或要求	配分	评价方式			得分
				自评 20%	互评 30%	师评 50%	
职业技能	技能实操	完成机床准备	10				
		程序输入正确	10				
		完成外圆刀对刀	15				
		仿真操作过程操作规范	15				
		规定时间内按时完成课堂任务	20				

续表

评分项目		评分标准或要求	配分	评价方式			得分
				自评20%	互评30%	师评50%	
职业素养	学习意识	学习态度认真、主动性较强	5				
		能够根据材料自学、主动进行课前预习	5				
	合作意识	与组员合作融洽,帮助他人完成任务	5				
		具有良好的沟通、协作、组织能力	5				
	规范意识	理实一体教室环境卫生维护	5				
		多媒体教学设备维护	5				
总配分			100分	总得分			

说明:教师就单个项目、活动或任务设计评分量表,可任意组合自评、互评、师评等评价方式,设置不同评价方式的权重并量化评价维度,明确评价具体要求。

【每课一练】

一、判断题

(   )1. 数控操作的"跳步"功能又称为"单段运行"功能。

(   )2. 数控机床加工过程中要改变主轴速度或进给速度必须使程序暂停,修改程序中的 S 和 F 的值。

(   )3. 轮廓加工中,在接近拐角处应适当降低进给量,以克服超程或欠程现象。

(   )4. 程序输入最早使用的是穿孔纸带。

(   )5. 编辑数控程序,要修改一个功能字时,必须用修改键而不能用插入键和删除键。

二、单选题

1. 数控机床回零操作的作用是(   )。

A. 速立工件坐标系   B. 建立机床坐标系

C. 选择工件坐标系   C. 选择机床坐标系

2. 在机床锁定方式下,自动运行(   )功能被锁定。

A. 进给   B. 刀架转位   C. 主轴   C. 切削液

3. (   )是数控操作跳步功能的作用之一。

A. 提高加工质量

B. 精加工只要粗加工最后一次走刀的部分程序

C. 提高加工效率

D. 对程序可以循环引用

4. 关于目前数控机床程序输入方法的叙述,下列选项中正确的是(   )。

A. 一般只有手动输入

B. 一般只有接口通信输入

C. 一般都有手动输入和接口通信输入

D. 一般都有手动输入和穿孔纸带输入

5. 程序管理包括程序搜索、选择一个程序、(   )和新建一个程序。

A. 执行一个程序　　　　　　　　B. 调试一个程序

C. 删除一个程序　　　　　　　　C. 修改程序切削参数

任务 2.3　数控车床零件仿真加工

关键词	刀具材料	高速钢	硬质合金
	涂层刀具	整体式车刀	机夹可转位车刀

【任务描述】

如图 2-3-1 所示,根据提供的数控车削程序,完成车削零件仿真加工。选取 1 号刀具:刀尖半径 0.4 mm,刀具长度 60 mm,35°刀片,外圆右向 93°型刀柄;3 号刀具刀尖半径 0 mm,刀具长度 60 mm,60°螺纹刀片,外螺纹刀柄,毛坯为 $\phi50*100$。工作坐标系原点设在工作右端面的中心。

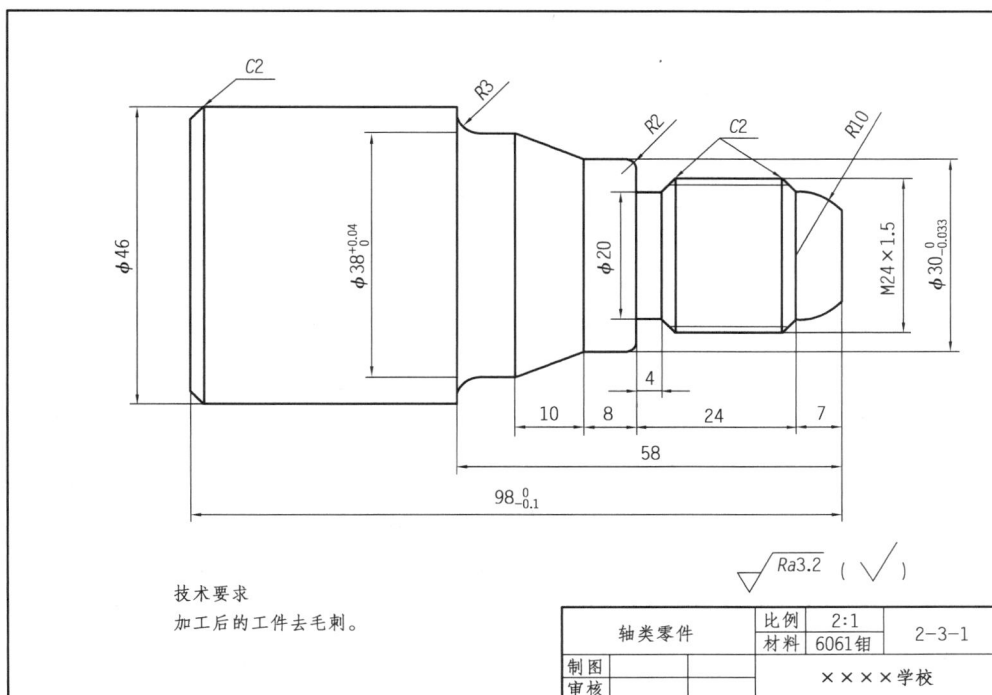

图 2-3-1　车削零件图形

数控车削程序分别是零件左端外圆程序,见表 2-3-1;零件右端外圆程序,见表 2-3-2;零件右端螺纹程序,见表 2-3-3。

表 2-3-1　零件左端外圆程序

程序	说明
O2311;	零件左端外圆程序名
T0101;	调用 1 号刀具及刀补,建立工件坐标系
M03 S600;	主轴正转,转速为 600 r/min
G00 X55. Z5.;	快速到达循环点
G71 U1.5 R0.05;	外圆粗加工循环
G71 P10 Q20 U0.5 W0. F0.2;	
N10 G00 X42.;	轮廓循环开始行
G01 Z0.;	左端外圆轮廓
X46. Z-2.;	
Z-50.;	
N20 G01 X55.;	轮廓循环结束行
G00 X60. Z60.;	换刀位置
M05;	主轴停止
M00;	程序暂停
T0101;	调用 1 号刀具及刀补,建立工件坐标系
M03 S1000;	主轴正转,转速 1 000 r/min
G00 X55. Z5.;	快速到达循环点
G70 P10 Q20 F0.1;	外圆精加工循环
G00 X60. Z60.;	退刀
M05;	主轴停止
M30;	程序结束

表 2-3-2　零件右端外圆程序

程序	说明
O2321;	零件右端外圆程序名
T0101;	调用 1 号刀具及刀补,建立工件坐标系
M03 S600;	主轴正转,转速 600 r/min
G00 X55. Z5.;	快速到达循环点

程序	说明
G71 U1.5 R0.05；	外圆粗加工循环
G71 P30 Q40 U0.5 W0. F0.2；	
N30 G00 X14.283；	轮廓循环开始行
G01 Z0.；	右端外圆轮廓
G03 X20. Z-7. R10.；	
G01 X24. Z-9.；	
Z-25.；	
X20. Z-27.；	
Z-31.；	
X26.；	
G03 X30. Z-33. R2.；	
G01 X30. Z-39.；	
X38. Z-49.；	
Z-55.；	
G02 X44. Z-58. R3.；	
G01 X46.；	
N40 G01 X55.；	轮廓循环结束行
G00 X60. Z60.；	退刀
M05；	主轴停止
M00；	程序暂停
T0101；	调用 1 号刀具及刀补,建立工件坐标系
M03 S1000；	主轴正转,转速为 600 r/min
G00 X55. Z5.；	快速到达循环点
G70 P30 Q40 F0.1；	外圆精加工循环
G00 X60. Z60.；	退刀
M05；	主轴停止
M30；	程序结束

表 2-3-3　零件右端螺纹程序

程序	说明
O2331；	零件右端螺纹程序名
T0303；	调用 3 号刀具和 3 号刀补

续表

程序	说明
M03 S600;	主轴正转,转速为600 r/min
G00 X35. Z-5.;	快速到达螺纹循环点
G76 P020560 Q100 R0.05;	螺纹复合循环加工
G76 X22.05 Z-28. P975 Q400 F1.5;	
G00 X60. Z60.;	退刀
M05;	主轴停止
M30;	程序结束

【学习要点】

①能根据现有程序,直接输入数控系统。
②能进行对刀,设置刀具参数并自动加工零件。
③能用测量功能分析零件加工质量。

【相关知识】

在金属切削加工中,常用的刀具有车刀、可转换刀具、孔加工刀具和铣削刀具等,本节主要讲前两种。

1)数控机床常用刀具材料

(1)高速钢

高速钢是由钨(W)、铬(Cr)、钼(Mo)、钒(V)等合金元素组成的高合金工具钢。高速钢具有较高的热稳定性、强度和韧性,并有一定的硬度和耐磨性,因此适合于加工有色金属和各种金属材料。高速钢有很好的加工工艺性,特别是粉沫冶金高速钢,具有各向异性的机械性能,减少了淬火变形,适合于制造精密与复杂的成形刀具(钻头、丝锥、拉刀、齿轮刀具等)。

(2)硬质合金

硬质合金是由难熔金属碳化物(TiC、WC 等)和金属黏结剂(如 Co、Ni 等)经粉末冶金方法制成。硬质合金的硬度和耐磨性都很高,其切削性能比高速钢高得多,刀具耐用度是高速钢的几倍至数十倍,但抗弯强度和冲击韧性较差。硬质合金由于优良的切削性能,广泛地被用作刀具材料。绝大多数车刀、端铣刀采用硬质合金制造;深孔钻、铰刀以及一些复杂的刀具如齿轮滚刀现在也采用硬质合金。

ISO 标准将切削用硬质合金分为三类:P 类(相当于我国的 YT 类)、K 类(相当于我国的 YG 类)和 M 类(相当于我国的 YW 类)。

(3)涂层刀具材料

涂层刀具是在韧性较好的硬质合金刀具基体上,涂覆一薄层耐磨性高的难熔金属化合物而获得。常用的涂层材料有 TiC、TiN、TiB_2、ZrO_2、Ti(C、N)及 Al_2O_3 等。

涂层硬质合金一般采用化学气相沉积法(CVD 法)生产。沉积温度 1 000 ℃涂层物质以 TiC 最为广泛。数控机床上不重磨刀具的广泛使用,为发展涂层硬质合金刀具开辟了广阔的天地。实践证明,涂层硬质合金刀片的耐用度至少可提高1~3倍。

涂层高速钢刀具一般采用物理气相沉积法(PVD)生产,沉积温度在500 ℃左右,这是当代刀具技术发展的主要潮流之一。涂层高速钢刀具主要有钻头、丝锥、滚刀、立铣刀等。

（4）陶瓷刀具材料

陶瓷刀具材料是在陶瓷基体上重添加各种碳化物、氮化物、硼化物等并按一定生产工艺制成的。它具有很高的硬度、耐磨性、耐热性和化学稳定性等独特的优越性,在高速切削范围以及加工某些难加工材料,特别是加热切削法方面,包括涂层刀具在内的任何高速钢和硬质合金刀具都无法与之相比。陶瓷刀具材料可用于制造各种车刀包括成型车刀、镗刀、铰刀及铣刀等。

（5）立方氮化硼

立方氮化硼是用六方氮化硼为原料,利用超高温、高压技术转化而成。立方氮化硼刀片具有很好的"热硬性",可以高速切削高温合金,能获得很高的尺寸精度和极好的表面粗糙度,可实现以车代磨。

（6）金刚石

金刚石可分为天然金刚石、人造聚晶金刚石和复合金刚石三类。金刚石有极高的硬度、良好的导热性及小的摩擦因数。金刚石刀具有较长的使用寿命(比硬质合金刀具寿命高几十倍以上)、稳定的加工尺寸精度以及良好的工件表面粗糙度,并可在纳米级稳定切削。

2）数控车床常用刀具

数控车床主要用于回转表面的加工,如内外圆柱面、圆锥面、圆弧面、内外螺纹等切削加工,图2-3-2为常用车刀的种类、形状和用途。

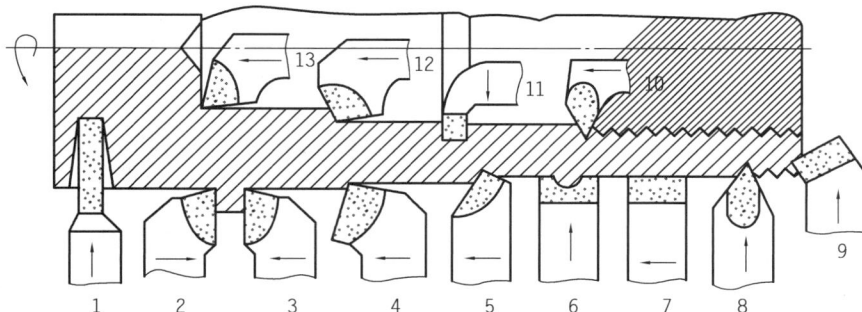

图 2-3-2　常用车刀的种类、形状和用途

1—切断刀;2—90°左偏刀;3—90°右偏刀;4—弯头车刀;5—直头车刀;6—成形车刀;7—宽刃精车刀;
8—外螺纹车刀;9—端面车刀;10—内螺纹车刀;11—内槽车刀;12—通孔车刀;13—盲孔车刀

（1）数控车刀按形状分类

常用车刀一般分尖形车刀、圆弧形车刀和成形车刀三类。

①尖形车刀。

以直线形切削刃为特征的车刀一般称为尖形车刀。这类车刀的刀尖(同时也为其刀位点)由直线形的主、副切削刃构成,如90°内外圆车刀、左右端面车刀、切断(车槽)车刀以及刀尖倒棱很小的各种外圆和内孔车刀。

②圆弧形车刀。

圆弧形车刀是较为特殊的数控加工用车刀。其特征是,构成主切削刃的刀刃形状为一圆度误差或线轮廓误差很小的圆弧,该圆弧刃每一点都是圆弧形车刀的刀尖,因此,刀位点不在圆弧上,而在该圆弧的圆心上。圆弧形车刀可以用于车削内、外表面,特别适宜于车削各种光滑连接(凹形)的成形面。

③成形车刀。

成形车刀俗称样板车刀,其加工零件的轮廓形状完全由车刀刀刃的形状和尺寸决定。数控加工中,应尽量少用或不用成形车刀。

(2)数控车刀按结构形式分类

车刀在结构上可分为整体式车刀、焊接式车刀和机夹可转位车刀三大类。

①整体式车刀。

整体式车刀主要是整体式高速钢车刀,通常用于小型车刀、螺纹车刀和形状复杂的成形车刀。它具有抗弯强度高、冲击韧性好、制造简单、刃磨方便、刃口锋利等优点。

②焊接式车刀。

焊接式车刀是将硬质合金刀片用焊接的方法固定在刀体上,经刃磨而成。这种车刀结构简单、制造方便、刚性较好,但抗弯强度低、冲击韧性差,切削刃不如高速钢车刀锋利,不易制作复杂刀具。

③机夹可转位车刀。

机夹可转位车刀是数控车床上用得比较多的一种车刀,如图 2-3-3 所示。它是由刀杆、刀垫、可转位刀片、固定元件组成,如图 2-3-4 所示。

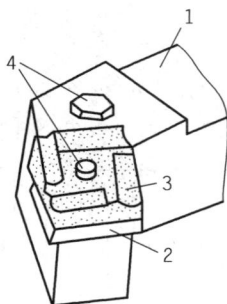

图 2-3-3　机夹可转位车刀
1—刀杆;2—刀垫;
3—可转位刀片;4—夹固元件

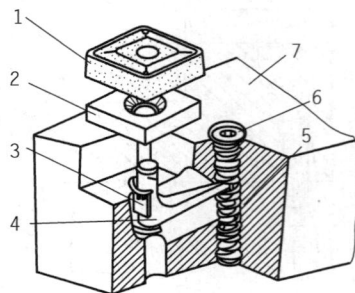

图 2-3-4　可转位车刀内部结构
1—刀片;2—刀垫;3—卡簧;4—杠杆;
5—弹簧;6—螺钉;7—刀柄

(3)常用可转位车刀刀片

常用可转位车刀刀片的形状及角度,如图 2-3-5 所示。

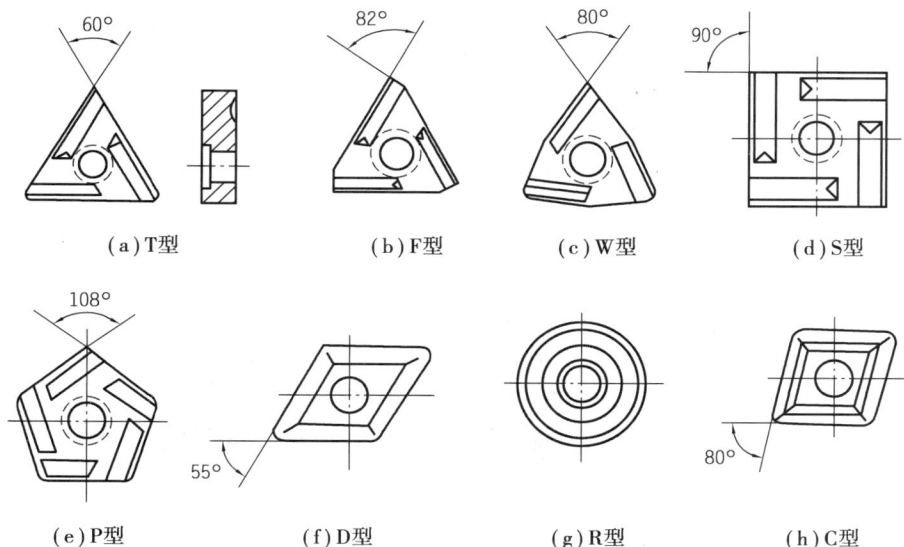

（a）T型　　　　（b）F型　　　　（c）W型　　　　（d）S型

（e）P型　　　　（f）D型　　　　（g）R型　　　　（h）C型

图 2-3-5　常用可转位车刀刀片

【任务实施】

1）选择机床

点击菜单"机床/选择机床…"，弹出"选择机床"对话框，在"控制系统"中选择 FANUC 0i 系统；机床类型选择车床，并单击"确定"按钮。

2）机床回零

①单击启动按钮 ，此时机床电机和伺服控制的指示灯 变亮。

②检查急停按钮是否松开到 状态，若未松开，单击急停按钮 ，将其松开。

③检查操作面板上回原点指示灯 是否亮，若指示灯亮，则已进入回原点模式；若指示灯不亮，则单击 按钮，转到回原点模式。

④X、Z 轴回零。

a. 在回原点模式下，先将 X 轴回原点，点击操作面板上的"X 轴选择"按钮 ，使 X 轴方向移动指示灯变亮 ；点击"正方向移动"按钮 ，此时 X 轴将回原点，X 轴回原点灯变亮 ，CRT 上的 X 坐标变为"390.00"。

b. 再点击"Z 轴选择"按钮 ，使指示灯变亮，点击 ，Z 轴将回原点，Z 轴回原点灯变亮， ，此时机床完成回零。

3）安装零件

如使用的尺寸为 $\phi50 \times 100$ mm 毛坯，点击"零件"\"定义毛坯…"菜单，在定义毛坯对话框中改写零件尺寸为直径 50 mm、长度 100 mm，单击"确定"按钮。

点击"零件"\"放置零件"…菜单,在选择零件对话框中选取名称为"毛坯1"的零件,并单击"确定"按钮。界面上出现控制零件移动的面板,可以用其移动零件,使毛坯的伸出端满足加工零件的长度,毛坯的伸出长度可通过"零件/测量"…菜单得到。单击面板上的"退出"按钮,关闭该面板,此时零件已经放置在机床工作台面上。

4)导入数控程序

单击操作面板上的编辑按钮 ➡️ ,进入编辑状态。点击 MDI 键盘上的程序键 PROG ,CRT 界面转入编辑页面。再点击软键 [(操作)] ,在出现的子菜单中点击软键 ▶ ,出现软键 F检索 ,点击此软键,在弹出的对话框中选择所需的文件,如图 2-3-6 所示,再单击"打开"按钮。在同一级菜单中,点击软键 [READ] ,通过 MDI 键盘上的数字/字母键,输入"O0001",按软键 [EXEC] ,则数控程序 O0001 显示在 CRT 界面上。

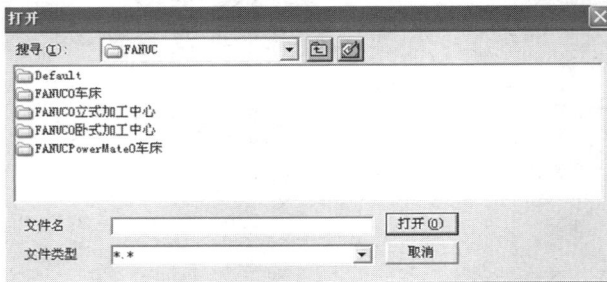

图 2-3-6 导入数控程序

5)检查运行轨迹

单击操作面板上的自动运行按钮,进入自动加工模式;点击 MDI 键盘上的程序键 PROG ;点击数字/字母键,输入"O0001";点击 ↓ 开始搜索,找到后,主程序 O0001 显示在 CRT 界面上。点击 CUSTOM GRAPH 键进入检查运行轨迹模式;单击操作面板上的循环启动按钮 🔲 ,即可观察数控程序的运行轨迹,此时也可通过"视图"菜单中的动态旋转、动态放缩、动态平移等方式对三维运行轨迹进行全方位的动态观察。运行轨迹如图 2-3-7 所示。通常情况下,轨迹图中红线代表刀具快速移动的轨迹,绿线代表刀具切削的轨迹。

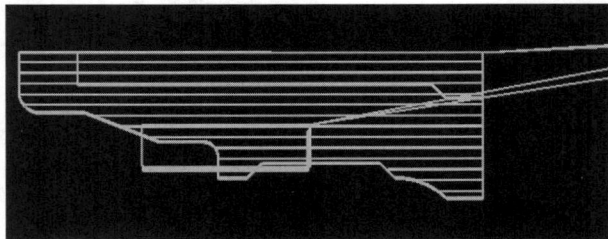

图 2-3-7 图形轨迹

6)装刀具、对刀

(1)装刀具

点击菜单"机床"\"选择刀具…"或者在工具条中选择 🔧 ,在"车刀选择"对话框中根据加工方式选择所需的刀片和刀柄。输入刀尖半径 0.4 mm,刀具长度 60 mm,确定后退出,如图 2-3-8 所示。

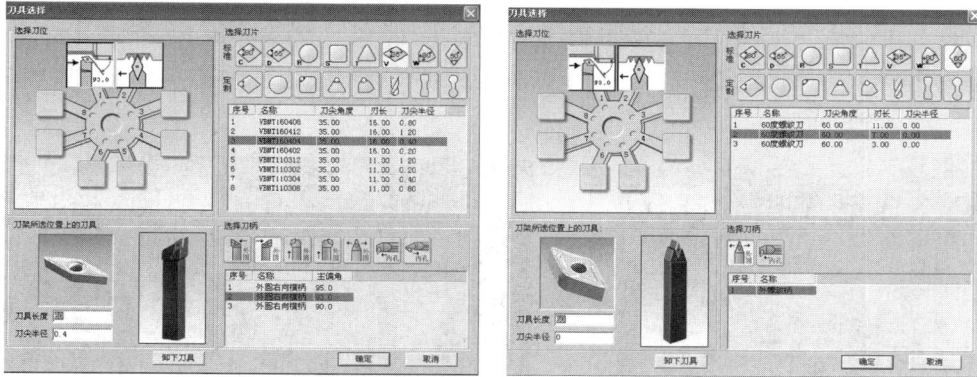

图 2-3-8 外圆刀和外螺纹刀

（2）对刀

运行轨迹正确，表明输入的程序基本正确，数控程序以零件右端面中心点为原点，下面讲述如何通过对刀来建立工件坐标系与机床坐标系的关系。

①X 向对刀。

a. 单击操作面板上的手动按钮 ，手动状态指示灯 变亮，机床进入手动操作模式；单击控制面板上的 X 方向按钮 ，使 X 轴方向移动指示灯变亮 ，单击 或 按钮，使机床在 X 轴方向移动；同样可使机床在 Z 轴方向移动。通过手动方式将机床移到如图 2-3-9 所示的大致位置。

图 2-3-9 X 轴对刀准备

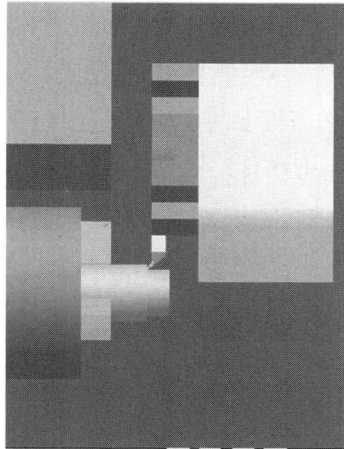

图 2-3-10 试切工件外圆

b. 单击操作面板上的主轴正转 按钮，使其指示灯变亮，主轴转动。再单击 Z 方向按钮 ，使 Z 轴方向指示灯 变亮，单击 按钮，用所选刀具试切工件外圆，如图 2-3-10 所示。然后按 按钮，X 方向保持不动，刀具退出。

c. 单击操作面板上的主轴停止按钮 ，使主轴停止转动，点击"工艺分析"\"测量…"，菜单如图 2-3-11 所示，点击试切外圆时所切线段，选中的线段由红色变为黄色。记下对话框中对应的 X 值 49.361；单击操作面板上 ▣ 键，再按软键 [形状]，在界面上点击软键 [（操作）]，出现软键 [测量]，输入 X49.361，点击此软键即完成 X 方向对刀，如图 2-3-11 所示。

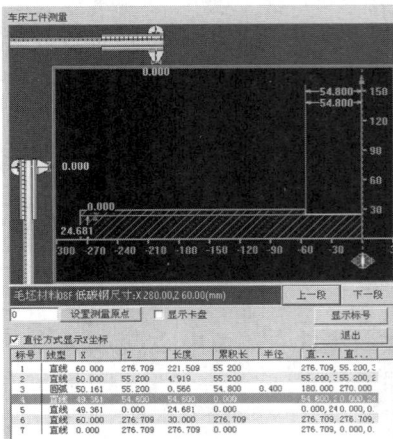

图 2-3-11　测量切削外圆直径

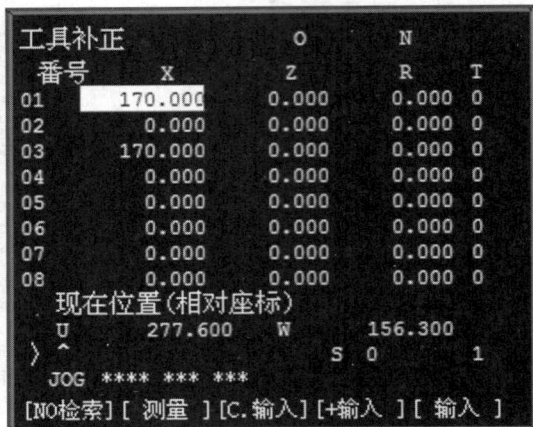

图 2-3-12　刀具补偿 X 坐标输入

用相同方法可完成 3 号刀具 X 方向对刀，如图 2-3-12 所示。

②Z 向对刀。

a. 单击 ▣ 按钮，将刀具退至如图 2-3-13 所示的位置。单击控制面板上的 X 方向按钮 ▣ ，使 X 轴方向移动指示灯 ▣ 变亮；单击 ▣ 按钮，试切工件端面，如图 2-3-14 所示；然后按 ▣ 按钮，Z 方向保持不动，刀具退出。

b. 单击操作面板上的主轴停止按钮 ▣ ，使主轴停止转动。单击操作面板上 ▣ 键，再按软键 [形状]，用方位键 ▣ 将光标移至 Z 的位置，点击软键 [（操作）]，出现软键 [测量]，输入 Z0 后点击此软键即完成 Z 方向对刀。

图 2-3-13　Z 轴对刀准备

图 2-3-14　试切工件端面

用相同方法完成 3 号刀具 Z 轴对刀。应当注意的是，螺纹刀 Z 方向不用试切，只需大概对齐即可,如图 2-3-15 所示。

| 图 2-3-15 刀具补偿 Z 坐标输入 | 图 2-3-16 刀尖半径的补偿值 |

7)设置参数

输入刀尖半径、刀位号补偿参数。在 MDI 键盘上点击 OFFSET SETTING 两次,进入形状补偿参数设定界面,用方位键 ↑、↓、←、→ 将光标移动到需设定参数的位置。在第一行 R 处,利用 MDI 键盘输入"0.4"按软键 [输入],把刀尖半径的补偿值 0.4,输入到所指定的位置。在第一行 T 处,利用 MDI 键盘输入"T3",按软键 [输入],把刀位补偿参数输入到所指定的位置,此时 CRT 界面如图 2-3-16 所示。

8)自动加工

完成对刀、设置刀具补偿参数、导入数控程序后,就可以开始自动加工了。先将机床回零,单击操作面板上的自动运行按钮 ,使其指示灯 亮,单击循环启动按钮 ,就可以自动加工了。加工完毕出现如图 2-3-17 所示的结果。

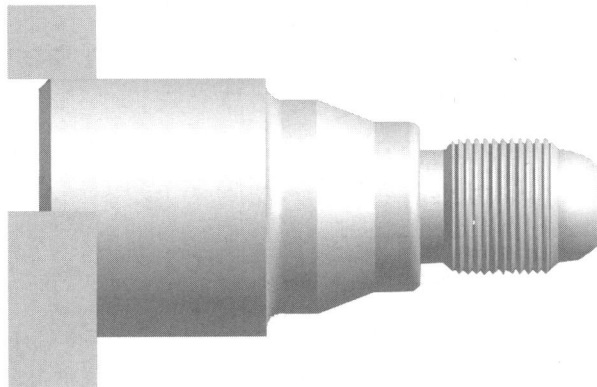

图 2-3-17 零件仿真加工结果

【任务拓展】

如零件图 2-3-18 所示,根据提供的车削程序(表 2-3-4、表 2-3-5、表 2-3-6),使用仿真软件完成加工。毛坯为 $\phi 50 \times 100$。工作坐标系原点设在工件右端面中心。

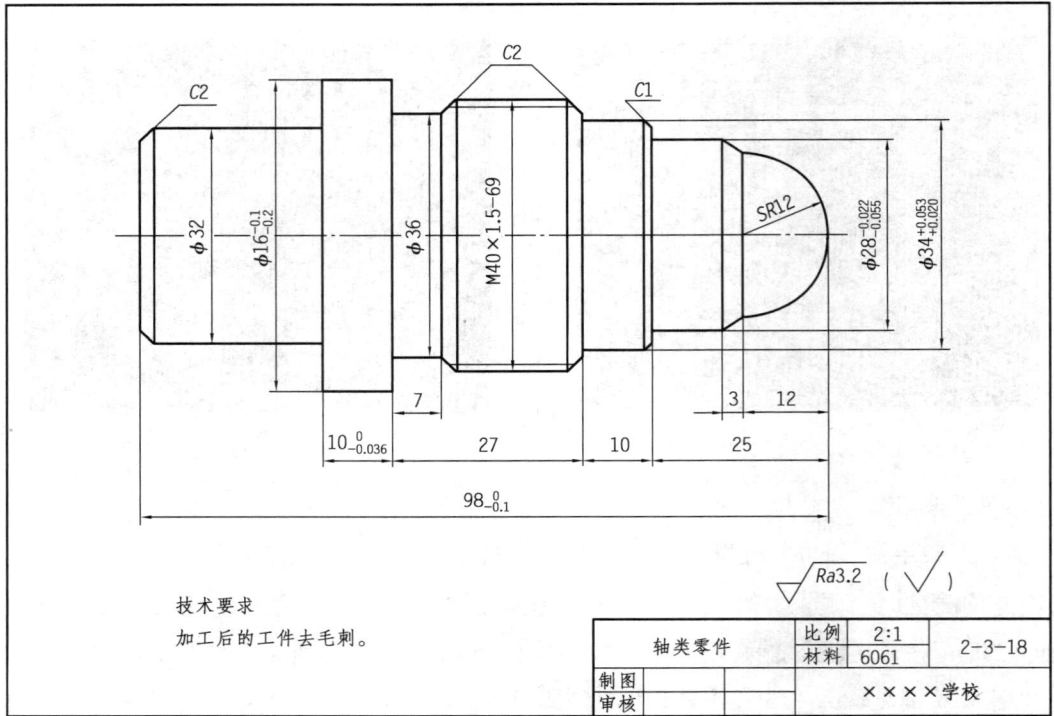

图 2-3-18 轴类零件图

本任务程序分别由表 2-3-4 零件左端外圆程序,表 2-3-5 零件右端外圆程序和表 2-3-6 零件右端螺纹程序构成,仿真软件中工件调头装夹时注意有效夹持长度。

表 2-3-4 零件左端外圆程序

程序	说明
O2341;	程序名
N10 T0101;	粗加工程序内容
N20 M03 S800;	
N30 G00 X52. Z2. M08;	
N40 G73 U24. W0 R24.;	
N50 G73 P60 Q200 U0.5 W0 F0.2;	
N60 G42 G00 X0;	
N70 G01 Z0;	
N80 G03 X24. Z-12. R12.;	
N90 G01 X28. Z-15.;	
N100 G01 Z-25.;	
N110 G01 X32.;	

续表

程序	说明
N120 G01 X34. Z-26. ;	
N130 G01 Z-35. ;	
N140 G01 X36. ;	
N150 G01 X40. Z-37. ;	
N160 G01 Z-53. ;	
N170 G01 X36. Z-55. ;	
N180 G01 Z-62. ;	粗加工程序内容
N190 G01 X52. ;	
N200 G40;	
N210 G00 X80. Z80. ;	
N220 M05;	
N230 M09;	
N240 M00;	暂停指令(暂停时用于零件检测)
N250 T0101;	
N260 M03 S1000;	
N270 G00 X52. Z2. M08;	
N280 G70 P60 Q200 F0.1;	精加工程序内容
N290 G00 X100. Z100. ;	
N300 M05;	
N310 M09;	
N320 M30;	程序结束

表 2-3-5　零件右端外圆程序

程序	说明
O2351;	程序名
N10 T0101;	
N20 M03 S800;	
N30 G00 X52. Z2. M08;	
N40 G71 U1. R1. ;	粗加工程序内容
N50 G71 P60 Q120 U0. 5 W0 F0. 2;	
N60 G42 G00 X24. ;	
N70 G01 X32. Z-2. ;	

续表

程序	说明
N80 G01 Z−26.;	粗加工程序内容
N90 G01 X46.;	
N100 G01 Z−40.;	
N110 G01 X52.;	
N120 G40;	
N130 G00 X80.Z80.;	
N140 M05;	
N150 M09;	
N160 M00;	暂停指令(暂停时用于零件检测)
N170 T0101;	精加工程序内容
N180 M03 S1000;	
N190 G00 X52.Z2.M08;	
N200 G70 P60 Q120 F0.1;	
N210 G00 X100.Z100.;	
N220 M05;	
N230 M09;	
N240 M30;	程序结束

表 2-3-6　零件右端螺纹程序

程序	说明
O2361;	程序名
N10 T0303;	螺纹加工程序内容
N20 M03 S800;	
N30 G00 X45.Z−33.M08;	
N40 G92 X39.35 Z−57.F1.5;	
N50 X38.95;	
N60 X38.65;	
N70 X38.45;	
N80 X38.35;	
N90 G00 X100.Z100.;	
N100 M05;	
N110 M09;	
N120 M30;	程序结束

【评价反馈】

任务评价,见表 2-3-7。

表 2-3-7 　任务评价表

评分项目		评分标准或要求	配分	评价方式			得分
				自评20%	互评30%	师评50%	
职业技能	技能实操	完成车床回零	10				
		完成车床界面认识	10				
		程序导入正确	10				
		完成外圆车刀 X 向对刀	15				
		完成外圆车刀 Z 向对刀	15				
		能够在规定时间内按时完成课堂任务	10				
职业素养	学习意识	学习态度认真、主动性较强	5				
		能够根据材料自学、主动进行课前预习	5				
	合作意识	与组员合作融洽,帮助他人完成任务	5				
		具有良好的沟通、协作、组织能力	5				
	规范意识	理实一体教室环境卫生维护	5				
		多媒体教学设备维护	5				
总配分			100 分	总得分			

说明:教师就单个项目、活动或任务设计评分量表,可任意组合自评、互评、师评等评价方式,设置不同评价方式的权重并
　　　量化评价维度,明确评价具体要求。

【每课一练】

一、判断题

(　　　)1. 手工编程适用零件不太复杂、计算较简单、程序较短的场合,经济性较好。

(　　　)2. 数控程序最早的控制介质是磁盘。

(　　　)3. 不同的数控机床可能选用不同的数控系统,但数控加工程序指令都是相同的。

(　　　)4. 程序段格式有演变的过程,是先有文字地址格式,后发展成固定格式。

(　　　)5. 程序段号根据数控系统的不同,在有些系统中可以省略。

二、单选题

1.数控机床进行零件加工,首先须把加工路径和加工条件转换为程序,此种程序称为（　　　）。

A.子程序　　　　　　　B.主程序　　　　　　　C.宏程序　　　　　　　C.加工程序

2.功能字有参数直接表示法和代码表示法两种,（　　　）属于代码表示法的功能字。

A.S　　　　　　　　　　B.X　　　　　　　　　　C.M　　　　　　　　　　C.N

3.在数控加工中,它是指位于字头的字符或字符组,用以识别其后的参数,在传递信息时,它表示其出处或目的地,"它"是指（　　　）。

A.参数　　　　　　　　B.地址符　　　　　　　C.功能字　　　　　　　C.程序段

4.下列正确的功能字是（　　　）。

A.N8.5　　　　　　　　B.N#1　　　　　　　　C.N-3　　　　　　　　D.N0005

5.下列不正确的功能字是（　　　）。

A.N8.0　　　　　　　　B.N100　　　　　　　　C.N03　　　　　　　　C.N0005

项目 **3**
轴类零件车削编程与调试

【项目导入】

　　轴是支承转动零件并与之一起回转以传递运动、转矩的机械零件,是最常用、最重要的机器零件之一,如各类机床的主轴、机器齿轮箱中的传动轴、车轮的支承轴等,如图 3-0-1 所示。

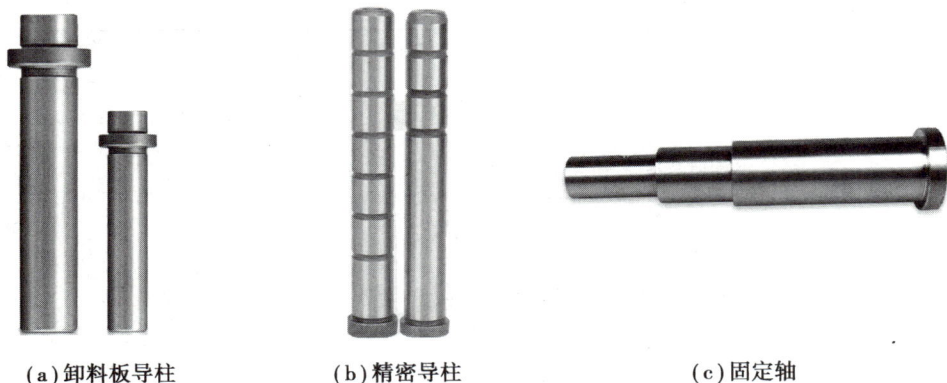

　　(a)卸料板导柱　　　　　(b)精密导柱　　　　　　(c)固定轴

图 3-0-1　典型轴类零件

　　轴由最基本的圆柱面、圆锥面、台阶面、端面、成形表面所构成,这些表面及由这些表面构成的轴类零件是数控车床加工的基本工作内容。

【项目要求】

技能与学习水平:
①能运用各种指令编制外轮廓加工程序。
②能合理选择零件外轮廓加工的加工工艺。
③能在粗加工后调整磨耗值,控制加工精度。
④能使用仿真软件进行对刀操作、建立坐标系。
⑤能进行仿真软件编程,检验程序,完成仿真加工。
知识与学习水平:
①说明刀尖圆弧半径补偿的含义。

②简述 G00、G01、G02、G03 指令格式、功能及使用方法。

③简述 G71、G70 的格式、功能、加工特点及使用方法。

④简述刀尖方位号的含义。

⑤简述刀尖圆弧半径补偿作用及对加工精度的影响。

任务 3.1　简单阶梯轴零件车削编程与调试

关键词	快速定位指令(G00)	圆柱/圆锥车削单一循环指令(G90)	基点
	直线插补指令(G01)	端面车削单一循环指令(G94)	节点

【任务描述】

图 3-1-1 所示为简单阶梯轴零件,由 3 个外圆面、端面及台阶面构成,外圆尺寸精度较低,为未注公差,表面粗糙度值全部为 $Ra3.2$ um。使用 FANUC 0i 系统数控车床完成加工。材料为 45 钢,毛坯为 $\phi30$ mm×100 mm 棒料。

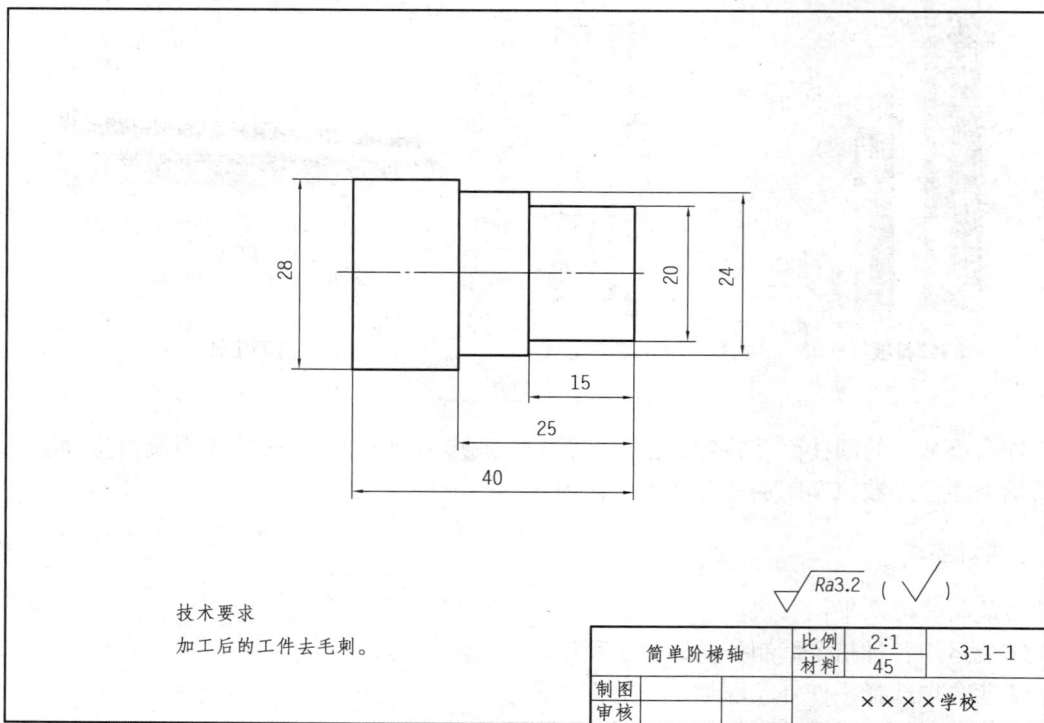

技术要求
加工后的工件去毛刺。

简单阶梯轴	比例	2:1	3-1-1
	材料	45	
制图			××××学校
审核			

图 3-1-1　简单阶梯轴零件图

【学习要点】

①掌握 G00、G01 指令及其应用。
②掌握 G90、G94 指令及其应用。
③掌握简单阶梯轴加工工艺制定方法。
④会编写外圆面、台阶面与端面加工程序。
⑤熟练掌握数控机床仿真基本操作。

【相关知识】

1）编程注意点

（1）对刀点

对刀点（又称起刀点）是指在数控车床上加工零件时，刀具相对零件做切削运动的起始点。尽量使加工程序中的引入（或返回）路线短，便于换（转）刀。必要时，对刀点可设定在工件的某一要素或其延长线上，或设定在与工件定位基准有一定坐标关系的夹具的某个位置上。

（2）换刀点

换刀点是指刀架转位换刀时的位置。换刀点的位置可设定在程序原点、机床固定原点或浮动原点上，其具体的位置应根据序内容而定。

（3）刀位点

刀位点是指在加工程序编制中用以表示刀具特征的点。常用车刀的刀位点如图 3-1-2 所示。

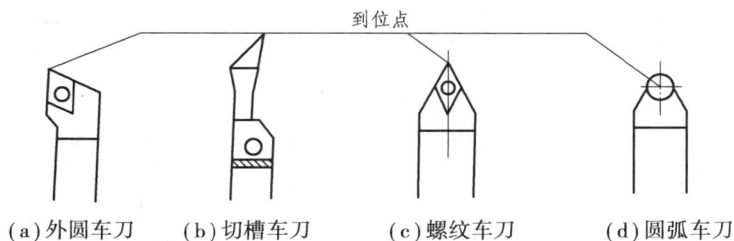

图 3-1-2　常用车刀刀位点

（4）基点

一个零件的轮廓都是由不同的几何元素（直线、圆弧及曲线等）组成的。运用数控车床的数控系统进行编程时，首先会计算各几何元素之间的交点坐标。各个元素间的连接点称为基点，例如直线与直线的交点、直线与圆弧的交点或切点、圆弧与圆弧的交点与切点等。图 3-1-3 中的点 A、B、C、D、E 即为基点。基点的坐标是编程的主要数据。一般来说，根据图样给定的尺寸，利用一般的解析几何或三角函数关系可求得基点的坐标。

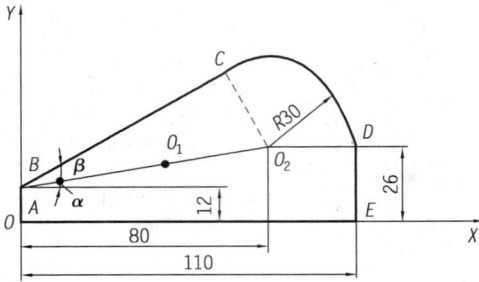

图 3-1-3　零件轮廓的基点　　　　　　　　图 3-1-4　零件轮廓的节点

（5）节点

一般来说，数控系统都具有直线和圆弧插补功能，当零件的轮廓为非圆曲线时，常用直线段或圆弧段等去逼近实际轮廓曲线，逼近直线或逼近圆弧与非圆曲线的交点或切点称为节点。图 3-1-4 所示的曲线 PE 用直线段逼近时，其交点 A、B、C、D 就是节点。节点的计算比较复杂，方法也很多，是手工编程的难点。有条件时应尽能借助于计算机来完成，以减少计算误差，并减轻编程人员的工作量。

2）指令介绍

简单阶梯轴是由外圆面、台阶面、端面构成的，这些表面也是组成轴类零件的最基本表面。车削端面和外圆，在机械加工中是一项最基本的技能。接下来重点介绍编制简单轮廓加工程序的基本指令，灵活运用多种指令编制加工程序。

（1）快速定位指令 G00（表 3-1-1）

表 3-1-1　快速定位指令 G00

指令格式	G00 X(U)_ Z(W)_;
指令功能	刀具以机床规定的快速进给速度移动到目标点。
指令说明	（1）X_Z_绝对编程时为刀具移动目标点的坐标值。 （2）U_W_增量编程时为刀具移动目标点相对于当前点的相对位移量。
指令动作	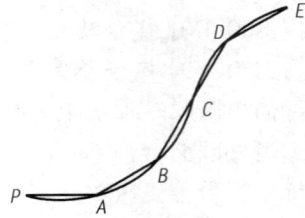 G00 指令走刀路线　　　　　　　　　G00 指令格式及原理动画
注意事项	（1）移动速度不能用程序指令 F 设定，而是由厂家预先设置在机床参数中。 （2）刀具的实际运动路线有时不是直线，而是折线，使用时注意刀具是否和工件干涉。 （3）G00 一般用于加工前的快速定位或加工后的快速退刀。

（2）直线插补指令 G01（表 3-1-2）

表 3-1-2　直线插补指令 G00

指令格式	G01 X(U)_ Z(W)_F_;
指令功能	使刀具以编程者指定的进给速度沿直线切削运动。
指令说明	（1）X_ Z_ 绝对编程时为刀具移动目标点的坐标值。 （2）U_ W_ 增量编程时为刀具移动目标点相对于当前点的相对位移量。 （3）F_ 为进给速度。
指令动作	 G01 指令走刀路线 G01 指令格式及原理动画 G00 X6. Z0. F0. 2 ； G01 X6. Z−10. F0. 2 ； G01 X9. Z−10. F0. 2 ； G01 X9. Z−18. F0. 2 ；

3）编程举例

[例 3-1-1] 如图 3-1-5 所示，假设零件各表面已完成粗加工，分别用绝对和增量坐标方式，利用 G00、G01 指令编写轨迹 A—B—C—D—E—F—A 的精加工程序，程序单见表 3-1-3。

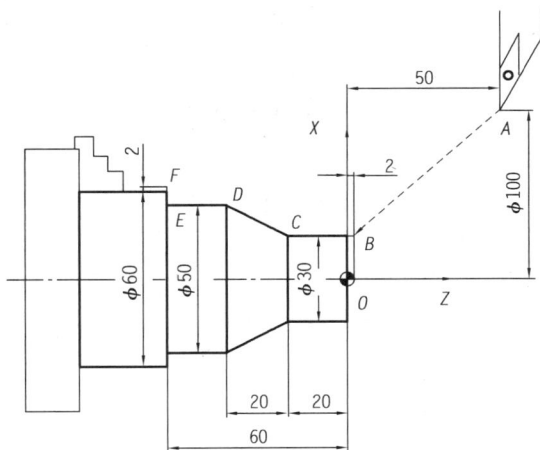

图 3-1-5　直线插示例图形

表 3-1-3 G00、G01 指令编程示例

程序		说明
绝对编程	增量编程	
O1111 ；	O2222 ；	程序名
N10T0101 ；	N10T0101 ；	建立工件坐标系
N20 G00 X100.0 Z50.0 ；	N20 G00 X100.0 Z50.0 ；	快速定位至 A 点
N30 M04 S800 ；	N30 M04 S800 ；	主轴反转,转速为 800 r/min
N40 G00 X30.0 Z2.0 ；	N40 G00 U−70.0 W−48.0 ；	快速靠近工件 A—B
N50 G01 Z−20.0 F0.1 ；	N50 G01 W−22.0 F0.1 ；	车削外圆 B—C
N60 X50.0 Z−40.0 ；	N60 U20.0 W−20.0 ；	车削锥面 C—D
N70 Z−60.0 ；	N70 W−20.0 ；	车削外圆 D—E
N80 X64.0 ；	N80 U14.0 ；	车削台阶右端面 E—F
N90 G00 X100.0 Z50.0 ；	N90 G00 U36.0 W110.0 ；	快速离开工件 F—A
N100 M05 ；	N100 M05 ；	主轴停转
N110 M30 ；	N110 M30 ；	程序结束

4)圆柱/圆锥车削单一循环指令(G90)

数控车床加工的工件的毛坯常为精车前粗车的棒料、铸件或锻件,因此加工余量比较大,一般需要多次重复的循环加工,才能去除全部的余量。为了简化编程,数控系统提供了不同形式的固定循环功能。固定循环一般分为单一形状的固定循环和复合形状的固定循环。

单一形状的固定循环指令(G90、G94)的循环过程包括一系列连续加工动作。4 个动作仅用一个循环令完成,使程序得以简化。

表 3-1-4 圆柱/圆锥车削单一循环指令 G90

指令格式	G90 X(U)＿ Z(W)＿ R＿ F＿ ；
指令功能	实现内外圆柱面和圆锥面循环切削。(本节以外圆面为例进行讲解)
指令说明	(1)X、Z 为切削终点绝对坐标值。 (2)U、W 为切削终点相对循环起点的增量坐标。 (3)R 为切削始点相对切削终点的 X 向坐标增量(半径值),加工圆柱面时 R=0,可省略;加工圆锥面时 R≠0。 (4)F 为进给速度。 (5)其走刀路线如下图所示。图中虚线表示快速移动,实线表示按 F 切削进给。

续表

指令动作	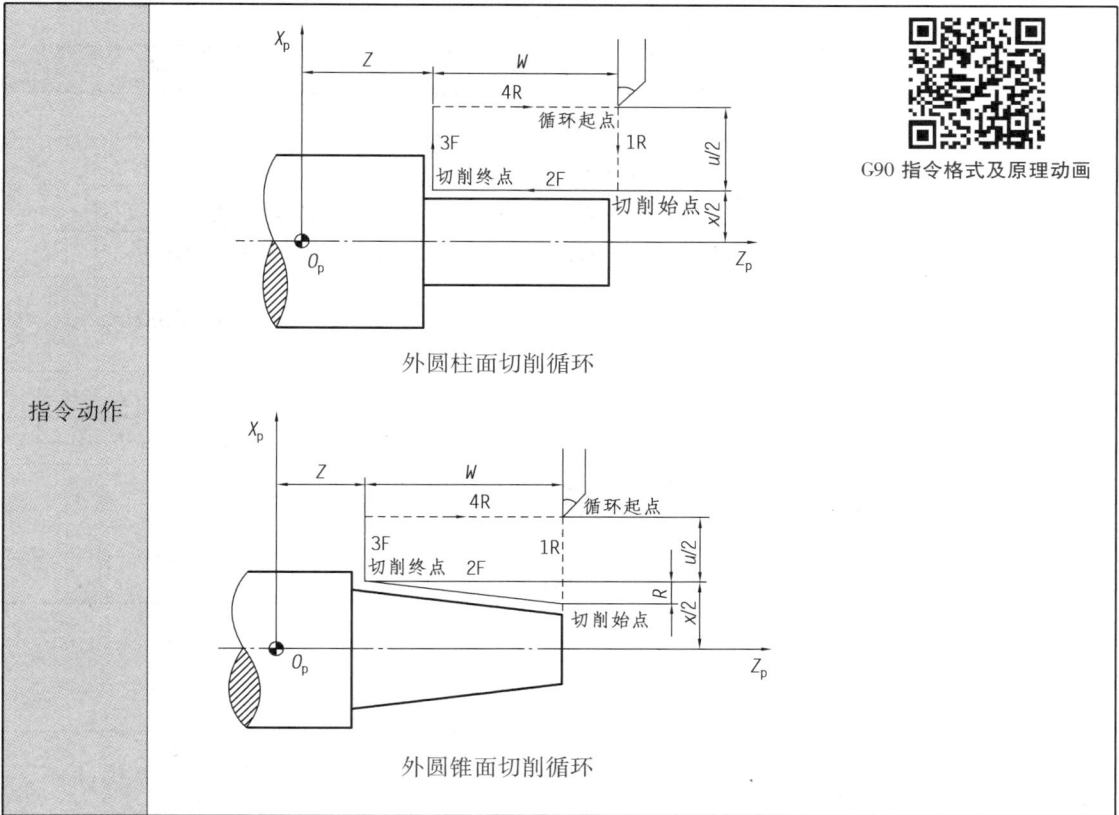 外圆柱面切削循环 外圆锥面切削循环 G90 指令格式及原理动画

5）编程举例

[例3-1-2]　运用G90指令编程,完成外圆柱面切削加工,见表3-1-5。

表3-1-5　G90指令圆柱面应用示例

图形	程序	说明
	O9001;	程序名
	T0101;	建立工件坐标系
	M04 S800;	主轴反转,转速为 800 r/min
	G00 X55.0 Z5.0;	快速定位至 A 点
	G90 X40.0 Z−30.0 F0.2;	车削循环 A—B—C—D—A
	X30.0;	车削循环 A—E—F—D—A
	X20.0;	车削循环 A—G—H—D—A
	G00 X100.0 Z100.0;	快速退刀
	M05;	主轴停
	M30;	程序结束

[例 3-1-3] 运用 G90 指令编程,完成外圆锥面切削加工,见表 3-1-6。

表 3-1-6　G90 指令圆锥面应用示例

图形	程序	说明
	O9002;	程序名
	T0101;	建立工件坐标系
	M04 S800;	主轴反转,转速为 800 r/min
	G00 X55.0 Z5.0;	快速定位至 A 点
	G90 X40.0 Z-30.0 R-5.0 F0.2;	车削循环 A—B—C—D—A
	X30.0;	车削循环 A—E—F—D—A
	X20.0;	车削循环 A—G—H—D—A
	G00 X100.0 Z100.0;	快速退刀
	M05;	主轴停
	M30;	程序结束

6)端面车削单一循环指令(G94)

表 3-1-7　端面车削单一循环指令 G94

指令格式	G94　X(U)_ Z(W)_ R_ F_;
指令功能	实现端面或锥面循环切削。
指令说明	(1)X、Z 为端平面切削终点绝对坐标值。 (2)U、W 为端面切削终点相对循环起点的坐标增量。 (3)R 为切削始点相对于切削终点的 Z 向坐标增量,加工端面时 R=0,可省略;加工锥面时 R≠0。 (4)F 表示进给速度。 (5)其走刀路线如下图所示。图中虚线表示快速移动,实线表示按 F 切削进给。
指令动作	 端面切削循环　　　　锥面切削循环

7）编程举例

[**例** 3-1-4]　图形毛坯右端面余量约 7~8 mm,运用 G94 编写图示端面的加工程序,见表 3-1-8。

表 3-1-8　G94 指令端面应用示例

图形	程序	说明
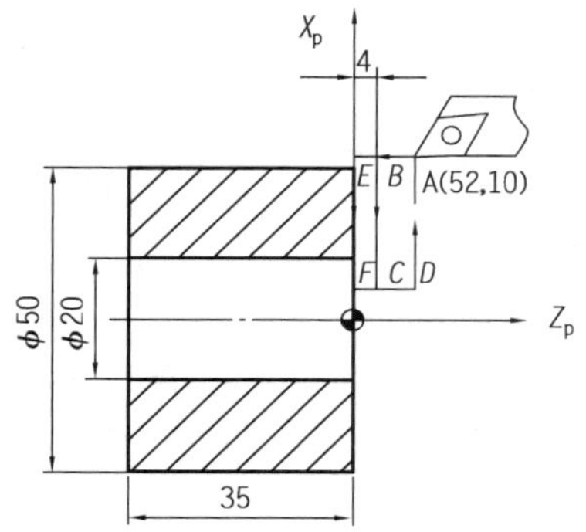	O9401;	程序名
	T0101;	建立工件坐标系
	M04 S800;	主轴反转,转速为 800 r/min
	G00 X52.0 Z10.0;	快速定位至 A 点
	G94 X18.0 Z4.0　F0.15;	车削循环 A—B—C—D—A
	Z0;	车削循环 A—E—F—D—A
	G00 X100.0 Z100.0;	快速退刀
	M05;	主轴停
	M30;	程序结束

[**例** 3-1-5]　运用 G94 指令编写图示锥面及外圆柱面的车削加工程序,见表 3-1-9。

表 3-1-9　G94 指令锥面及外圆柱面应用示例

图形	程序	说明
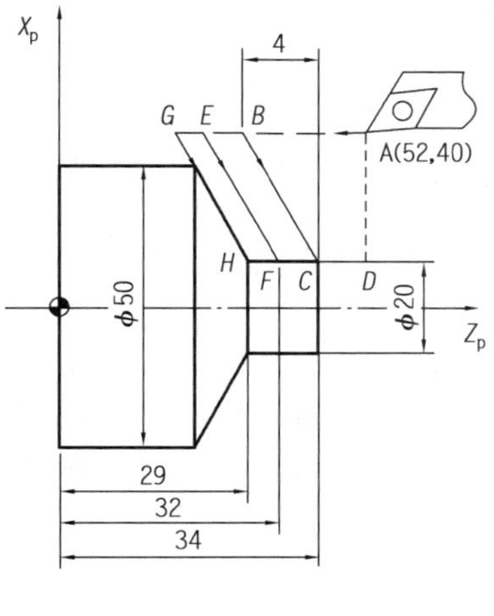	O9402;	程序名
	T0101;	建立工件坐标系
	M04 S800;	主轴反转,转速为 800 r/min
	G00 X52.0 Z40.0;	快速定位至 A 点
	G94 X20.0 Z0 R-4.0 F0.15;	车削循环 A—B—C—D—A
	Z32.0;	车削循环 A—E—F—D—A
	Z29.0;	车削循环 A—G—H—D—A
	G00 X100.0 Z100.0;	快速退刀
	M05;	主轴停
	M30;	程序结束

【任务实施】

简单阶梯轴是由 3 个外圆面、台阶面与端面构成的简单零件,如图 3-1-16 所示。外圆尺寸和表面粗糙度要求不高,任务实施以编制数控程序和仿真加工形状为主。

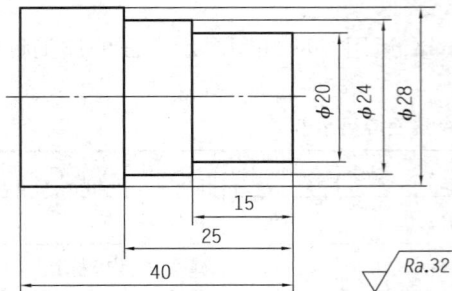

图 3-1-6　简单阶梯轴零件图

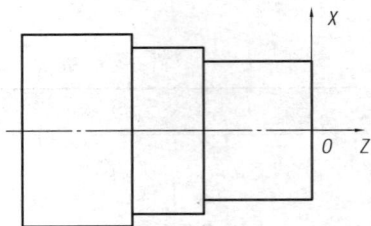

图 3-1-7　建立工件坐标系

1）分析工艺

（1）选择刀具

选择外圆车刀安装在 T01 号刀位，主偏角取 93°。仿真用一把刀加工所有表面，实际机床加工中可以选用硬质合金焊接式外圆车刀或可转位车刀。工件加工完后切断，选择刀断刀，安装在 T02 号刀位，在仿真中无需进行切断操作加工。

（2）建立工件坐标系

工件坐标系建立在工件的右端面，工件原点为轴线与端面的交点，轴向为 Z 方向，径向为 X 方向，如图 3-1-7 所示。

（3）制订走刀路线

表 3-1-10　走刀路线及说明

走刀路线图	走刀路线说明
	（1）刀具从起点 P 快速移动至进刀点 A，直线加工至 6 点，沿+X 方向切出至 D 点，刀具沿+Z 方向退回 P 点； （2）刀具从起点 P 快速移动至进刀点 B，直线加工至 4 点，沿+X 方向切出至 E 点，刀具快速退回到 P 点； （3）刀具从起点 P 快速移动至进刀点 C，直线加工至 2 点，沿+X 方向切出至 F 点，刀具快速退回到 P 点。

（4）选择切削用量

表 3-1-11　切削用量

工序	定位	工步序号及内容	刀具及刀号	主轴转速 $n/(\mathrm{r \cdot min^{-1}})$	进给量 $f/(\mathrm{mm \cdot r^{-1}})$	背吃刀具 $a_{\mathrm{p}}/\mathrm{mm}$
车削加工	夹住毛坯外圆	1. 车削 $\phi28$ 外圆	外圆刀，T01	800	0.2	2
		2. 车削 $\phi24$ 外圆	外圆刀，T01	800	0.2	2
		3. 车削 $\phi20$ 外圆	外圆刀，T01	800	0.2	2
		4. 手动切断工件	切断刀，T02	500	0.1	4
	调头，夹 $\phi24$ 外圆	车端面控制总长	外圆刀，T01	800	0.2	2

2）编制程序

（1）标示并计算基点

标示基点 1 ~ 6 点，通过数学计算，得到基点坐标，见表 3-1-12。

表 3-1-12　基点坐标

基点	X 坐标	Z 坐标
1	20.	0
2	20.	−'
3	24.	
4	24.	
5	28.	
6	28.	

（2）编制参考程序

参考程序见表 3-1-13，手动切断及调头车左端面未进行编程。

表 3-1-13　简单阶梯轴加工参考程序

程序	说明
O2501 ;	程序名
T0101 ;	调用 1 号刀具 1 号刀补
M04 S800 ;	主轴反转，转速为 800 r/min（转向视机床厂家确定）
G00 X50. Z100. ;	安全返回点
G00 X35. Z5. ;	快速定位到起刀点 P
G00 X28. Z5. ;	快速定位到 A 点
G01 X28. Z−40. F0.2 ;	直线补偿加工到 6 点
G01 X32. Z−40. F0.2 ;	直线补偿加工 D 点

续表

程序	说明
G00 X35. Z5. ;	快速定位到 P 点
G00 X24. Z5. ;	快速定位到 B 点
G01 X24. Z−25. F0. 2 ;	直线补偿加工到 5 点
G01 X30. Z−25. F0. 2 ;	直线补偿加工到 E 点
G00 X35. Z5. ;	快速定位到 P 点
G00 X20. Z5. ;	快速定位到 C 点
G01 X20. Z−15. F0. 2 ;	直线补偿加工到 2 点
G01 X26. Z−15. F0. 2 ;	直线补偿加工到 F 点
G00 X35. Z5. ;	快速定位到 P 点
G00 X50. Z100. ;	返回安全点
M05 ;	主轴停转
M30 ;	程序结束

3）程序调试与仿真加工

程序调试与仿真加工步骤，见表 3-1-14。

表 3-1-14　仿真加工步骤

步骤	图例	说明
（1）机床选择	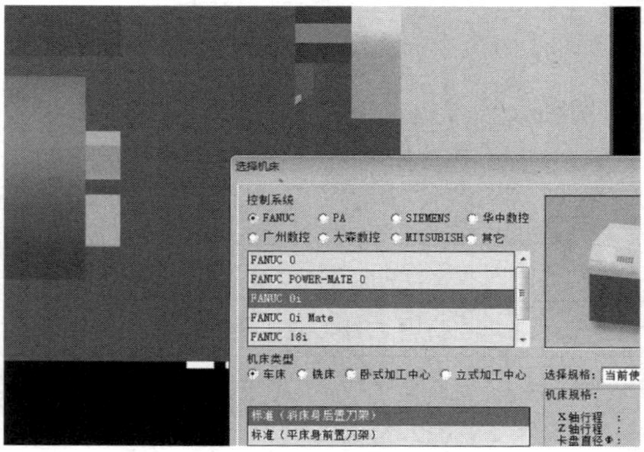	数控车床： FANUC 0i 控制系统 刀架类型： 后置刀架

步骤	图例	说明
（2）毛坯准备		毛坯尺寸： $\phi 30$ mm×100 mm
（3）刀具安装		选择刀位： T01 刀位：外圆车刀
（4）对刀操作		试切法完成对刀操作，设置参数

续表

步骤	图例	说明
（5）程序调试	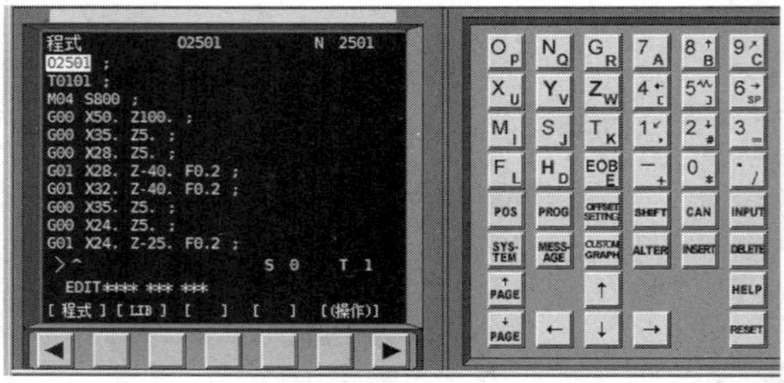	手动输入程序并调试修改
（6）轨迹检查	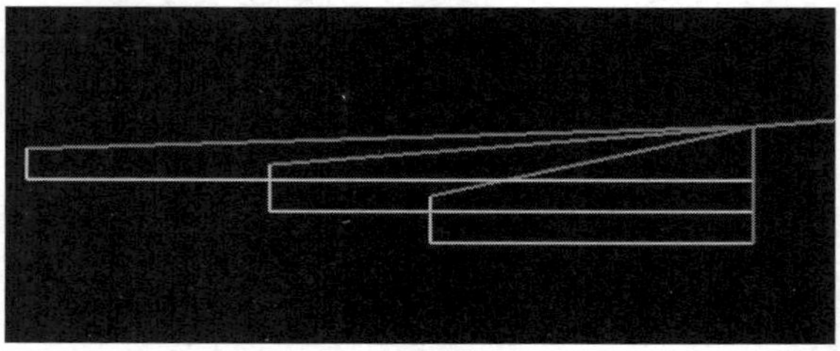	验证程序，图形轨迹状态进行演示
（7）仿真加工	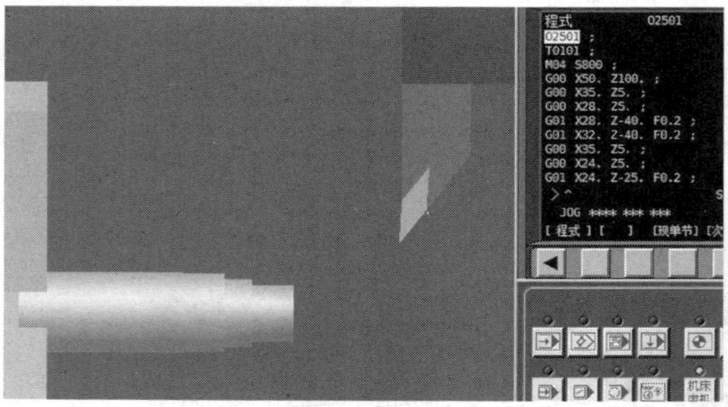	刀具回零，仿真加工

【任务拓展】

如图 3-1-8 所示短锥轴，毛坯尺寸为 φ52 mm×82 mm，材料为 45 钢。试用 G94 指令编写切削加工程序，调试并完成仿真加工。

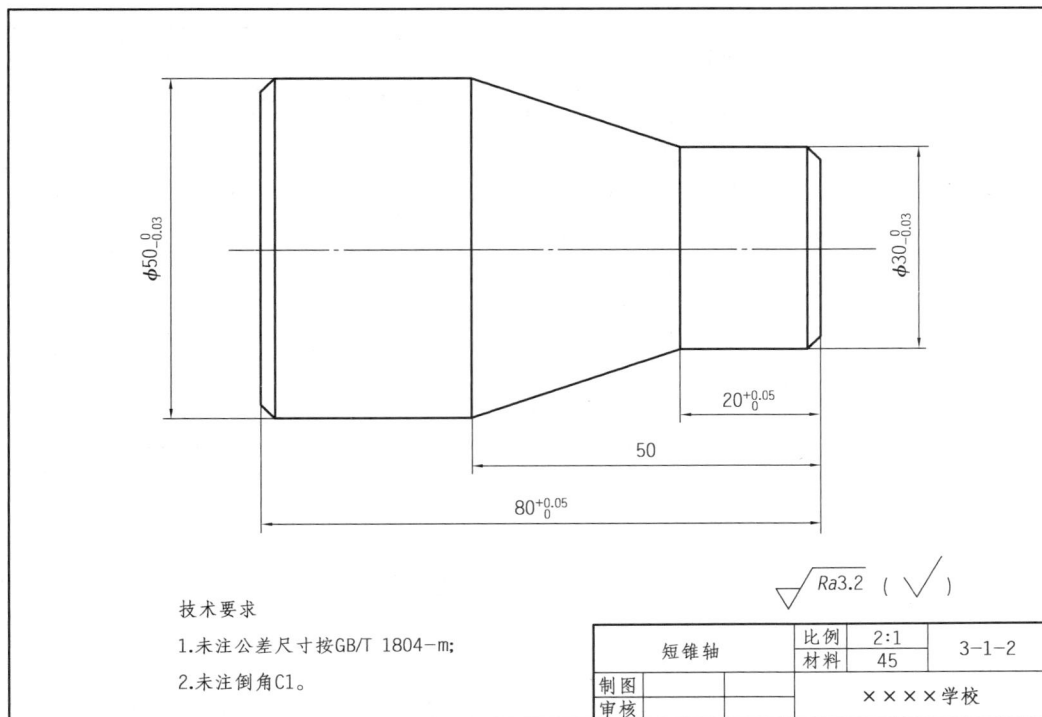

图 3-1-8　短锥轴

【评价反馈】

任务评价,见表 3-1-15。

表 3-1-15　任务评价表

评分项目		评分标准或要求	配分	评价方式			得分
				自评20%	互评30%	师评50%	
职业技能	技能实操	完成车床回零	10				
		完成车床界面认识	10				
		程序导入正确	10				
		完成外圆车刀 X 向对刀	15				
		完成外圆车刀 Z 向对刀	15				
		能够在规定时间内按时完成课堂任务	10				

续表

评分项目		评分标准或要求	配分	评价方式			得分
				自评20%	互评30%	师评50%	
职业素养	学习意识	学习态度认真、主动性较强	5				
		能够根据材料自学、进行课前预习	5				
	合作意识	与组员合作融洽,帮助他人完成任务	5				
		具有良好的沟通、协作、组织能力	5				
	规范意识	理实一体教室环境卫生维护	5				
		多媒体教学设备维护	5				
总配分			100 分	总得分			

说明:教师就单个项目、活动或任务设计评分量表,可任意组合自评、互评、师评等评价方式,设置不同评价方式的权重并量化评价维度,明确评价具体要求。

【每课一练】

一、判断题

(　　)1. 回零操作是为了建立机床坐标系。

(　　)2. 程序段 G50 X100.0 Z50.0 的作用是快速移动到指定位置而达到设定工件坐标系的目的。

(　　)3. 基本运动指令就是基本插补指令。

(　　)4. FANUC 0i 系统中,G00 X100.0 Z-20.0;与 G0 z-20.0 x100.0;语句的地址大小写、先后次序,其意义相同。

(　　)5. 直线插补程序段中或直线插补程序段前必须指定进给速度。

二、单选题

1. 下列关于数控机床参考点的叙述,正确的是(　　　)。

A. 机床参考点是与机床坐标原点重合　　B. 机床参考点是浮动的工件坐标原点

C. 机床参考点是固有的机械基准点　　C. 机床参考点是对刀用的

2. 数控刀具的刀位点就是数控加工中的(　　　)。

A. 对刀点　　　　　　　　　　　　B. 刀架中心点

C. 刀具在坐标系中位置的理论点　　C. 换刀位置的点

3. 下列叙述正确的是(　　　)。

A. 刀位点是在刀具实体上的一个点

B. 使刀具参考点与机床参考点重合就是机床回零

C. 工件坐标原点又叫起刀点

C. 换刀点就是对刀点

4.下列关于数控机床绝对值和增量值编程的叙述中,正确的是(   )。

A.绝对值编程表达的是刀具位移的量

B.增量值编程表达的是刀具位移目标位置

C.增量值编程表达的是刀具位移的量

C.绝对值编程是刀具目标位置与起始位置的差值

5.G01 U24.0 W-16.0 F0.4 语句;执行后,刀具移动了(   )。

A.8 mm   B.20 mm   C.28 mm   C.40 mm

任务 3.2 外圆弧轴零件车削编程与调试

关键词	圆弧插补指令(G02/G03)	成形车刀	菱形车刀
	刀具位置补偿	刀尖圆弧半径补偿	车球法

【任务描述】

图 3-2-1 所示为外圆弧轴零件,由圆弧面和台阶面构成。使用 FANUC 0i 系统数控车床完成该轴加工。材料为 45 钢,毛坯为 $\phi30$ mm×60 mm 棒料。

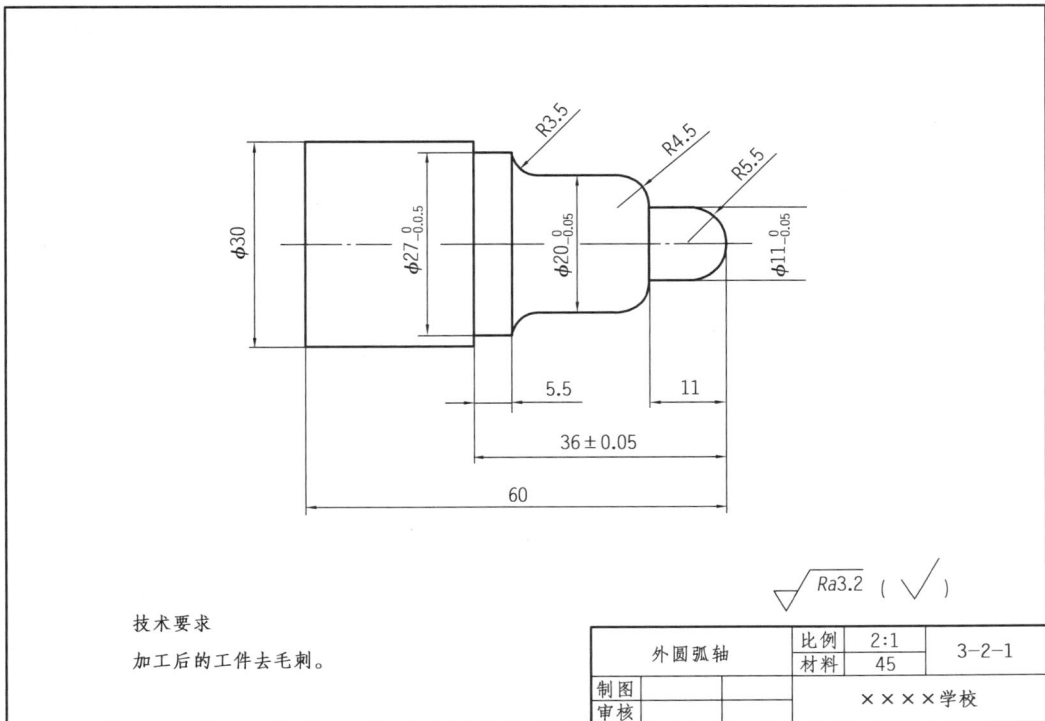

图 3-2-1 外圆弧轴零件图

【学习要点】

①掌握 G02、G03、G41、G42、G40 指令及其应用。

②会选择适合圆弧轴的加工工艺并确定工艺参数。

③能使用圆弧插补指令编制轮廓加工程序。

④了解刀尖圆弧半径补偿在编程中的注意事项。

⑤熟练运用数控机床仿真基本操作,完成仿真加工。

【相关知识】

1)车刀与车削方法

用数控车床加工圆弧轴零件,应具备选择切削刀具、制定粗车路线、选择切削用量等工艺知识及相关编程知识。

(1)加工圆弧面的车刀

加工圆弧面的车刀有成形车刀、菱形车刀和尖形车刀,见表3-2-1。

表3-2-1 加工圆弧面的车刀

刀具名称	图示样例	切削特点
成形车刀	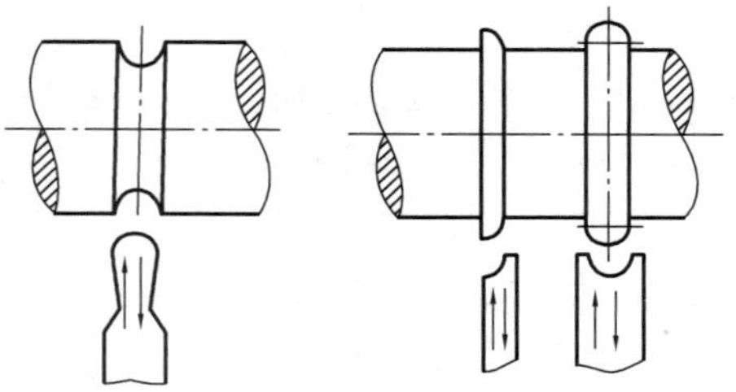	有可转位式成形车刀和高速钢刃磨车刀两种,用于加工较小的圆弧
菱形车刀	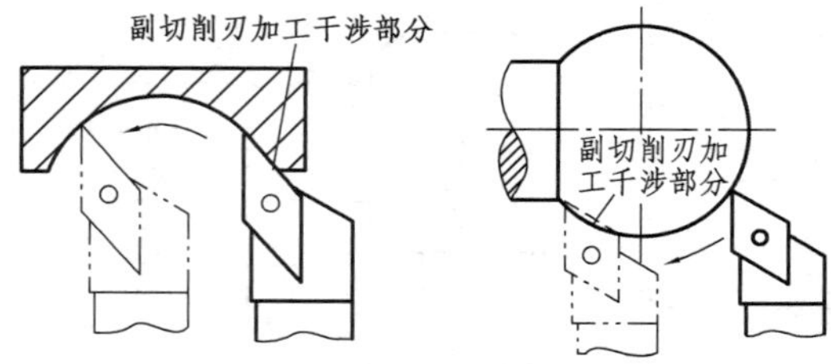	通常为可转位式,刀具主偏角为90°,加工圆弧时副切削刃容易产生干涉
尖形车刀	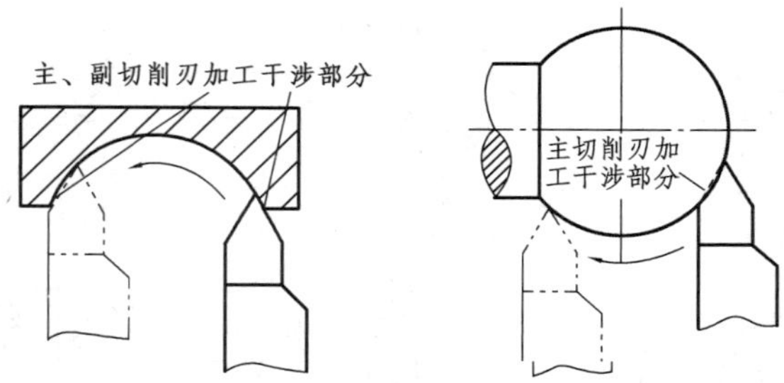	采用可转位式和高速钢刃磨制成,加工圆弧时主、副切削刃容易产生干涉

（2）加工圆弧面的车削方法（表3-2-2）

表3-2-2 加工圆弧面的车削方法

切削方法	图示样例	应用场合
车等径圆弧	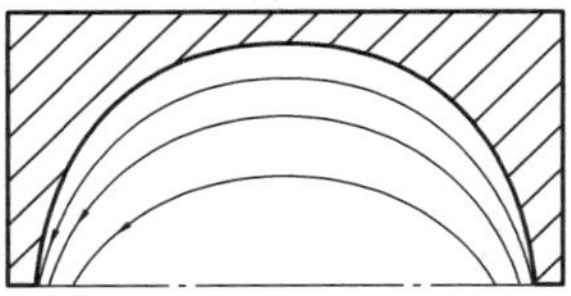	编程计算简单,切削路径长
车同心圆弧	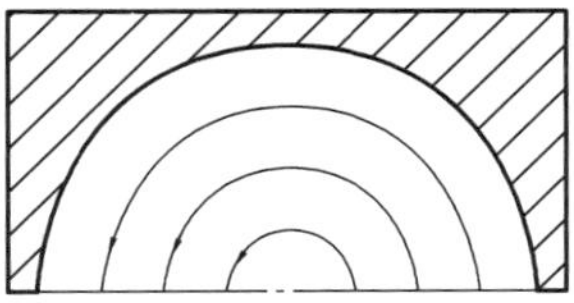	编程计算简单,余量均匀
车梯形	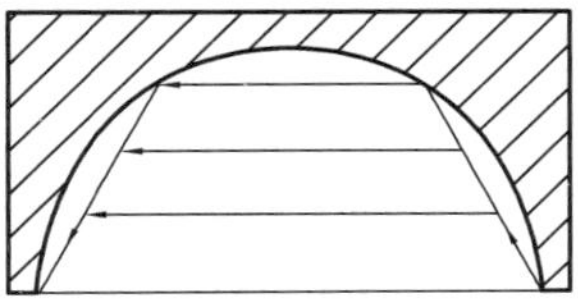	切削力均匀,编程计算复杂
车三角形	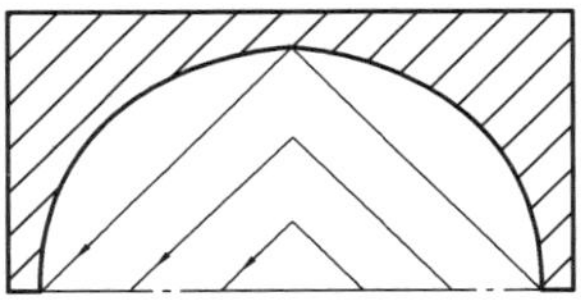	切削路径较长,编程计算复杂
车锥法	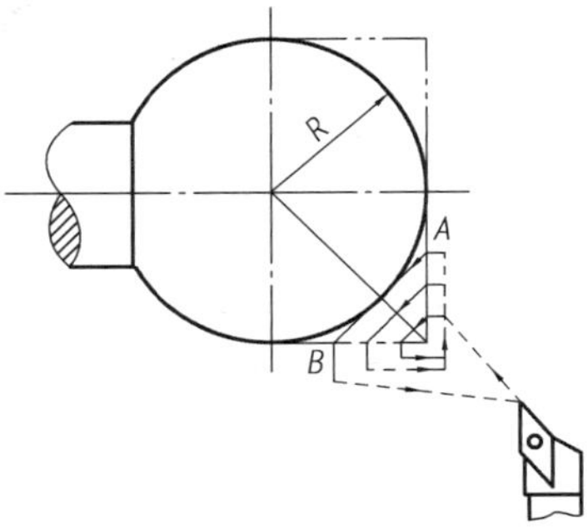	适用于圆心角小于90°且不跨象限的圆弧面。粗车时不能超过 AB 临界面,否则会损坏
车球法	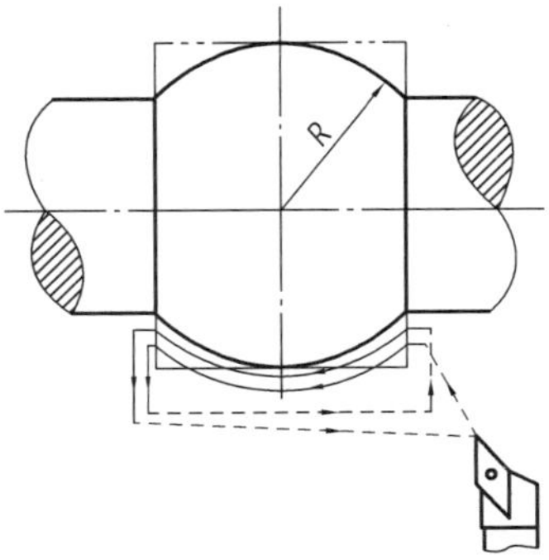	适用于圆心角大于90°或跨象限的圆弧面车削

2）指令介绍

（1）圆弧插补指令 G02、G03（表 3-2-3）

表 3-2-3　圆弧插补指令 G02、G03 格式及功能

指令格式	G02 X（U）_ Z（W）_ 　R _ 　F_；或 G02 X（U）_ Z（W）_ I_ 　K_ 　F_； G03 X（U）_ Z（W）_ 　R _ 　F_；或 G03 X（U）_ Z（W）_ I_ 　K_ 　F_；
指令功能	使刀具以编程者指定的进给速度沿圆弧切削运动。
指令说明	（1）G02 为顺时针圆弧插补指令，G03 为逆时针圆弧插补指令。判断顺/逆时针时，要求从 Y 轴的正方向向负方向看，顺时针为 G02，逆时针为 G03； （2）X（U）_ Z（W）_ 为圆弧终点坐标； （3）R_ 为圆弧半径。当圆弧所对的圆心角为 0°～180°时，R 取正值；当圆弧所对的圆心角为 180°～360°时，R 取负值； （4）I_ K_ 为圆心在 X、Z 轴方向上相对圆弧起始点的坐标增量，I 或 K 为零时可以省略，方法可归纳为：圆弧的起点向圆心画一条线，分别在 X 与 Z 轴上的投影即表示 I 与 K 的矢量值； （5）F_ 为进给速度。
动作指令	 前置刀架　　　　　　　　　　　后置刀架 G02 指令格式及原理动画　　　　G03 指令格式及原理动画

（2）圆弧插补方向判断

圆弧插补的顺、逆方向判定按右手直角笛卡尔坐标系确定。观察者从与圆弧所在平面相垂直的坐标轴的正向往负向看去，即从 Y 轴的正向往负向看去，在 XZ 平面内若圆弧为顺时针移动的称为顺时针圆弧插补，则用 G02 表示，若为逆时针移动的称为逆时针圆弧插补，则用 G03 表示，图 3-2-2（a）、（b）分别表示了车床前置刀架和后置刀架对圆弧顺时针与逆时针方向的判断。

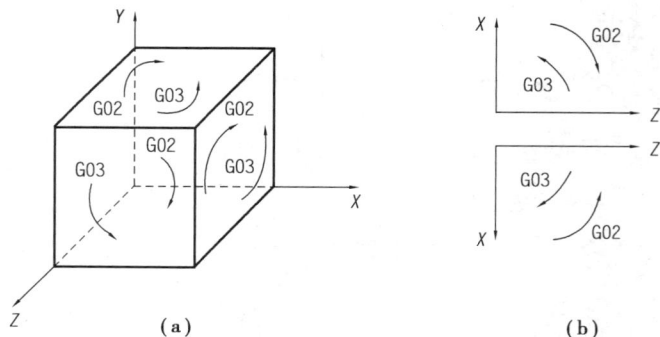

（a）　　　　　　　　　　　　　　（b）

图 3-2-2　圆弧插补方向判断

（3）编程举例

[**例** 3-2-1] 如图 3-2-3、图 3-2-4 所示,编写图形右端精加工程序,见表 3-2-4。

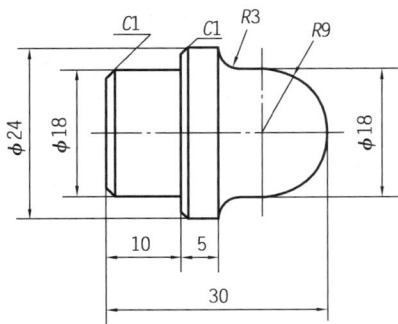

图 3-2-3 圆弧插补示例零件图　　　图 3-2-4 圆弧插补示例刀具路径

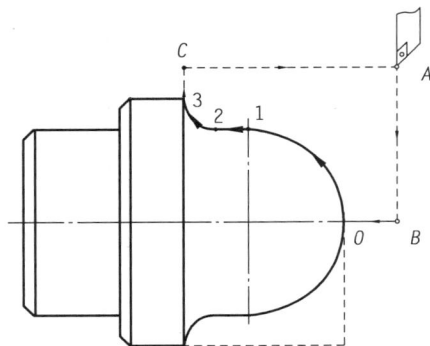

表 3-2-4 G02、G03 指令编程示例

程序		说明
圆弧 R__ 格式	圆弧 I__ K__ 格式	
O2031;	O2032;	程序名
T0101;	T0101;	调用1号刀具1号刀补
M04 S800;	M04 S800;	转速为 800 r/min(转向视机床厂家确定)
G00 X100. Z100. ;	G00 X100. Z100. ;	快速至换刀点
G00 X30. Z5. ;	G00 X30. Z5. ;	快速定位到起刀点
G00 X0 Z5. ;	G00 X0 Z5. ;	刀具快速到 *B*
G01 X0 Z0 F0.2;	G01 X0 Z0 F0.2;	刀具车削到 *O*
G03 X18. Z−9. R9. ;	G03 X18. Z−9. I0. K−9. ;	逆时针圆弧插补到 1
G01 X18. Z−12. ;	G01 X18. Z−12. ;	刀具车削到 2
G02 X24. Z−15. R3. ;	G02 X24. Z−15. I3. K0;	顺时针圆弧插补到 3
G01 X30. Z−15. ;	G01 X30. Z−15. ;	刀具车削到 *C*
G00 X30. Z5. ;	G00 X30. Z5. ;	快速定位到起刀点
G00 X100. Z100. ;	G00 X100. Z100. ;	快速至换刀点
M05;	M05;	主轴停止
M30;	M30;	程序结束

[**例** 3-2-2] 如图 3-2-5、图 3-2-6 所示,编写图形右端精加工程序,见表 3-2-5。

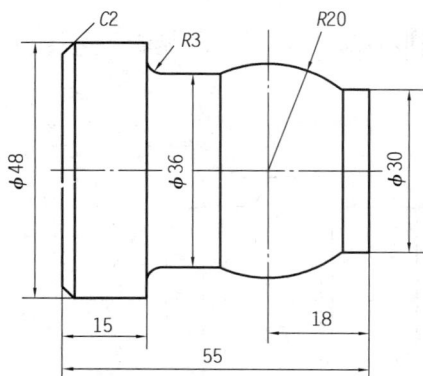

图 3-2-5　圆弧插补示例零件图　　　　图 3-2-6　圆弧插补示例刀具路径

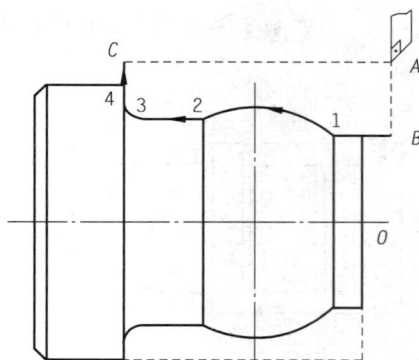

表 3-2-5　G02、G03 指令编程示例

程序		说明
圆弧 R__ 格式	圆弧 I__K__ 格式	
O2031；	O2032；	程序名
T0101；	T0101；	调用 1 号刀具 1 号刀补
M04 S800；	M04 S800；	转速为 800 r/min（转向视机床厂家确定）
G00 X100. Z100.；	G00 X100. Z100.；	快速至换刀点
G00 X52. Z5.；	G00 X52. Z5.；	快速定位到起刀点 A
G00 X30. Z5.；	G00 X30. Z5.；	刀具快速到 B
G01 X30. Z−4.771 F0.2；	G01 X30. Z−4.771 F0.2；	刀具车削到 1
G03 X36. Z−26.718 R20.；	G03 X36. Z−26.718 I−15. K−13.229；	逆时针圆弧插补到 2
G01 X36. Z−37.；	G01 X36. Z−37.；	刀具车削到 3
G02 X42. Z−40. R3.；	G02 X42. Z−40. I3. K0；	顺时针圆弧插补到 4
G01 X52. Z−40.；	G01 X52. Z−40.；	刀具车削到 C
G00 X52. Z5.；	G00 X52. Z5.；	快速定位到起刀点 A
G00 X100. Z100.；	G00 X100. Z100.；	快速至换刀点
M05；	M05；	主轴停止
M30；	M30；	程序结束

（4）刀尖圆弧半径补偿指令 G40、G41、G42

在数控加工中，为了提高刀尖的强度、降低被加工表面粗糙度值，刀尖处常为圆弧过渡刃。在车削外圆或端面时，刀尖圆弧不影响其尺寸、形状；在车削锥面与圆弧时，会造成过切或少切现象。实际上，真正的刀尖是不存在的，这里所说的刀尖只是一"理想刀尖"。编程计

算点是根据理想刀尖(假想刀尖)(图 3-2-7)来计算的。车削时,实际起作用的切削刃是圆弧的各切点,这样在加工圆锥面和圆弧面时就会产生加工表面的形状误差,如图 3-2-8 所示。

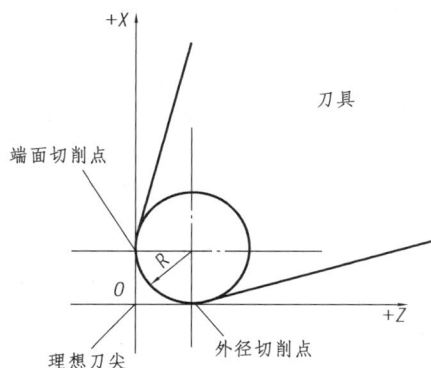

图 3-2-7　刀尖圆弧和理想刀尖点

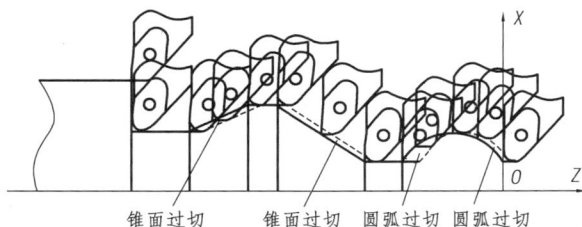

图 3-2-8　车刀刀尖半径与加工误差

为了消除刀尖圆弧半径对工件实际轮廓的影响,现代数控车床控制系统开发了刀具半径补偿功能。编程者只要按工件轮廓编程,在加工前将刀尖圆弧半径值和刀尖方位号输入对应的刀具补偿参数中,数控系统将由控制刀位点(假想刀尖)沿工件轮廓运动改为控制刀尖圆弧中心沿工件轮廓运动,再利用补偿指令使刀尖圆弧中心向背离工件轮廓的法线方向偏移一个刀尖圆弧半径,机床可以自动计算出实际刀尖圆弧中心轨迹,并控制实际刀尖圆弧中心按此轨迹运动,如图 3-2-9 所示。

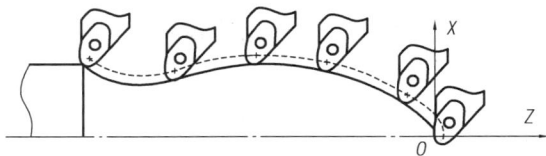

图 3-2-9　刀尖半径补偿时的刀具轨迹

G40 指令格式及原理动画　　　　G41 指令格式及原理动画　　　　G42 指令格式及原理动画

刀尖圆弧半径补偿的过程分为三步:

①刀补的建立(通过 G41 或 G42 指令):刀尖圆弧中心从与编程工件轮廓重合过渡到与编程工件轮廓偏离一个偏移量的过程;

②刀补的执行:执行 G41 或 G42 指令的程序段后,刀尖圆弧中心始终与程工件轮廓偏离一个偏移量;

③刀补的取消(通过 G40 指令):刀具离开工件,刀尖圆弧中心从与编程工件轮廓偏离一个偏移量过渡到与编程工件轮廓重合的过程。

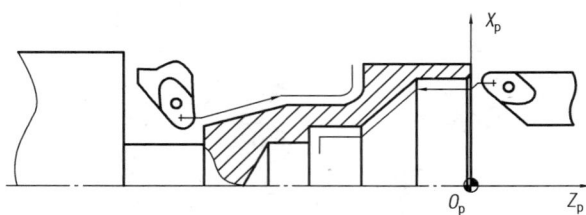

后置刀架

图 3-2-10　刀尖圆弧半径左补偿指令 G41

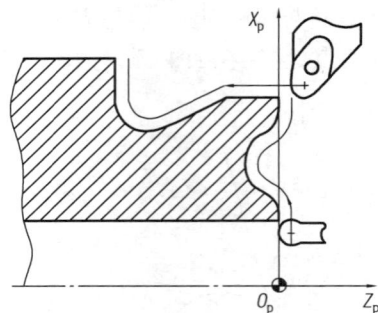

后置刀架

图 3-2-11　刀尖圆弧半径右补偿指令 G42

表 3-2-6　刀尖圆弧半径补偿指令格式及功能

指令格式	G41(G42、G40) G01(G00)X(U)＿ Z(W)＿ ;
指令功能	消除刀尖圆弧半径对工件形状的影响。
指令说明	(1)G41 为刀尖圆弧半径左补偿;G42 为刀尖圆弧半径右补偿;G40 是取消刀尖圆弧半径补偿。 (2)X(U)＿ Z(W)＿为建立或取消刀补段中,刀具移动的终点坐标。
动作指令	(1)G41 刀尖圆弧半径左补偿。如图 3-2-10 所示,观察者位于刀具所在平面(XOZ)的第三轴负向(−Y),顺着刀具运动方向看,刀具在工件的左侧,称为刀尖圆弧半径左补偿,用 G41 代码编程。 (2)G42 刀尖圆弧半径右补偿。如图 3-2-11 所示,观察者位于刀具所在平面(XOZ)的第三轴负向(−Y),顺着刀具运动方向看,刀具在工件的右侧,称为刀尖圆弧半径右补偿,用 G42 代码编程。 (3)G40 取消刀尖圆弧半径左右补偿。如需要取消刀尖圆弧半径左右补偿,可编入 G40 代码。这时,使假想刀尖轨迹与编程轨迹重合。
注意事项	(1)G41、G42、G40 指令不能与圆弧切削指令写在同一个程序段内,可与 G01、G00 指令在同程序段出现,即它是通过直线运动来建立或取消刀具补偿的。 (2)在调用新刀具前或要更改刀补方向时,中间必须取消刀具补偿,目的是为避免加工误差或干涉。 (3)在 G41 或 G42 程序段后面加 G40 程序段,便是刀尖半径补偿取消,其格式为: G41(或 G42)… ; …　　　　　　; G40… 　　　　　; 程序最后必须以取消偏置状态结束,否则刀具不能在终点定位,而是停在与终点位置偏移一个矢量刀尖圆弧半径的位置上。 (4)在 G41 生效的状态下,不要再指定 G41 方式,否则补偿会出错。同样,在 G42 生效的状态下,不要再指定 G42 方式。当补偿值取负值时,G41 和 G42 互相转化。 (5)在使用 G41 和 G42 之后的程序段,不能出现连续两个或两个以上的不移动指令,否则 G41 和 G42 会失效。

（5）刀具补偿功能的实现

①刀具补偿寄存器。

刀具补偿功能由程序中指定的T代码来实现。T代码后的4位数码中,前两位为刀具号,后两位为刀具补偿号。刀具补偿号实际上是刀具补偿寄存器的地址号,该寄存器中放有刀具的几何偏置量和磨损偏置量(X轴偏置量、Z轴偏置量),如图3-2-12所示。刀具补偿号为00时,表示不进行刀补或取消刀具补偿。

当刀具磨损后或工件尺寸有误差时,只要修改每把刀具相应存储器中的数值即可。例如某工件加工后外圆直径比要求尺寸大(或小)了0.02 mm,则可以用X向刀具补偿-0.02 mm(或+0.02 mm)修改相应存储器中的数值;当长度方向尺寸有误差时,可以用Z向刀具补偿。

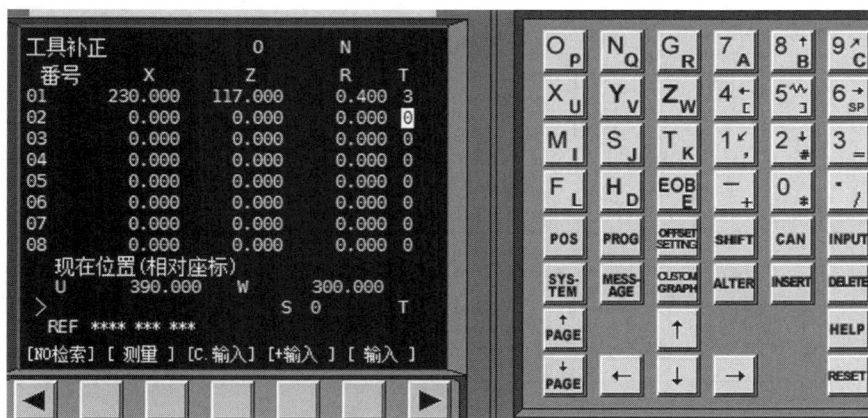

图3-2-12　刀具补偿寄存器屏幕

②刀尖方位号的确定。

具备刀尖圆弧半径补偿功能的数控系统,除利用刀尖圆弧半径补偿指令外,还应根据刀具在切削时所处的位置,选择假想刀尖的方位号,从而使系统能根据假想刀尖方位号计算补偿量。假想刀尖方位共有9种,如图3-2-13所示,箭头均由刀尖圆弧中心指向假想刀尖。后置刀架常用数控车刀刀尖方位号示例见表3-2-7。

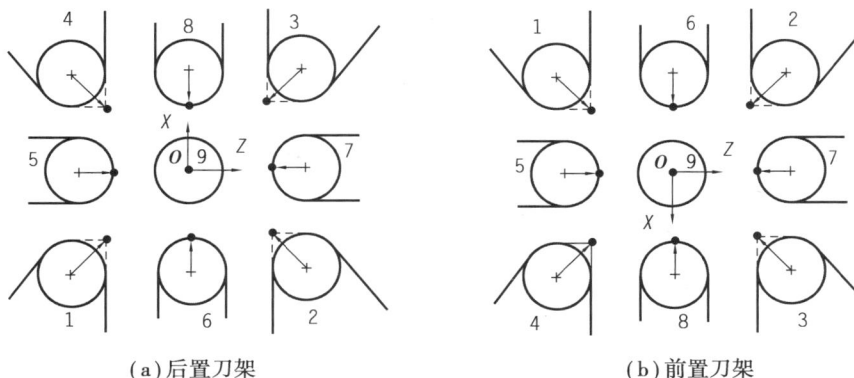

（a）后置刀架　　　　　　　　　　（b）前置刀架

图3-2-13　刀尖方位号

表 3-2-7　常用数控车刀刀尖方位号示例（后置刀架）

进给方向	形状代号	刀尖圆弧的位置	典型车刀形状
←	T3		
← →	T8		
→	T4		
↓ ↑	T5		
→	T1		
← →	T6		
←	T2		
↓ ↑	T7		

（6）编程举例

[**例 3-2-3**]　如图 3-2-14 所示,假设零件各表面已完成粗加工,试编写 S–A–B–C–D–E–F 的精加工轨迹,所用外圆车刀的刀尖圆弧半径为 R0.4。程序单见表 3-2-8。

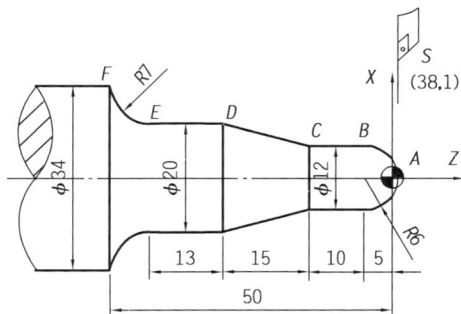

图 3-2-14　刀尖圆弧补偿示例图形

表 3-2-8　刀尖圆弧半径补偿编程应用示例

程序	说明
O0042;	程序名
N20 T0101;	建立工件坐标系
N30 M04 S1000;	主轴反转,转速为 1 000 r/min(刀架后置)
N40 G00 X38.0.0 Z1.0;	快速接近工件,定位至 S 点
N50 G42 G00 X0;	S→A 快速定位,建立刀尖圆弧半径右补
N60 G03 X12.0 Z−5.0 R6.0 F0.1;	A→B 车削 R6 圆弧
N70 G01 W−10.0;	B→C 车削 φ12 圆柱面
N80 X20.0 W−15.0;	C→D 车削圆锥面
N90 W−13.0;	D→E 车削 φ20 圆柱面
N100 G02 X34.0 Z−50.0 R7.0;	E→F 车削 R7 圆弧
N110 G01 X38.0;	X 正向退刀
N120 G40 G00 Z1.0;	快速退回 A 点,取消刀尖圆弧半径补偿
N130 G00 X100.0 Z100.0;	快速退刀远离工件
N140 M05;	主轴停止
N150 M30;	程序结束

【任务实施】

按照图 3-2-15 所示的加工要求,制定精加工路线,合理选择刀具和切削参数,编写加工程序进行仿真加工。

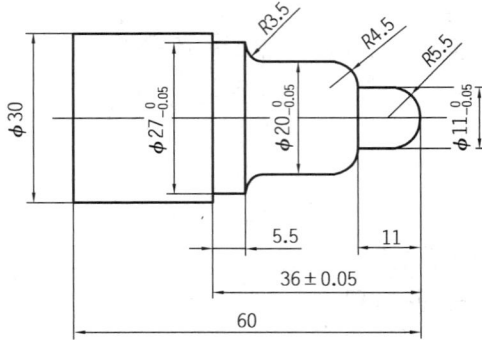

图 3-2-15 简单外圆弧轴编程与加工   图 3-2-16 建立工件坐标系

1）分析工艺

（1）选择刀具

选择外圆车刀安装在 T01 号刀位，主偏角取 93°，在仿真中无需进行切断操作加工。

（2）建立工件坐标系

工件坐标系建立在工件的右端面，工件原点为轴线与端面的交点，轴向为 Z 方向，径向为 X 方向，如图 3-2-16 所示。

（3）制订走刀路线（表 3-2-9）

表 3-2-9 走刀路线及说明

走刀路线图	走刀路线说明
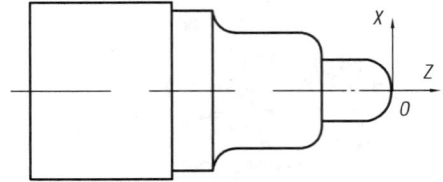	（1）刀具从起点快速移动至进刀点 P，直线加工至原点 O； （2）刀具从 O 点出发，通过圆弧插补加工到点 1—直线插补到点 2—圆弧插补到点 3—直线插补到点 4—圆弧插补加工到点 5—直线插补到点 6—直线插补到点 7； （3）刀具从点 7 快速退回到进刀点 P 点。

（4）选择切削用量（表 3-2-10）

表 3-2-10 选择切削用量

工序名	定位	工步序号及内容	刀具及刀号	主轴转速 $n/(\text{r} \cdot \text{min}^{-1})$	进给量 $f/(\text{mm} \cdot \text{r}^{-1})$	背吃刀具 a_p/mm
车削加工	夹住毛坯外圆	车削外圆轮廓	外圆刀，T01	1000	0.1	0.2

2）编制程序

（1）标示并计算基点

通过数学计算，基点坐标见表 3-2-11。

表 3-2-11　基点坐标

基点	X 坐标	Z 坐标
1	11.	−5.5
2	11.	−11.
3	20.	−15.5
4	20.	−26.
5	27.	−30.5
6	27.	−36.
7	30.	−36.

（2）编制参考程序

程序名"O4301"，精加工参考程序见表3-2-12。

表 3-2-12　简单外圆弧轴加工参考程序

程序	说明
O4301；	程序名
T0101；	调用1号刀具1号刀补
M04 S1000；	主轴反转,转速为800 r/min（转向视机床厂家确定）
G00 X50. Z100.；	安全返回点
G00 X32. Z5.；	快速定位到起刀点 P
G42 G00 X0. Z5.；	快速定位到原点右侧 5 mm 处
G01 X0 Z0 F0.1；	直线补偿加工到原点 O
G03 X11. Z−5.5 R5.5；	圆弧插补加工 1 点
G01 X11. Z−11.；	直线插补加工 2 点
G03 X20. Z−16. R4.5；	圆弧插补加工 3 点
G01 X20. Z−26.；	直线补偿加工 4 点
G02 X27. Z−30.5 R3.5；	圆弧插补加工 5 点
G01 X27. Z−36.；	直线插补加工 6 点
G01 X30. Z−36.；	直线插补加工 7 点
G40 G00 X32. Z5.；	快速定位到 P 点
G00 X50. Z100.；	返回安全点
M05；	主轴停转
M30；	程序结束

3）程序调试与仿真加工

程序调试与仿真加工步骤,见表3-2-13。

表 3-2-13　仿真加工步骤

步骤	图例	说明
（1）机床选择		数控车床： FANUC 0i 控制系统 刀架类型： 后置刀架
（2）毛坯准备		毛坯尺寸： φ30 mm×60 mm
（3）刀具安装		选择刀位： T01 刀位：外圆车刀

步骤	图例	说明
（4）对刀操作	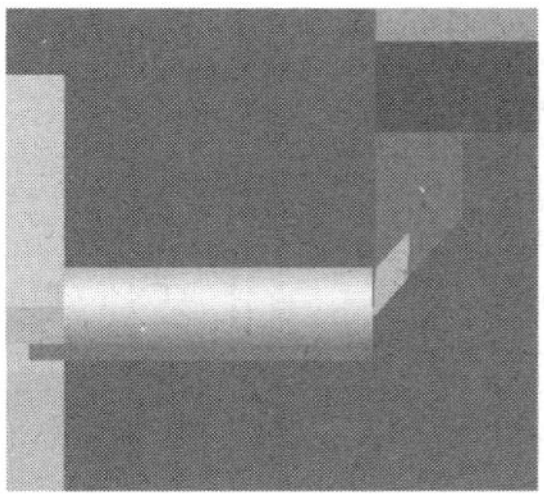 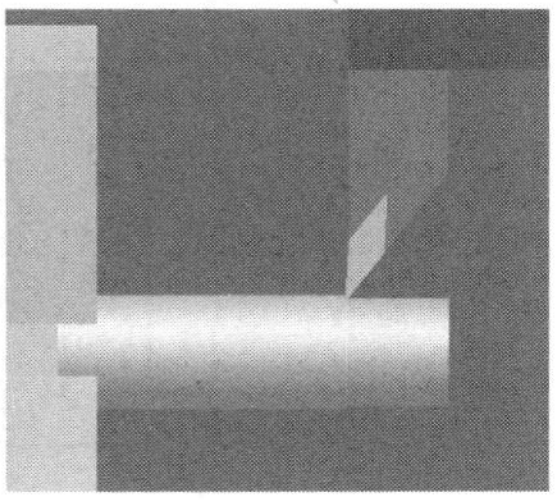	试切法完成对刀操作，设置参数
（5）程序调试	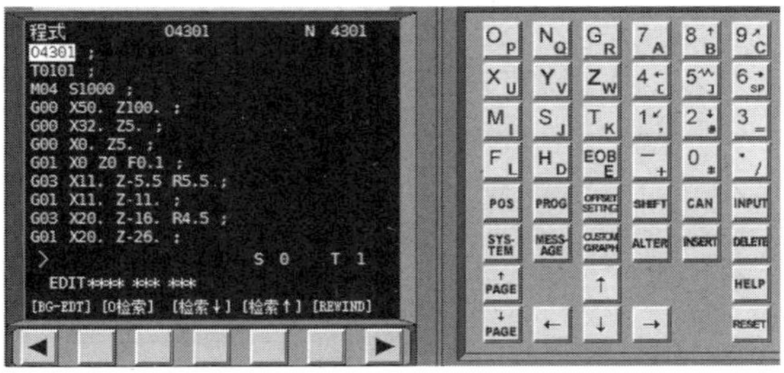	手动输入程序并调试修改
（6）轨迹检查	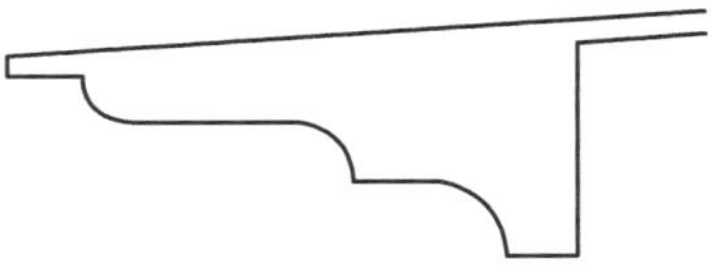	验证程序，图形轨迹状态进行演示
（7）仿真加工	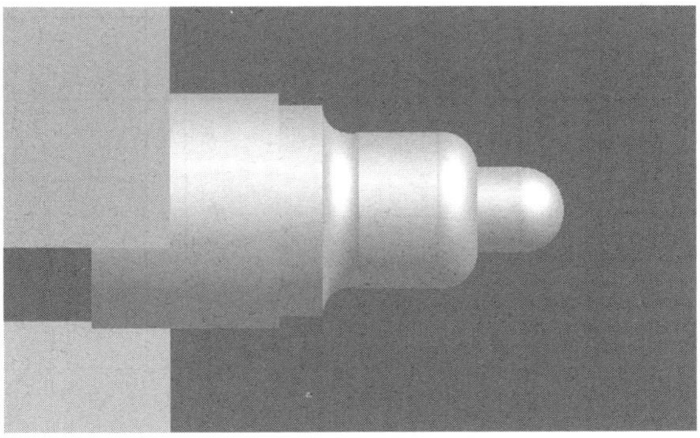	刀具回零，仿真加工

【任务拓展】

①如图 3-2-17 所示简单轴零件，毛坯尺寸为 ϕ40 mm×60 mm，材料为 45 钢。试用编写切削加工程序，调试并完成仿真加工。

②如图 3-2-18 所示简单轴零件，毛坯尺寸为 ϕ60 mm×100 mm，材料为 45 钢。试编写切削加工程序，调试并完成仿真加工。

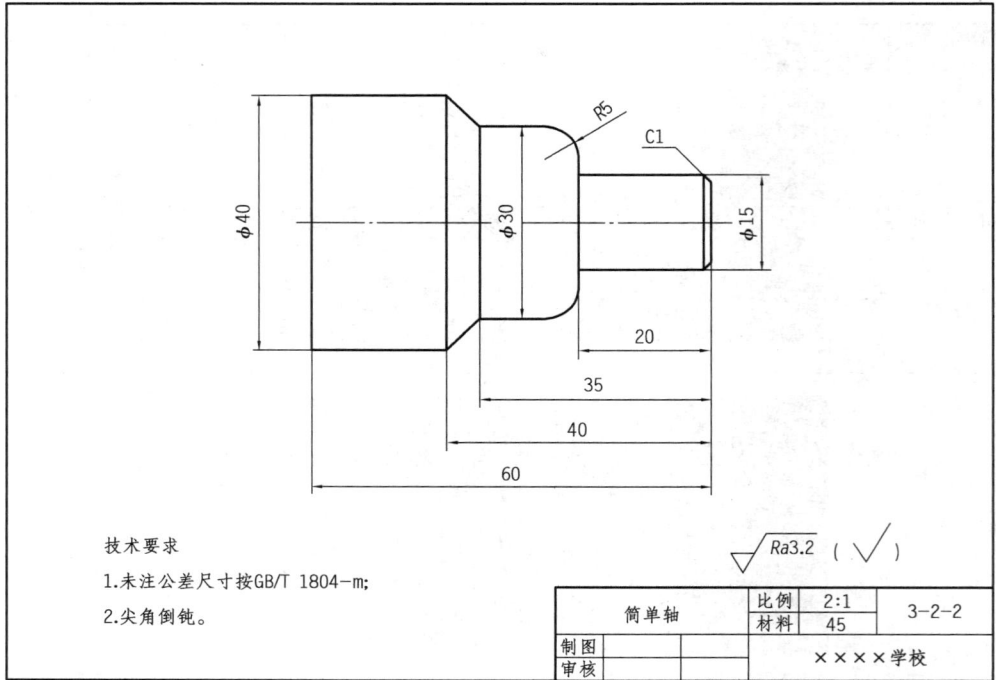

技术要求

1.未注公差尺寸按GB/T 1804-m;

2.尖角倒钝。

简单轴	比例	2:1	3-2-2
	材料	45	
制图			××××学校
审核			

图 3-2-17　简单轴零件

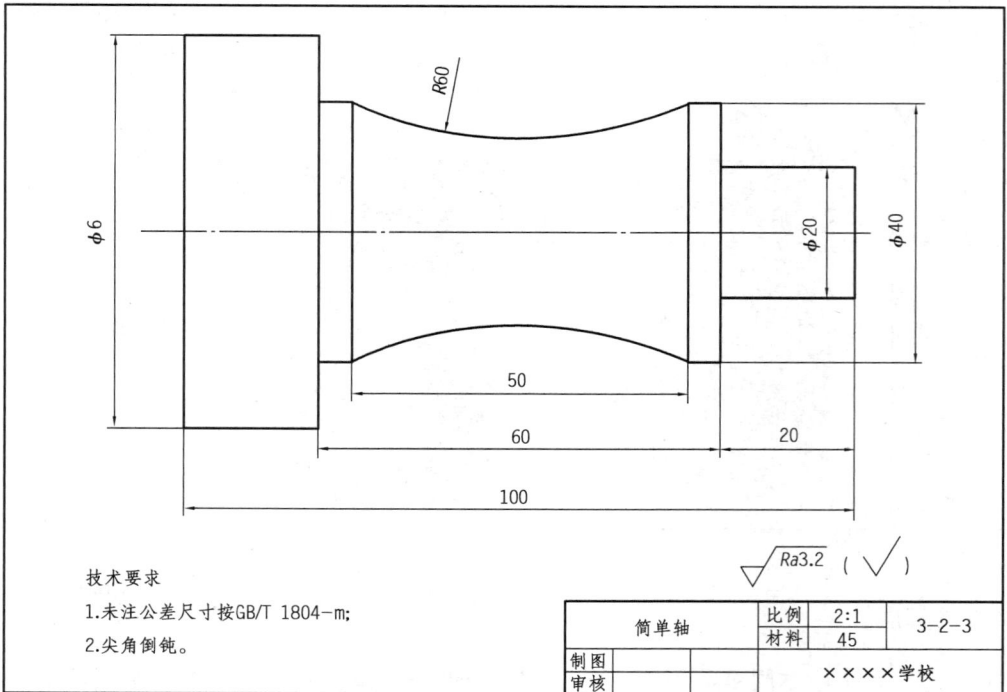

技术要求

1.未注公差尺寸按GB/T 1804-m;

2.尖角倒钝。

简单轴	比例	2:1	3-2-3
	材料	45	
制图			××××学校
审核			

图 3-2-18　简单轴零件

【评价反馈】

任务评价,见表 3-2-14。

表 3-2-14　任务评价表

评分项目		评分标准或要求	配分	评价方式			得分
				自评 20%	互评 30%	师评 50%	
职业技能	技能实操	完成车床回零	10				
		完成车床界面认识	10				
		程序导入正确	10				
		完成外圆车刀 X 向对刀	15				
		完成外圆车刀 Z 向对刀	15				
		能在规定时间内按时完成课堂任务	10				
职业素养	学习意识	学习态度认真、主动性较强	5				
		能够根据材料自学、进行课前预习	5				
	合作意识	与组员合作融洽,帮助他人完成任务	5				
		具有良好的沟通、协作、组织能力	5				
	规范意识	理实一体教室环境卫生维护	5				
		多媒体教学设备维护	5				
总配分			100 分	总得分			

说明:教师就单个项目、活动或任务设计评分量表,可任意组合自评、互评、师评等评价方式,设置不同评价方式的权重并
量化评价维度,明确评价具体要求。

【每课一练】

一、判断题

(　　)1. FANUC 0i 系统中,"GOO X100.0 Z-20.0;"与"GOO z-20.0 x100.O;"语句的地址大小写、次序不同,但意义相同。

(　　)2. 直线插补程序段中或直线插补程序段前必须指定进给速度。

(　　)3. 圆弧插补指令 G02 和 G03 的顺逆方向判别方法是:沿着垂直插补平面的坐标轴的负方向向正方向看去,顺时针方向为 G02,逆时针方向为 G03。

(　　)4. 直径编程精车内孔后测量为 $\phi30.1$,现把刀具原 X 轴几何偏移量减 0.5、磨耗偏移量加 0.5 后再精车,则内孔理论尺寸为 $\phi29.1$。

(　　)5. 斜床身后置刀架数控车床,刀位点位于刀尖圆弧的右下角时,则刀位点方位编号(假想刀尖号)为 4。

二、单选题

1.某卧式数控车床,前置刀架车削圆弧,刀具向床头进给,凹圆用(   )。

A. G02 或 G03 指令,具体根据坐标系判定

B. G02 指令

C. G03 指令

C. G3 指令

2.在使用 G41 或 G42 指令建立刀尖圆弧半径补偿的过程时,只能用(   )运动指令。

A. G00 或 G01   B. G00 或 G02   C. G01 或 G02   C. G02 或 G03

3.用 G02/G03 指令编程时,圆心坐标 I、J、K 值为圆心相对于(   )分别在 X、Y、Z 坐标轴上的增量。

A. 圆弧起点   B. 圆弧终点   C. 圆弧中点   C. 圆弧半径

4.FANUC 系统圆弧插补用圆心位置参数描述时,I 和 K 值为圆心分别在 X 轴和 Z 轴相对于(   )的坐标增量。

A. 工件坐标原点   B. 机床坐标原点   C. 圆弧起点   D. 圆弧终点

5.下列建立刀尖圆弧半径补偿的程序段中,格式正确的是(   )。

A. G41 G1 U−30. F0.1   B. G41 G2 X30. R5. F0.1

C. G41 G3 X30. R5. F0.1   C. G41 G4 X30. F0.1

任务3.3　综合阶梯轴零件车削编程与调试

关键词	轴类零件装夹	粗加工复合循环指令(G71)	端面粗车复合循环指令(G72)
	编程尺寸精度	精加工复合循环指令(G70)	固定形状粗车复合循环指令(G73)

【任务描述】

图 3-3-1 所示为综合阶梯轴零件,由圆弧面、锥面和台阶面构成。使用 FANUC 0i 系统数控车床完成该轴加工,工件不切断。材料为 45 钢,毛坯为 $\phi30$ mm×80 mm 棒料。

【学习要点】

①掌握 G71、G72、G73、G70 指令及其应用。

②会识读综合阶梯轴零件图,会选择适合的加工工艺并确定工艺参数。

③能正确选择轴类车削刀具,会用轮廓粗、精加工复合循环指令编写加工程序。

④具备加工一般轴并达到一定精度要求的能力。

⑤熟练运用数控车床进行仿真加工并检测。

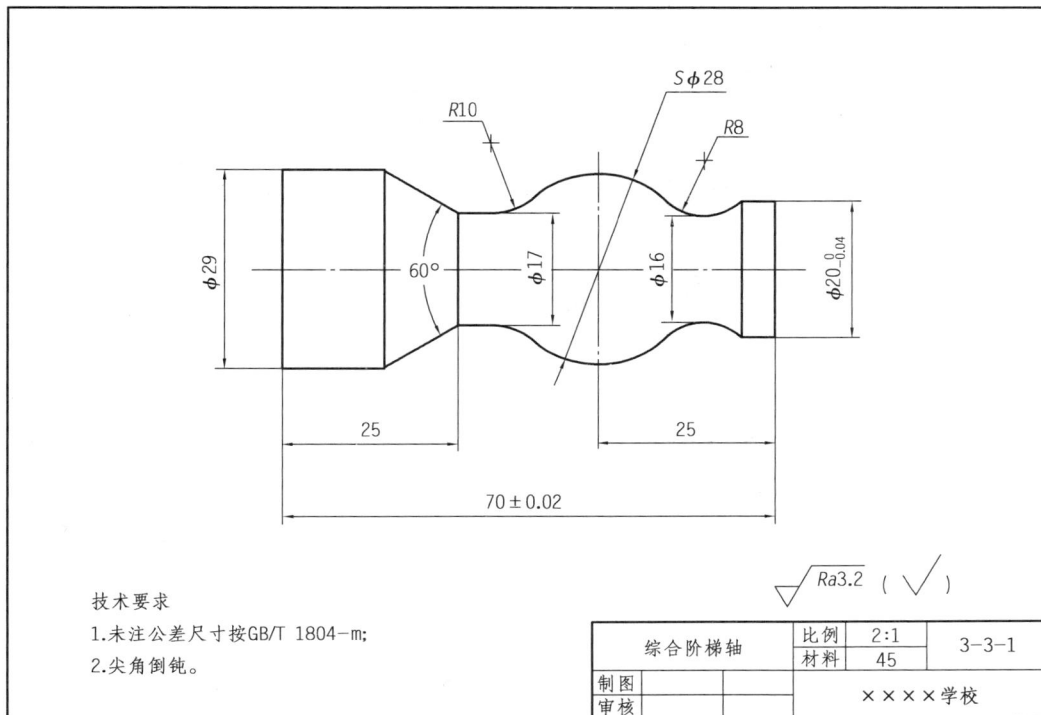

图 3-3-1　综合阶梯轴零件图

【相关知识】

1）装夹方法

综合阶梯轴一般都是多阶梯轴,常由圆柱面、圆锥面、台阶面、端面、圆弧面等表面构成,其加工工艺由各表面加工知识综合而成,编程方法则采用轮廓粗、精车复合循环指令,以简化程序结构。

（1）轴类零件的装夹方法

数控车床上装夹工件有手动装夹和自动装夹两种。手动装夹工件采用自定心卡盘、单动卡盘、一夹一顶、两顶尖等,自动装夹工件采用液压卡盘。装夹方法及特点见表3-3-1。

表 3-3-1　数控车床轴类零件装夹方法

装夹方法	图示样例	装夹特点
自定心卡盘装夹工件		夹紧力较小,具有自动定心作用,一般不需找正;装夹较长的工件时,工件离卡盘夹持部分较远处的旋转中心不一定与车床主轴旋转中心重合,需找正。常用于装夹小型、规则形状的零件

续表

装夹方法	图示样例	装夹特点
单动卡盘装夹工件		单动卡盘的每个卡爪独立运动,夹紧力大,但不能自动定心,装夹工件后需找正;用于装夹大型或形状不规则的零件
一夹一顶装夹工件	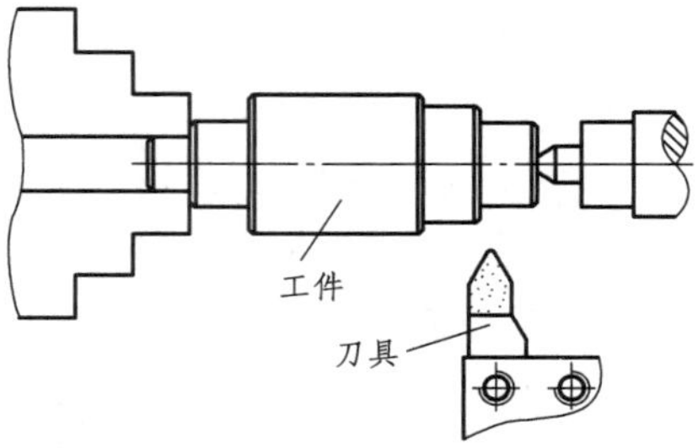 工件　刀具	对于较长工件的粗加工及较重的工件,为安全起见,宜采用一夹一顶装夹;为防止工件轴向位移,必须在卡盘内装一限位支承或利用工件的台阶进行限位;可承受较大轴向力
两顶尖装夹工件	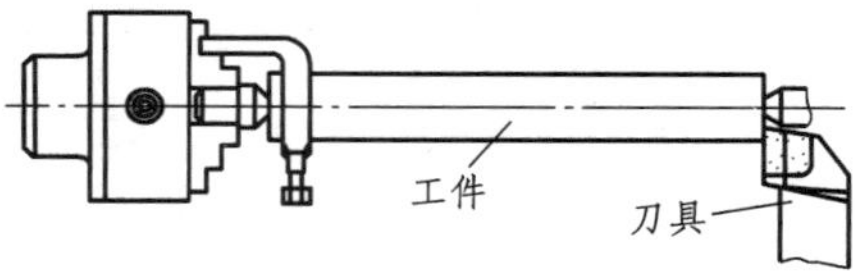 工件　刀具	对于较长的轴或必须经过多次装夹才能完成加工的轴,宜采用两顶尖装夹;装夹定心精度高,但刚性差,适用于精加工;工件装夹前应在工件两端钻好中心孔,并用鸡心夹头夹住工件以传递动力
液压卡盘自动装夹工件		使用液压缸自动控制卡爪夹紧与松开动作,不需要找正;夹紧工件迅速,效率高,是高档数控车床常用夹紧工件方法

（2）多阶梯轴加工车刀及选用

多阶梯轴加工车刀以外圆车刀为主。根据零件精度要求,分别用粗、精车刀进行粗加工和精加工。若多阶梯轴零件具有圆锥面、圆弧面,则需考虑车刀主、副偏角的大小,防止产生干涉现象。

（3）多阶梯轴加工的车削路径

多阶梯轴各段外圆加工余量大小不同,大直径外圆加工余量较小,可一刀车削;小直径外圆余量较大,需多次车削。为减少粗加工车削路径和编程,一般采用毛坯(轮廓)复合切削循环指令去除余量和轮廓精加工复合循环指令进行精加工;若零件径向尺寸不呈单向递增或递减,则必须采用分层切削方式粗车,路径与车外圆、圆锥、圆弧面相同。此外,FANUC 数控系统还可以采用毛坯(轮廓)封闭循环指令 G73 进行粗加工。

(4)多阶梯轴加工的切削用量

多阶梯轴的加工切削用量选择与车外圆面、端面、圆锥面等切削用量选择相同,当工艺系统刚性足够时,尽可能选择较大的背吃刀量,以减少走刀次数、提高效率。粗车进给量选大一些,精车选小一些。粗车时选中等切削速度,精车时选择较高的切削速度。

(5)测量多阶梯轴的量具

多阶梯轴的量具由组成轴的各表面决定。外圆直径用游标卡尺、外径千分尺测量;长度用游标卡尺或深度尺测量;锥角用游标万能角度尺、标准量规测量等。

(6)编程尺寸精度的控制

数控车床上加工的零件尺寸精度,常通过设置刀具磨损来控制,在一次轮廓加工中,其控制量是相同的。对于不同精度的尺寸,必须以其极限尺寸平均值作为编程尺寸,才能实现对所有轮廓精度的控制。编程尺寸公式计算为:

$$编程尺寸 = 公称尺寸 + \frac{上极限偏差 + 下极限偏差}{2}$$

[例 3-3-1]　求 $\phi20_{-0.04}^{0}$ 外圆的编程尺寸和 70±0.02 长度的编程尺寸。

$$\phi20_{-0.04}^{0} 编程尺寸 = 20 + \frac{0 + (-0.04)}{2} = 19.98$$

$$70±0.02 \ 编程尺寸 = 70 + \frac{0.02 + (-0.02)}{2} = 70$$

2)指令介绍

(1)粗加工复合循环指令 G71

粗加工复合循环指令使用时,只需指定粗加工背吃刀量、精加工余量和精加工路线等参数,系统便可自动计算出粗加工路线和加工次数,完成内、外轮廓表面的加工。指令格式及说明见表 3-3-2。

表 3-3-2　粗加工复合循环指令格式及说明

指令格式	G71　　U$\underline{\Delta}$d　R$\underline{e}$　; G71　　P$\underline{n}$s Q$\underline{n}$f U$\underline{\Delta}$u W$\underline{\Delta}$w Ff S$\underline{s}$ Tt;
指令功能	粗加工棒料毛坯,车削沿平行 Z 轴方向, A 为循环起点, A—A′—B 为精加工路线。
指令说明	(1)Δd 表示每次切削深度(半径值),无正负号; (2)e 表示退刀量(半径值),无正负号; (3)ns 表示精加工路线第一个程序段顺序号; (4)nf 表示精加工路线最后一个程序段顺序号; (5)Δu 表示 X 方向精加工余量(直径值),车削外轮廓正值,车削加工内轮廓负值; (6)Δw 表示 Z 方向精加工余量; (7)f 为进给量。

续表

指令格式	G71　U△d　Re ; G71　Pns Qnf U△u W△w Ff Ss Tt ;
指令动作	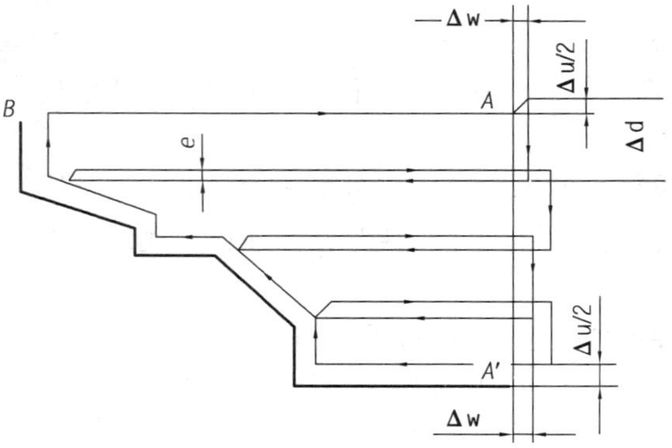 G70 指令格式及原理动画
注意事项	(1)使用循环指令编程,要确定换刀点; (2)在循环指令中有两个 U 地址符。

（2）精加工复合循环指令 G70

精加工复合循环指令,是在 G71、G73 指令粗车后使用。指令格式及说明见表 3-3-3。

表 3-3-3　精加工复合循环指令格式及说明

指令格式	G70　Pns Qnf ;
指令功能	粗加工复合循环车削加工后,可用精加工循环指令,使刀具沿着 $A—A'—B$ 的走刀路线精加工。
指令说明	(1)ns 表示指定精加工路线第一个程序段的顺序号; (2)nf 表示指定精加工路线最后一个程序段的顺序号;
指令动作	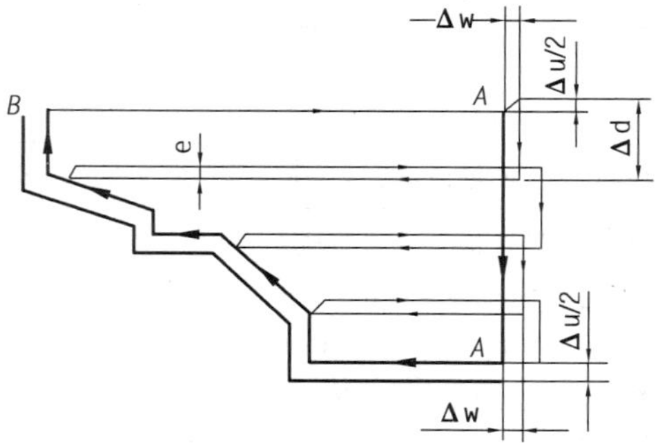 G71 指令格式及原理动画
注意事项	(1)精车循环 G70 状态下,ns～nf 程序中指定的 F、S、T 有效;当 ns～nf 程序中不指定 F、S、T 时,粗车循环 G71 指令、G73 指令中指定的 F、S、T 有效。 (2)G70 循环加工结束时,刀具返回到起点并读下一个程序段。 (3)G70 中 ns～nf 程序段不能调用子程序。

（3）编程举例

[**例** 3-3-2]　如图 3-3-2、图 3-3-3 所示，已知毛坯直径为 $\phi105$，长度为 120，工件不切断，试用 G71、G70 编程。

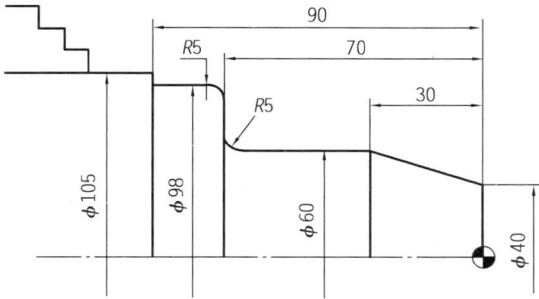

图 3-3-2　G71、G70 加工实例

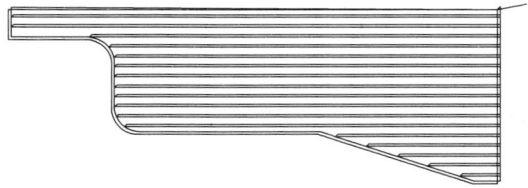

图 3-3-3　G71、G70 指令刀具循环路径

表 3-3-4　G71、G70 加工参考程序

程序	说明
O4301 ;	程序名
T0101 ;	调用 1 号刀具 1 号刀补
M04 S1000 ;	主轴反转,转速为 1 000 r/min(转向视机床厂家确定)
M08;	冷却打开
G00 X150. Z100. ;	快速定位至换刀点
G00 X110. Z5. ;	快速定位到起刀点
G71 U2. R0.5;	外圆粗加工复合循环,切削深度为 2 mm,退刀量为 0.5 mm
G71 P80 Q100 U0.2 W0.2 F0.2;	外圆粗加工复合循环,精车路线为 N80～N100 指定
N80 G00 X40. Z5. ;	
G01 X40. Z0. ;	
G01 X60. Z-30. ;	
G01 X60. Z-65. ;	
G02 X70. Z-70. R5. ;	指定精加工循环路线,即粗加工循环主体
G01 X88. Z-70. ;	
G03 X98. Z-75. R5. ;	
G01 X98. Z-90. ;	
N100 G01 X110. Z-90. ;	
G00 X150. Z100. ;	刀具快速移动到换刀点
M09;	冷却停止
M05;	主轴停止

115

续表

程序	说明
M00；	程序暂停
T0101；	指定精加工刀具
M04 S1200；	转速
M08；	冷却打开
G00 X110.Z5.；	快速定位到起刀点
G70 P80 Q100 F0.15	精车循环执行 N80～N100 程序段,精车进给量为 0.15 mm/r
G00 X150.Z100.；	刀具快速移动到换刀点
M09；	冷却停止
M05；	主轴停止
M30；	程序结束

（4）端面粗车复合循环指令 G72

精加工复合循环指令,是用于 G71、G73 指令粗车后使用。指令格式及说明见表 3-3-5。

表 3-3-5　精加工复合循环指令格式及说明

指令格式	G72　WΔd Re ; G72　Pns Qnf UΔu WΔw Ff Ss Tt ;
指令功能	适用于对长径比较小的盘类工件端面进行粗车加工。
指令说明	Δd 、e、ns 、nf、Δu、Δw 的含义与 G71 相同。
指令动作	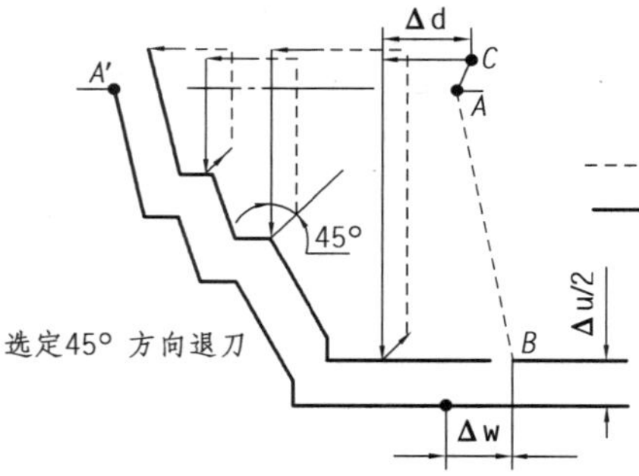 G72 指令格式及原理动画
注意事项	（1）如图所示,从 A′到 B 的刀具轨迹（即零件的轮廓）在 X 和 Z 方向的坐标值是单调增加或减小。 （2）在使用 G72 进行粗加工循环时,只有含在 G72 或在 G72 之前程序段中的 F、S、T 功能才有效,而包含在 ns→nf 程序段中的 F、S、T 功能即使被指定对粗车循环也无效; （3）A→A′之间的刀具轨迹在 ns 程序段中用 G00 或 G01 指定,且在该程序段中不能指定沿 X 轴方向移动,及第一段刀具移动指令必须是 Z 方向。车削循环过程是平行于 X 轴方向的。 （4）精车削预留 Δu 和 Δw 的符号与刀具轨迹移动的方向有关。 （5）在 ns 和 nf 的程序段中不能调用子程序。 （6）在车削循环期间,刀尖半径补偿功能无效。

（5）编程举例

[**例** 3-3-3]   如图 3-3-4、图 3-3-5 所示,已知毛坯直径为 φ152,长度为 60,工件不切断,试用 G72、G70 编程。

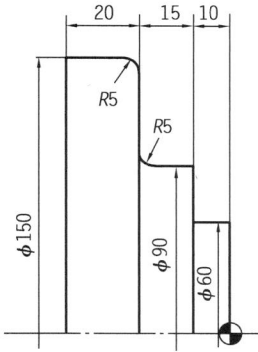

图 3-3-4   G72、G70 加工实例

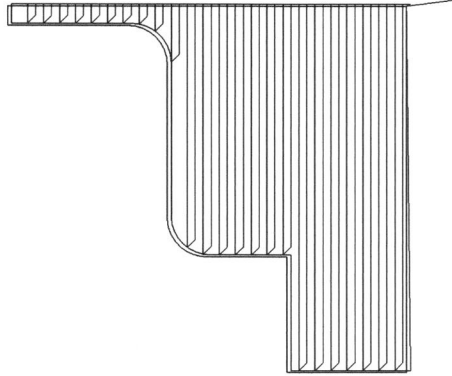

图 3-3-5   G72、G70 指令刀具循环路径

表 3-3-6   G72、G70 加工参考程序

程序	说明
O3301;	程序名
T0101;	调用 1 号刀具 1 号刀补
M04 S1000 ;	主轴反转,转速为 1 000 r/min(转向视机床厂家确定)
M08;	冷却打开
G00 X180. Z100. ;	快速定位至换刀点
G00 X155. Z5. ;	快速定位到起刀点
G72 W2. R1. ;	端面粗加工复合循环,切削深度为 2 mm,退刀量为 1 mm
G72 P80 Q100 U0.2 W0.2 F0.2;	端面粗加工复合循环,精车路线由 N80～N100 指定
N80 G00 Z-45. ;	
G01 X150. Z-45. ;	
G01 X150. Z-30. ;	
G02 X140. Z-25. R5. ;	
G01 X100. Z-25. ;	指定精加工循环路线,即粗加工循环主体
G03 X90. Z-20. R5. ;	
G01 X90. Z-10. ;	
G01 X60. Z-10. ;	
N100 G01 Z5. ;	

续表

程序	说明
G00 X180. Z100. ;	刀具快速移动到换刀点
M09 ;	冷却停止
M05 ;	主轴停止
M00 ;	程序暂停
T0101 ;	指定精加工刀具
M04 S1200 ;	指定转速
M08 ;	冷却打开
G00 X155. Z5. ;	快速定位到起刀点
G70 P80 Q100 F0.15 ;	精车循环执行 N80 ~ N100 程序段,精车进给量为 0.15 mm/r
G00 X180. Z100. ;	刀具快速移动到换刀点
M09 ;	冷却停止
M05 ;	主轴停止
M30 ;	程序结束

（6）固定形状粗车复合循环指令 G73

固定形状粗车复合循环指令（又叫成型车削固定循环指令或仿型车削固定循环指令），一般用于车削毛坯形状已用锻造或铸造方法成型的零件的粗车,加工效率很高,对零件轮廓的单调性则没有要求。

表 3-3-7　固定形状粗车复合循环指令格式及说明

指令格式	G73　U_i_ W_k_ Rd ; G73　Pns Qnf U∆u W∆w Ff Ss Tt ;
指令功能	适用于毛坯轮廓形状与零件轮廓形状基本接近（如锻造、铸造毛坯）时的粗车。
指令说明	（1）∆i 表示 X 轴向总退刀量的距离和方向（半径值）,参数为模态量,有正负号。 （2）∆K 表示 Z 轴向总退刀量的距离和方向,该参数为模态量,有正负号。 （3）d 表示循环次数,该参数为模态量。 （4）刀具循环路径如下图所示。

续表

指令动作	G73 指令格式及原理动画
注意事项	（1）在使用粗加工循环时，只有在 G71～G73 以前或含在 G71～G73 程序段中的 F、S、T 指令有效，而包含在 ns～nf 程序段中的 F、S、T 功能，只对精加工循环有效。 （2）前后两行 G73 指令中 U 和 W 所定义值在意义上的区别。 （3）精车预留量 Δu 和 Δw 的符号与 G71 指令的确定方法相同。 （4）在车削循环期间，刀尖圆弧半径补偿功能无效。

（7）编程举例

[例 3-3-4]　　如图 3-3-6、图 3-3-7 所示，已知毛坯直径 $\phi 30$，长度为 80，工件不切断，试用 G73、G70 编程。

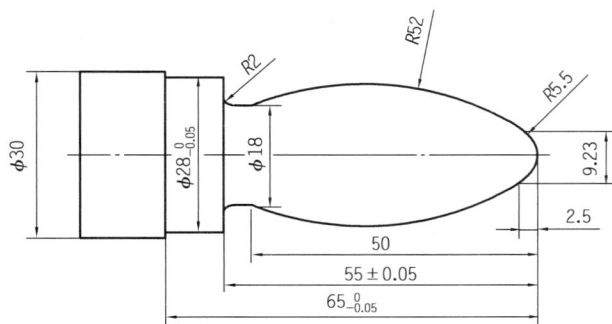

图 3-3-6　G73、G70 加工实例

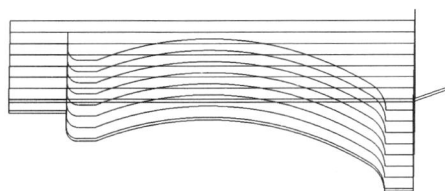

图 3-3-7　G73、G70 指令刀具循环路径

表 3-3-8　G73、G70 加工参考程序

程序	说明
O7301 ;	程序名
T0101 ;	调用 1 号刀具 1 号刀补
M04 S1000 ;	主轴反转，转速为 1 000 r/min（转向视机床厂家确定）
M08;	冷却打开
G00 X100. Z100. ;	快速定位至换刀点

续表

程序	说明
G00 X32. Z5. ;	快速定位到起刀点
G73 U16. R8 ;	固定形状粗车复合循环,循环次数为 8 次
G73 P100 Q200 U0.2 W0 F0.2 ;	固定形状粗车复合循环,精车路线由 N100~N200 指定
N100 G00 X0. Z5. ;	指定精加工循环路线,即粗加工循环主体
G01 X0 Z0 ;	
G03 X9.23 Z-2.5 R5.5 ;	
G03 X18. Z-50. R52. ;	
G01 X18. Z-53. ;	
G02 X22. Z-55. R2. ;	
G01 X27.975 Z-55. ;	
G01 X27.975 Z-64.975 ;	
N200 G01 X32. Z-64.975 ;	
G00 X100. Z100.	刀具快速移动到换刀点
M09 ;	冷却停止
M05 ;	主轴停止
M00 ;	程序暂停
T0101 ;	指定精加工刀具
M04 S1200 ;	指定转速
M08 ;	冷却打开
G00 X32. Z5. ;	快速定位到起刀点
G70 P100 Q200 F0.15	精车循环 N100~N200 程序段,精车进给量为 0.15 mm/r
G00 X100. Z100. ;	刀具快速移动到换刀点
M09 ;	冷却停止
M05 ;	主轴停止
M30 ;	程序结束

【任务实施】

按照图 3-3-8 所示的加工要求,制定精加工路线,合理选择刀具和切削参数,编写加工程序仿真加工。

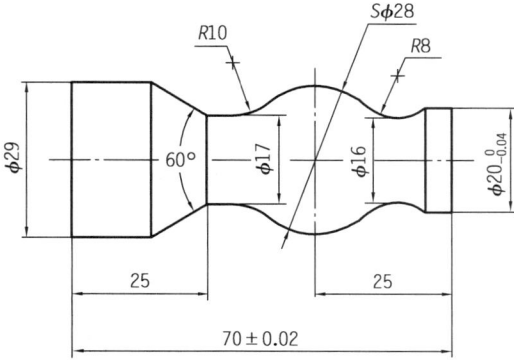

图 3-3-8　综合阶梯轴零件图

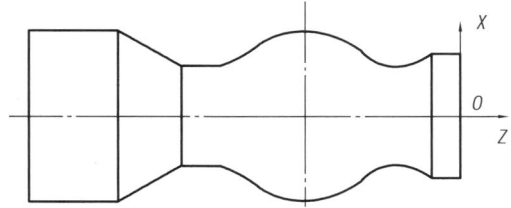

图 3-3-9　建立工件坐标系

1）分析工艺

（1）选择刀具

选择外圆车刀安装在 T01 号刀位，主偏角取 93°，在仿真中无需进行切断操作加工。

（2）建立工件坐标系

工件坐标系建立在工件的右端面，工件原点为轴线与端面的交点，轴向为 Z 方向，径向为 X 方向，如图 3-3-9 所示。

（3）制订走刀路线

表 3-3-9　走刀路线及说明

走刀路线图	走刀路线说明
	（1）根据轮廓特点，选择 G73、G70 指令编程。 （2）刀具从起点快速移动至进刀点 P。 （3）刀具轨迹 1—2—3—4—5—6—7—8—9—10 作为轮廓精加工程序段。 （4）刀具从位置 10 返回到换刀点。

（4）选择切削用量

选择切削用量，见表 3-3-10。

表 3-3-10　切削用量

工序	定位	工步序号及内容	刀具及刀号	主轴转速 $n/(\mathrm{r \cdot min^{-1}})$	进给量 $f/(\mathrm{mm \cdot r^{-1}})$	背吃刀量 a_p/mm
车削加工	夹住毛坯外圆	粗、精车外圆轮廓	外圆刀，T01	1000/1200	0.2/0.15	2/0.2

121

2）编制程序

（1）标示并计算基点

通过数学计算，基点坐标见表3-3-11。

表3-3-11　基点坐标计算

基点	X 坐标	Z 坐标
2	19.98	0
3	19.98	−4.609
4	20.364	−15.391
5	21.583	−33.919
6	17.	−40.289
7	17.	−45.
8	29.	−55.392
9	29.	−70.

（2）编制参考程序

精加工参考程序见表3-3-12。

表3-3-12　简单外圆弧轴加工参考程序

程序	说明
O7370；	程序名
T0101；	调用1号刀具1号刀补
M04 S1000；	主轴反转，转速为1 000 r/min（转向视机床厂家确定）
M08；	冷却打开
G00 X100. Z100.；	快速定位至换刀点
G00 X32. Z5.；	快速定位到起刀点
G73 U7. R7；	固定形状粗车复合循环，循环次数为7次
G73 P200 Q300 U0.2 W0 F0.2；	固定形状粗车复合循环，精车路线为N200～N300指定
N200 G00 X19.98 Z5.；	
G01 G42 X19.98 Z0；	
G01 X19.98 Z−4.609；	
G02 X20.364 Z−15.391 R8.；	
G03 X21.583 Z−33.919 R19.；	指定精加工循环路线，即粗加工循环主体
G02 X17. Z−45. R10.；	
G01 X17. Z−45.；	
G01 X29. Z−55.392；	
G01 X29. Z−70.；	
N300 G40 G01 X32. Z−70.；	

程序	说明
G00 X100. Z100.	刀具快速移动到换刀点
M09；	冷却停止
M05；	主轴停止
M00；	程序暂停
T0101；	指定精加工刀具
M04 S1200；	主轴反转
M08；	冷却打开
G00 X32. Z5.；	快速定位到起刀点
G70 P200 Q300 F0.15	精车循环 N200～N300 程序段,精车进给量为 0.15 mm/r
G00 X100. Z100.；	刀具快速移动到换刀点
M05；	冷却停止
M09；	主轴停止
M30；	程序结束

3)程序调试与仿真加工

程序调试与仿真加工步骤,见表 3-3-13。

表 3-3-13　仿真加工步骤

步骤	图例	说明
(1)机床选择	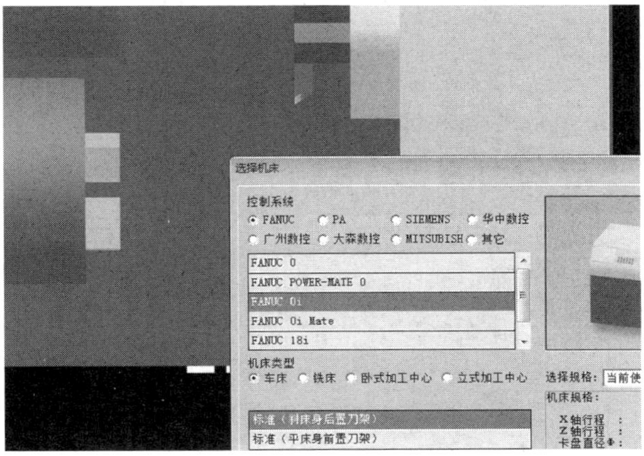	数控车床: FANUC 0i 控制系统 刀架类型: 前置刀架

续表

步骤	图例	说明
（2）毛坯准备		毛坯尺寸：$\phi30$ mm×80 mm
（3）刀具安装		选择刀位：T01 刀位：外圆车刀
（4）对刀操作		试切法完成对刀操作，设置参数
（5）程序调试		手动输入程序并调试修改

续表

步骤	图例	说明
（6）轨迹检查		验证程序，对图形轨迹状态进行演示
（7）仿真加工		刀具回零，仿真加工

【任务拓展】

如图 3-3-10 所示综合阶梯轴零件，毛坯尺寸为 $\phi30\ mm\times80\ mm$，材料为铝棒。试用复合循环指令编写切削加工程序，调试并完成仿真加工。

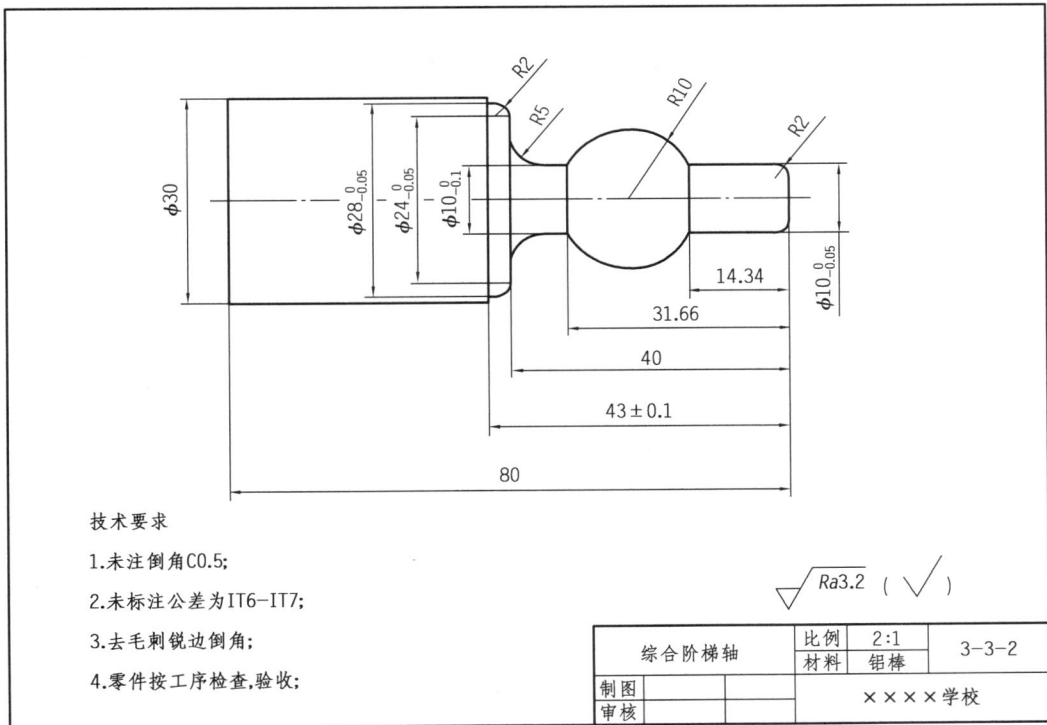

技术要求

1.未注倒角C0.5；

2.未标注公差为IT6-IT7；

3.去毛刺锐边倒角；

4.零件按工序检查，验收；

综合阶梯轴	比例	2:1	3-3-2
	材料	铝棒	
制图		××××学校	
审核			

$\sqrt{Ra3.2}$（ $\sqrt{}$ ）

图 3-3-10   综合阶梯轴零件图

【评价反馈】

任务评价,见表3-3-14。

表3-3-14 任务评价表

评分项目		评分标准或要求	配分	评价方式			得分
				自评20%	互评30%	师评50%	
职业技能	技能实操	完成车床回零	10				
		完成车床界面认识	10				
		程序导入正确	10				
		完成外圆车刀 X 向对刀	15				
		完成外圆车刀 Z 向对刀	15				
		能在规定时间内按时完成课堂任务	10				
职业素养	学习意识	学习态度认真、主动性较强	5				
		能够根据材料自学、进行课前预习	5				
	合作意识	与组员合作融洽,帮助他人完成任务	5				
		具有良好的沟通、协作、组织能力	5				
	规范意识	理实一体教室环境卫生维护	5				
		多媒体教学设备维护	5				
总配分			100 分	总得分			

说明:教师就单个项目、活动或任务设计评分量表,可任意组合自评、互评、师评等评价方式,设置不同评价方式的权重并量化评价维度,明确评价具体要求。

【每课一练】

一、判断题

(　　)1. FANUC 0iT 系统的 G 代码 A 类中,G70 是精车复合循环指令。

(　　)2. FANUC 0iT 系统的 G 代码 A 类中,纵向粗车复合循环加工指令是 G73。

(　　)3. FANUC 0iT 系统的 G 代码 A 类中,端面粗车复合循环加工指令是 G72。

(　　)4. FANUC 0iT 系统的 G 代码 A 类中,仿形粗车复合循环加工指令是 G71。

(　　)5. FANUC 0iT 系统复合循环编程时,切削轨迹 ns ～ nf 程序段中的 F、S、T 在执行 G70 指令时才有效。

二、单选题

1. FANUC 0iT 系统的 G 代码 A 类中,一般在 G71、G72、G73 粗车后,用(　　)指令完成精加工。

A. G70　　　　　　　　B. G71　　　　　　　　C. G72　　　　　　　　D. G73

2. FANUC 0iT 系统的 G 代码 A 类中，在执行（   ）循环指令时，刀尖圆弧半径补偿有效。

    A. G70   B. G71   C. G72   D. G73

3. FANUC 0iT 系统的 G 代码 A 类中，下列关于精车循环 G70 的程序段格式正确的是（   ）。

    A. G70 P1 Q2；   B. G70 P = N1 Q = N2；

    C. G70 P1. Q2. ；   D. G70 PN1 QN2；

4. FANUC 0iT 系统的 G 代码 A 类中，纵向粗车循环 G71 U2. R1. ;程序段中的 U2. 表示（   ）。

    A. X 向精加工余量 2 mm   B. 背吃刀量 2 mm

    C. 退刀量 2 mm   D. 加工次数 2 次

5. FANUC 0iT 系统的 G 代码 A 类中，仿形粗车循环 G73 U15.0 W0 R10;中 R10 表示（   ）。

    A. 半径为 10   B. 退刀量   C. 背吃刀量   D. 粗加工次数

项目 *4*

套类零件车削编程与调试

【项目导入】

套类零件是机械加工中常用零件之一,如轴套、轴承衬套、导套、缸套等。它们主要由内外圆柱面、内外圆锥面、槽等表面构成;除此之外,齿轮、法兰盘、空心轴等零件也具有套类零件的内轮廓面。常见的套类零件如图4-0-1所示。加工内轮廓表面及由这些表面构成的套类零件,是数控车床操作的基本工作内容。

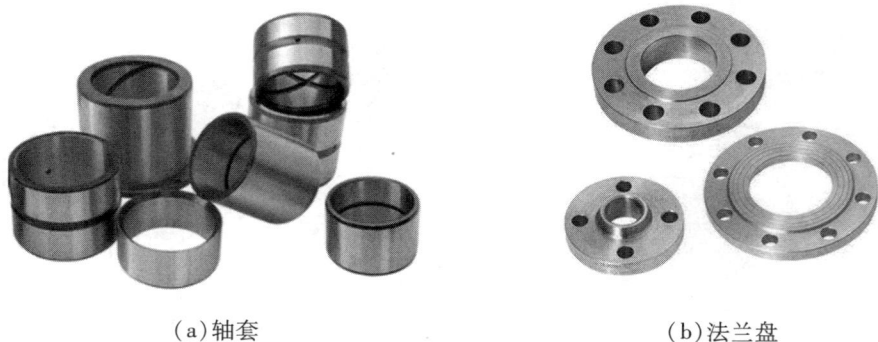

(a)轴套   (b)法兰盘

图4-0-1 套类零件

【项目要求】

技能与学习水平:

①掌握 G74 指令及其应用。

②掌握 G90 指令及其应用。

③掌握 G71 指令及其应用。

④掌握简单的钻削零件、阶梯孔零件、锥孔零件的加工工艺制订方法。

⑤会编写阶梯孔零件、锥孔零件加工程序。

知识与学习水平:

①简述 G74 指令格式、功能及使用方法。

②简述 G90 指令格式、功能及使用方法。

③简述 G71 指令格式、功能及使用方法。

任务 4.1　钻削零件车削编程与调试

关键词	端面啄式钻孔循环指令（G74）	麻花钻	钻孔循环指令
	粗加工	钻孔	螺旋形沟槽

【任务描述】

如图 4-1-1 所示为直孔钻削件，完成 $\phi20$ mm、长度 20 mm 的直孔，不要求加工外圆，表面粗糙度值全部为 $Ra3.2$ μm。使用 FANUC 0i 系统数控车床完成该直孔加工。材料为 45 钢，毛坯为 $\phi40$ mm×50 mm 棒料，其中 $\phi40$ mm 的外圆已加工至尺寸。

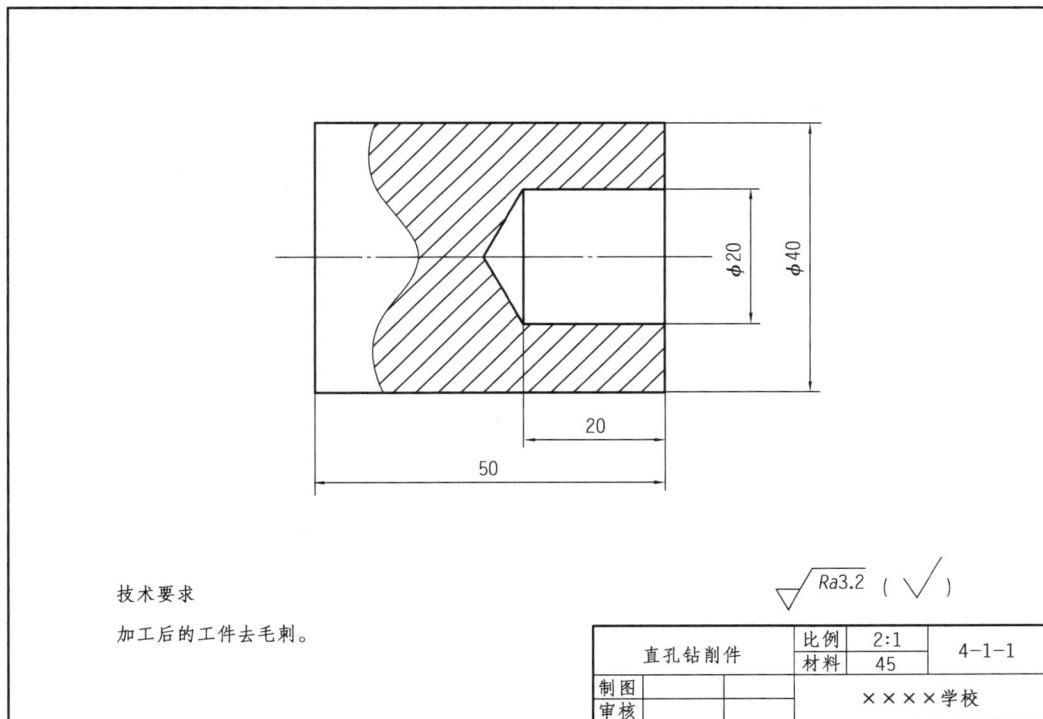

图 4-1-1　钻削零件图

【学习要点】

①掌握 G74 指令及其应用。
②掌握钻削指令的编程方法。
③会选择合适的刀具进行加工。

【相关知识】

1）麻花钻种类及结构

用钻头在工件实件部位加工孔称为钻孔。钻头种类很多，常用的有麻花钻、扁钻、深孔钻、扩孔钻、锪钻和中心钻。本任务介绍麻花钻。

图 4-1-2　麻花钻

如图 4-1-2 所示的麻花钻是应用最广泛的孔加工刀具。它主要由工作部分和柄部构成。工作部分包括螺旋面构成的容屑槽和刃瓣，形状像麻花一样，因而得名。麻花钻的螺旋角主要影响切削刃上前角的大小、刃瓣强度和排屑性能，通常为 25°～32°。螺旋形沟槽可用铣削、磨削、热轧或热挤压等方法加工，钻头的前端经刃磨后形成切削部分。两条主切削刃在与其平行的平面内的投影之间的夹角称为顶角，标准麻花钻的顶角为 118°。横刃与主切削刃在端面上投影之间的夹角称为横刃斜角，横刃斜角（横刃角的补角）为 50°～55°。由于结构上的原因，前角在外缘处为 30°到钻心处接近 0°，甚至是负值，在钻削时起挤压作用。

麻花钻的柄部形式有直柄和锥柄两种。加工时，直柄麻花钻装夹在钻夹头中，而锥柄麻花钻则插在机床主轴或尾座的锥孔中。麻花钻多用高速钢制成。镶焊硬质合金刀片或齿冠的麻花钻适于加工铸铁、淬硬钢和非金属材料等，整体硬质合金小麻花钻用于加工仪表零件和印制电路板等。

2）指令介绍

（1）端面啄式钻孔循环指令 G74（表 4-1-1）

表 4-1-1　G74 指令格式及功能

指令格式	G74 R__e__； G74 X（U）__Z（W）__P△i Q△k R△d F__f__；
指令功能	适用于孔或端面直槽的断续切削加工。

续表

指令说明	(1)e 为退刀量,该参数为模态量,直到指定另一个值前保持不变。 (2)X 为点 B 的 X 坐标;U 为点 A 至点 B 的 X 坐标增量。 (3)Z 为点 C 的 Z 坐标; (4)W 为点 A 至点 C 的 Z 坐标增量; (5)Δi 为 X 方向的移动量,用不带符号的量表示,单位为 μm; (6)Δk 为 Z 方向的移动量,用不带符号的量表示,单位为 μm; (7)Δd 为切削底部的刀具退刀量,符号一定是为正,但如果 U、Δi 省略,可用所要的正负符号指定刀具退刀量; (8)f 为进给速度。	G74 指令格式及 原理动画
指令动作		
注意事项	本循环可处理断屑,如果省略 X(U)及 P(Δi)功能,刀具只在 Z 方向动作,只用于钻孔。	

(2)编程举例

[例4-1-1]　编制如图 4-1-3 所示零件的加工程序,用端面钻孔复合循环指令 G74 方式编制。毛坯材料为 45 钢。其程序见表 4-1-2。

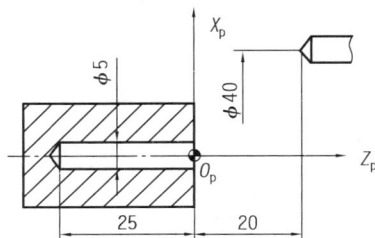

图 4-1-3　G74 指令应用实例

131

表 4-1-2　G74 指令编程应用示例

程序	说明
O3001;	程序名
N10 T0101;	调用 1 号刀具,建立工件坐标系
N20 M04 S300;	主轴反转,转速为 300 r/min(转向视机床厂家确定)
N30 G00 X100. Z100.;	快速定位至换刀点
N40 G00 X0 Z5.0;	快速定位到起刀点
N50 G74 R1.0;	钻削循环,退刀量为 1 mm
N60 G74 Z-25.0 Q5000 F0.08;	Z 向钻削总深度 25 mm,Z 向每次钻深 5 mm,进给量为 0.08 mm/r
N70 G00 X50.0 Z100.0;	快速退刀
N80 M05;	主轴停
N90 M30;	程序结束

【任务实施】

按照图 4-1-3 所示的加工要求,制订精加工路线,合理选择刀具和切削参数,编写加工程序仿真加工。

1)分析工艺

(1)选择刀具

机床选择后置刀架,选择 ϕ20 mm 麻花钻,如麻花钻作为粗加工刀具的选择,进行内孔镗削时,内孔刀具最小直径比要钻孔小 1～2 mm。

(2)建立工件坐标系

工件坐标系建立在工件的右端面,工件原点为轴线与端面的交点,轴向为 Z 方向,径向为 X 方向。

2)编制程序

(1)标示并计算基点

标示基点 1、2,如图 4-1-4 所示。

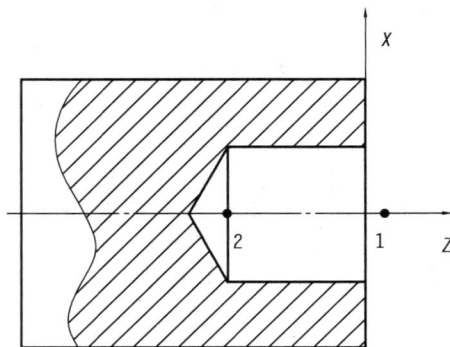

图 4-1-4　标示基点

通过数学计算,得到各基点坐标,见表 4-1-3 。

表 4-1-3 基点坐标计算

基点	X 绝对坐标	Z 绝对坐标
1	0	5.0
2	0	−20.0

(2)编制参考程序

加工程序可参考表 4-1-4。

表 4-1-4 麻花钻参考程序

程序	说明
O4141;	程序名
T0101;	调用 1 号刀具(麻花钻)
M04 S300;	刀架后置,主轴正转
G00 X50. Z100.;	快速定位至换刀点
G00 X0.0 Z10.0;	快速定位到起刀点
G74 R1.0;	每次 Z 向进给后的退刀量为 1 mm
G74 Z−20.0 Q5000 F0.1;	每次 Z 向进给量为 5 mm,每次循环进给至 Z 向−20 为止
G00 X0.0 Z100.;	退刀
M05;	主轴停止
M30;	程序结束

3)程序调试与仿真加工

程序调试与仿真加工步骤,见表 4-1-5。

表 4-1-5 仿真加工步骤

步骤	图例	说明
(1)机床选择		数控车床: 　FANUC 0i 控制系统 刀架类型: 　后置刀架

续表

步骤	图例	说明
（2）毛坯准备		毛坯尺寸： ϕ40 mm×50 mm
（3）刀具安装		选择刀位： T01 刀位：钻头
（4）对刀操作		测量法完成对刀操作，设置参数

续表

步骤	图例	说明
(5)程序调试	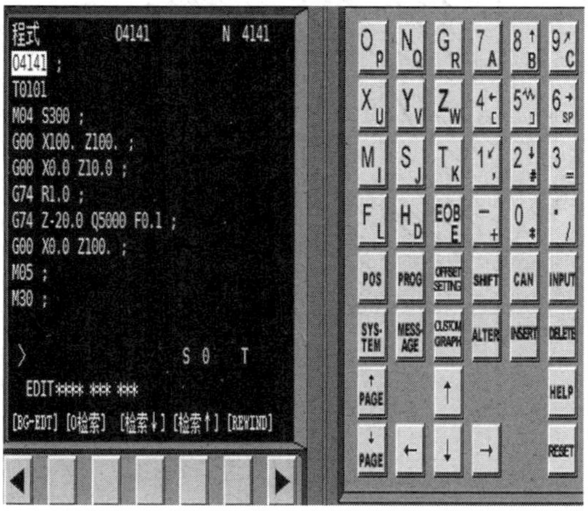程式 O4141 N 4141 O4141 ; T0101 M04 S300 ; G00 X100. Z100. ; G00 X0.0 Z10.0 ; G74 R1.0 ; G74 Z-20.0 Q5000 F0.1 ; G00 X0.0 Z100. ; M05 ; M30 ; S 0 T EDIT**** *** *** [BG-EDT] [O检索] [检索↓] [检索↑] [REWIND] POS PROG OFFSET SETTING SHIFT CAN INPUT SYS-TEM MESS-AGE CUSTOM GRAPH ALTER INSERT DELETE PAGE HELP RESET	手动输入程序并调试修改
(6)轨迹检查	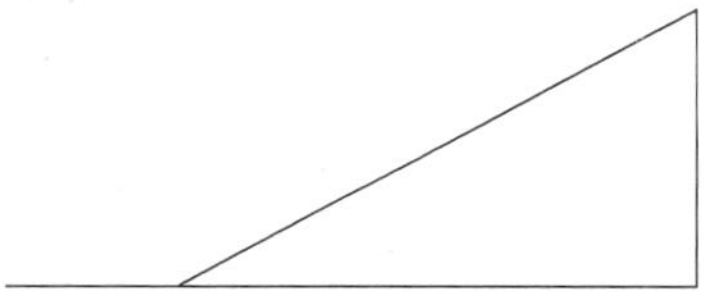	验证程序,对图形轨迹状态进行演示
(7)仿真加工	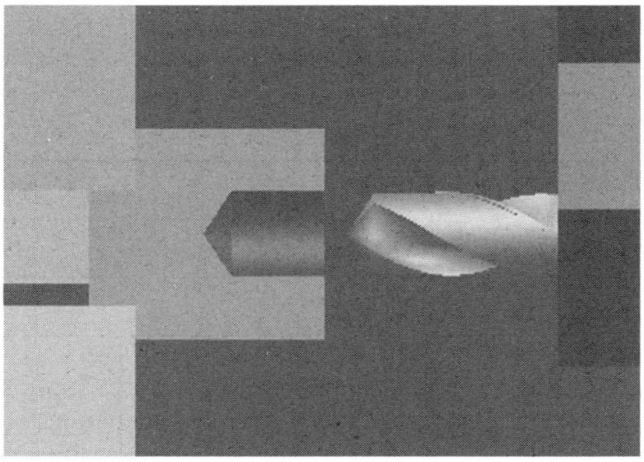	刀具回零,仿真加工

【任务拓展】

如图 4-1-5 所示为直孔钻削件。完成 ϕ20 mm、长度 20 mm 的直孔,不要求加工外圆,表面粗糙度值全部为 Ra3.2 μm。使用 FANUC 0i 系统数控车床完成该直孔加工。材料为 45 钢,毛坯为 ϕ40 mm×50 mm 棒料,其中 ϕ40 mm 的外圆已加工至尺寸。

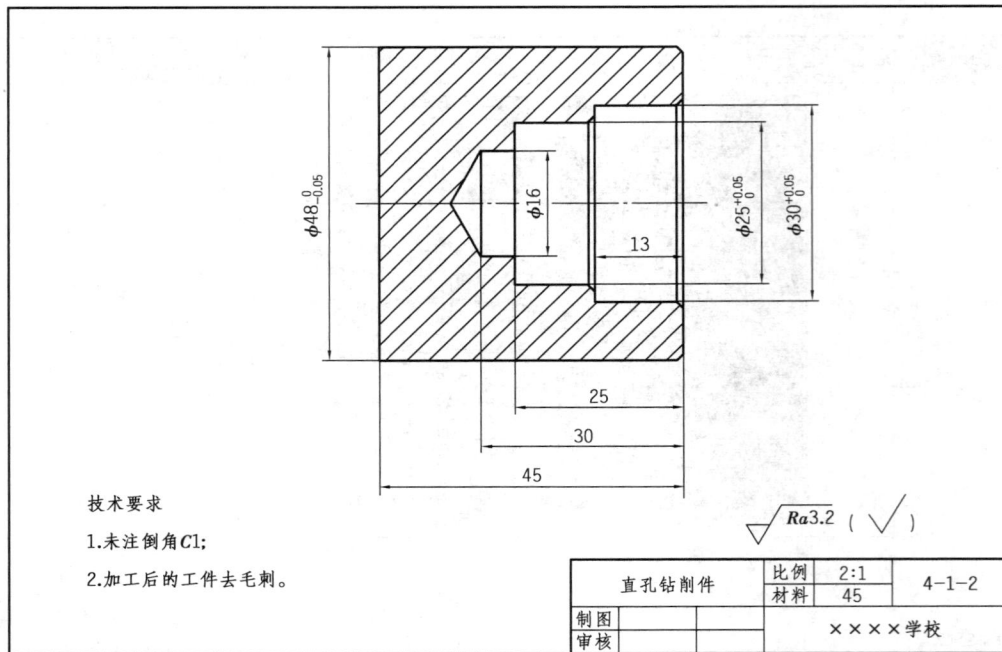

技术要求

1.未注倒角C1;

2.加工后的工件去毛刺。

直孔钻削件	比例	2:1	4-1-2
	材料	45	
制图			××××学校
审核			

图 4-1-5　直孔钻削件

【评价反馈】

任务评价,见表4-1-6。

表 4-1-6　任务评价表

评分项目		评分标准或要求	配分	评价方式			得分
				自评20%	互评30%	师评50%	
职业技能	技能实操	完成刀具选择	15				
		完成装刀对刀	15				
		程序导入正确	20				
		完成加工仿真	20				
职业素养	学习意识	学习态度认真、主动性较强	5				
		能够根据材料自学、进行课前预习	5				
	合作意识	与组员合作融洽,帮助他人完成任务	5				
		具有良好的沟通、协作、组织能力	5				
	规范意识	理实一体教室环境卫生维护	5				
		多媒体教学设备维护	5				
总配分			100 分	总得分			

说明:教师就单个项目、活动或任务设计评分量表,可任意组合自评、互评、师评等评价方式,设置不同评价方式的权重并
　　量化评价维度,明确评价具体要求。

【每课一练】

一、判断题

(　　)1.钻孔时,麻花钻直径一旦确定,不需要选择的切削用量是孔的深度。

(　　)2.如果要用数控钻削 φ5 mm、深 4 mm 的孔时,钻孔循环指令应选择 G81。

(　　)3.数控铣床缺少自动换刀功能及刀库,所以不能对工件进行钻、扩、铰、锪和镗孔加工。

(　　)4.在实体材料上钻直径大于 φ15 的孔时,一般采用套料钻。

(　　)5.麻花钻钻孔时轴向力大,主要是由钻头的主刀刃引起的。

二、单选题

1.加工 φ40~802 mm 小批量孔,表面粗糙度值为 Ra3.2 μm,采用加工工艺为(　　)。

A.钻中心孔→钻孔→铰孔　　　　　　　　B.钻中心孔→钻孔→扩孔

C.钻孔→扩孔→铰孔　　　　　　　　　　D.钻中心孔→钻孔→车孔

2.测量大批量高精度的孔,可选用(　　)测量。

A.游标卡尺　　　　　B.内径百分表　　　　C.塞规　　　　　D、内卡钳

3.在普通数控车床上钻 φ30 mm 孔,转速选(　　)。

A.100 r/min　　　　B.400 r/min　　　　C.800 r/min　　　　D.1 000 r/min

4.标准中心钻的保护锥部分的圆锥角大小为(　　)。

A.90°　　　　　　　B.60°　　　　　　　C.45°　　　　　　　C.30°

5.麻花钻的切削几何角度最不合理的切削刃是(　　)。

A.横刃　　　　　　　B.主刀刃　　　　　　C.副刀刃　　　　　　D.都不对

任务4.2　阶梯孔零件车削编程与调试

关键词	阶梯孔轴套零件	圆柱/圆锥车削单一循环指令(G90)	阶梯孔
	端面切削循环指令	镗孔的方法	镗刀

【任务描述】

使用 FANUC 0i Mate-TD 系统数控车床,完成图 4-2-1 所示阶梯孔轴套零件的加工,材料为 45 钢,毛坯为 φ40 mm×47 mm 棒料,零件主要加工表面为两个阶梯孔表面及保证轴向长度。

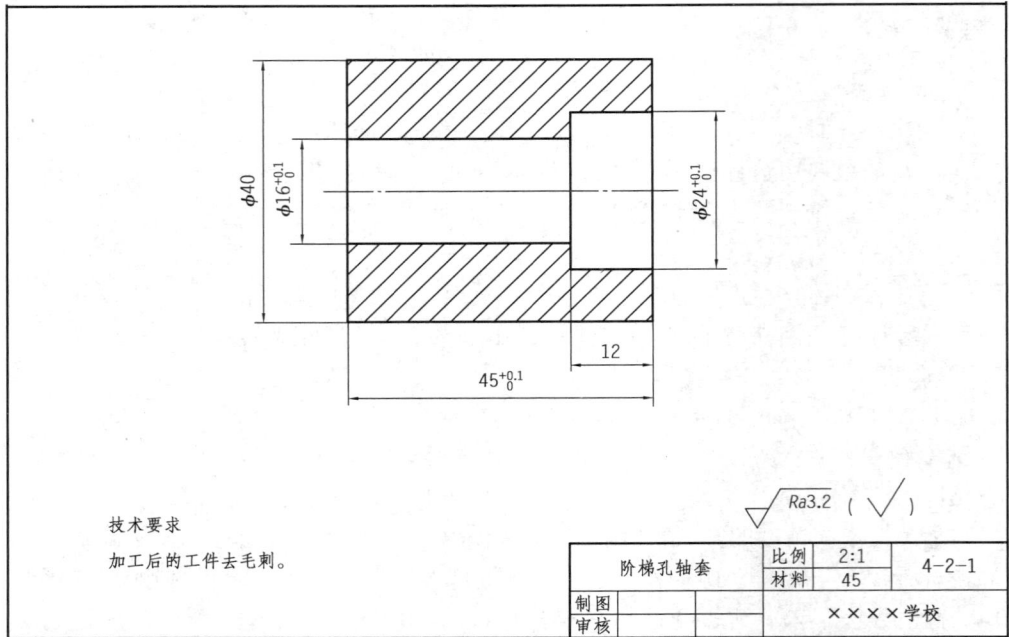

技术要求
加工后的工件去毛刺。

阶梯孔轴套	比例	2:1	4-2-1
	材料	45	
制图			××××学校
审核			

图 4-2-1　阶梯孔轴套零件图

【学习要点】

①会识读阶梯孔零件图。

②能正确选择内孔车刀，能在数控仿真系统上完成内孔车刀的对刀。

③能使用端面指令和圆柱面切削指令编制简单加工程序。

【相关知识】

1）镗刀介绍

镗孔是对锻出、铸出或钻出孔的进一步加工。镗孔可扩大孔径,提高孔的尺寸精度,减小孔的表面粗糙度,还可以较好地纠正原来孔轴线的偏斜。

（1）常用镗刀种类

常用镗刀包括通孔镗刀和不通孔镗刀两种类型，常用镗刀如图 4-2-2 所示。

图 4-2-2　常用镗刀

①通孔镗刀。

镗通孔用的普通镗刀,为减小径向切削分力,避免刀杆弯曲变形,一般主偏角为45°~75°,常取60°~70°。

②不通孔镗刀。

镗台阶孔和不通孔用的镗刀,其主偏角大于90°,一般取95°。

(2)安装镗刀时的注意事项

安装镗刀时需要注意以下三点:

①刀杆伸出刀架处的长度应尽可能短,以增加刚性,避免因刀杆弯曲变形而使孔产生锥形误差。

②刀尖应略高于工件旋转中心,以减小振动和避免发生扎刀现象,防止镗刀下部碰坏孔壁,影响加工精度。

③刀杆要装正,不能歪斜,以防止刀杆碰坏已加工表面。

(3)安装工件时的注意事项

安装工件时,需要注意以下内容:

①装夹铸孔或锻孔毛坯工件时,一定要根据内外圆找正,既要保证内孔有加工余量,又要保证与非加工表面的相互位置要求。

②装夹薄壁孔件时,不可夹得太紧,否则会使工件产生变形,影响镗孔精度。对于精度要求较高的薄壁孔类零件,在粗加工之后、精加工之前,应稍将卡爪放松,但夹紧力要大于切削力,再进行精加工。

(4)镗孔的方法

由于镗刀刀杆刚性差,加工时容易产生变形和振动,为了保证镗孔质量,精镗时一定要采用试切方法,选用比精车外圆更小的背吃刀量 a_p 和进给量 f,并要多次走刀,以消除孔的锥形误差。

镗台阶孔和不通孔时,应在刀杆上用粉笔或划针做记号,以控制镗刀进入的长度。镗孔生产率较低,但镗刀制造简单,大直径和非标准直径的孔都可加工,通用性强,多用于单件小批量生产中。

2)指令介绍

当材料轴向切除量比径向切除量多时,使用 G90 指令进行编程;当材料的径向切除量比轴向切除量多时,使用 G94 指令进行编程。使用循环切削指令,刀具必须先定位至循环起点,再执行循环切削指令,且完成一次循环切削后,刀具仍回到此循环起点。

(1)圆柱/圆锥车削单一循环指令(G90)

表 4-2-1　圆柱/圆锥车削单一循环指令 G90

指令格式	G90　X(U)_ Z(W)_　R_　F_;
指令功能	实现内外圆柱面和圆锥面循环切削。(本节以内圆面为例进行讲解)
指令说明	(1)X、Z 为切削终点绝对坐标值; (2)U、W 为切削终点相对循环起点的增量坐标; (3)R 为切削始点相对切削终点的 X 向坐标增量(半径值),加工圆柱面时 R=0,可省略;加工圆锥面时 R≠0; (4)F 为进给速度。

（2）编程举例

[例4-2-1]　运用 G90 指令编程，完成内圆柱面切削加工，见表4-2-2。

表4-2-2　G90 指令加工内圆柱面应用示例

图形	程序	说明
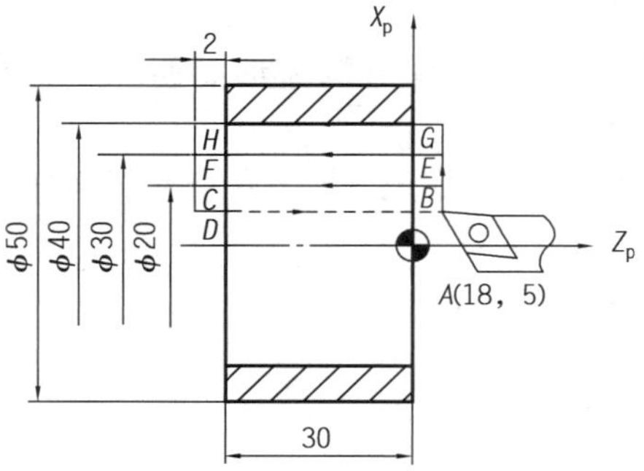	O9003；	程序名
	T0101；	建立工件坐标系
	M04 S800；	主轴反转，转速为 800 r/min
	G00 X18.0 Z5.0；	快速定位至 A 点
	G90 X20.0 Z-32.0 F0.2；	车削循环 A—B—C—D—A
	X30.0；	车削循环 A—E—F—D—A
	X40.0；	车削循环 A—G—H—D—A
	G00 X100.0 Z50.0；	快速退刀
	M05；	主轴停
	M30；	程序结束

[例4-2-2]　运用 G90 指令编程，完成内圆锥面切削加工，见表4-2-3。

表4-2-3　G90 指令加工内圆锥面应用示例

图形	程序	说明
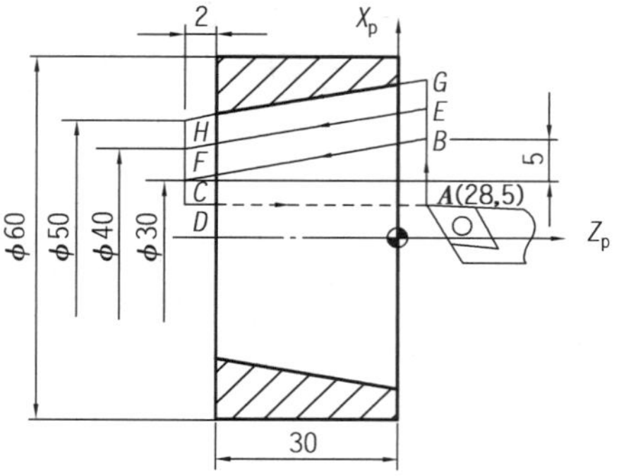	O9004；	程序名
	T0101；	建立工件坐标系
	M04 S800；	主轴反转，转速为 800 r/min
	G00 X28.0 Z5.0；	快速定位至 A 点
	G90 X30.0 Z-42.0 R5.0 F0.2；	车削循环 A—B—C—D—A
	X40.0；	车削循环 A—E—F—D—A
	X50.0；	车削循环 A—G—H—D—A
	G00 X100.0 Z50.0；	快速退刀
	M05；	主轴停
	M30；	程序结束

【任务实施】

本任务加工零件的主要部分是两阶梯孔，需保证零件长度，毛坯尺寸：$\phi 40$ mm×47 mm，内控 $\phi 24^{+0.1}_{0}$ mm、$\phi 16^{+0.1}_{0}$ mm 及长度 $45^{+0.1}_{0}$ mm，这是本任务实施时需重点考虑的内容。加工零件图如图 4-2-3 所示。

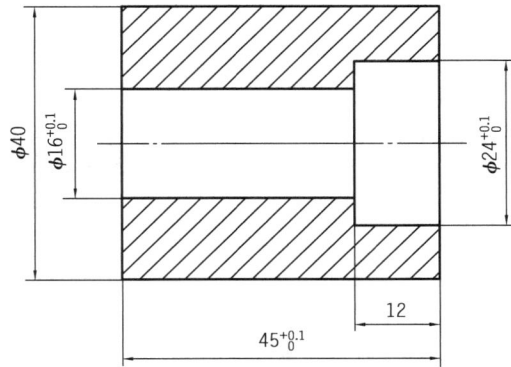

图 4-2-3　阶梯孔轴套零件图

1）工艺分析

（1）刀具的选择

机床选择前置刀架，钻头安装于尾座上，仿真加工时采用手动操作完成，但在任务中提供了钻孔参考程序。

车内圆柱面之前用 $\phi14\text{mm}$ 麻花钻刀具进行钻孔。粗精车内圆柱面时分别选用硬质合金焊接式粗、精内孔车刀，内孔车刀的直径以不发生干涉的最大直径为宜，端面加工选用外圆车刀。

（2）零件加工工艺路线的制订

长度有精度要求，进行端面加工。先进行中心钻定位及钻通孔，再进行粗、精加工内孔，并保证精度要求，具体加工工艺过程见表 4-2-4。

（3）尺寸精度计算

编程中使用尺寸的中间值。$\phi24^{+0.1}_{0}$ 的尺寸中间值 =（24.0+24.1）/2 = 24.05 mm 。

（4）切削用量的选择

工件材料为 45 钢，需考虑端面加工，粗、精加工内圆柱面、钻孔等切削用量，具体数值见表 4-2-4。

表 4-2-4　阶梯孔轴套零件加工工艺

工序	定位	工部序号及内容	刀具及刀号	主轴转速 $n/(\text{r}\cdot\text{min}^{-1})$	进给量 $f/(\text{mm}\cdot\text{r}^{-1})$	背吃刀量 a_{p}/mm
车削加工	夹住工件左端，伸出 25 mm 左右	1. 钻削内孔	$\phi14$ 麻花钻	300	0.1	7
		2. 端面车削	外圆车刀，T01	600	0.2	2～3
		3. 粗车内孔 $\phi16$ 及 $\phi24$	内孔粗车刀，T02	600	0.2	2
		4. 精车内孔 $\phi16^{+0.1}_{0}$ 和 $\phi24^{+0.1}_{0}$	内孔精车刀，T02	800	0.1	0.5

2）程序编制

（1）钻削内孔

钻孔编程用于后置刀架，本任务使用手工进行钻孔。钻削内孔参考程序，见表4-2-5。

表4-2-5 钻削内孔参考程序

程序	说明
O0001；	程序名
T0X0X；	调用刀具（T0X0X：根据钻安装位置确定）
M03 S300；	前置刀架，主轴正转
G00 X50. Z100.；	快速定位至换刀点
G00 X0.0 Z10.0；	快速定位到起刀点
G74 R1.0；	每次 Z 向进给后的退刀量为 1 mm
G74 Z−48.0 Q5000 F0.1；	每次 Z 向进给量为 5 mm，每次循环进给至 Z 向−48 mm 为止
G00 X0.0 Z100.；	退刀
M05；	主轴停止
M30；	程序结束

（2）端面车削

端面车削程序，见表4-2-6。

表4-2-6 端面车削程序

程序	说明
O0101；	程序名
T0101；	调用 1 号刀具（外圆车刀）
M03 S800；	前置刀架，主轴正转
G00 X42.0 Z10.0；	快速定位
G94 X10.0 Z2.0 F0.2；	车削循环第 1 刀
G94 X10.0 Z0 F0.2；	车削循环第 2 刀，端面车平设 Z0
G00 X100.0 Z100.0；	快速退刀
M05；	主轴停
M30；	程序结束

（3）粗车内孔

粗车内孔参考程序，见表4-2-7。

表 4-2-7 粗车内孔 $\phi24^{+0.1}_{0}$ 和 $\phi16^{+0.1}_{0}$ 加工参考程序

程序	说明
O0002；	程序名
T0202；	调用 2 号刀具
M03 S600；	前置刀架，主轴正转
G00 X14. Z2.0；	快速定位至循环起点
G90 X14.0 Z-47.0 F0.1；	粗车 $\phi16$ mm 内孔，进给速度为 0.1 mm/r
X15.5	留余量 0.5 mm
G90 X18.0 Z-12. F0.1；	用轮廓单一循环第一次粗车 $\phi24$ mm 内孔
X20.；	
X22.	
X23.5	留余量 0.5 mm
G00 Z50.0；	退刀
X100.；	
M05；	主轴停止
M30；	程序结束

（4）精车内孔

精车内孔程序，见表 4-2-8。

表 4-2-8 精加工 $\phi24^{+0.1}_{0}$ 和 $\phi16^{+0.1}_{0}$ 加工参考程序

程序	说明
O0003；	程序名
T0202；	调用 2 号刀具
M03 S800；	前置刀架，主轴正转
G00 X24.05 Z2.0；	刀具快速移至起点
G01 Z-12.0 F0.1；	精加工 $\phi24^{+0.1}_{0}$ mm 内孔
G01 X16.；	车台阶
G01 Z-45.0；	精加工 $\phi16^{+0.1}_{0}$ mm 内孔
X14.0；	刀具 X 方向退回
Z2. F0.3	
G00 X100. Z100.；	退刀
M05；	主轴停止
M30；	程序结束

3）程序调试与仿真加工

程序调试与仿真加工步骤，见表 4-2-9。

表 4-2-9　仿真加工步骤

步骤	图例	说明
（1）机床选择	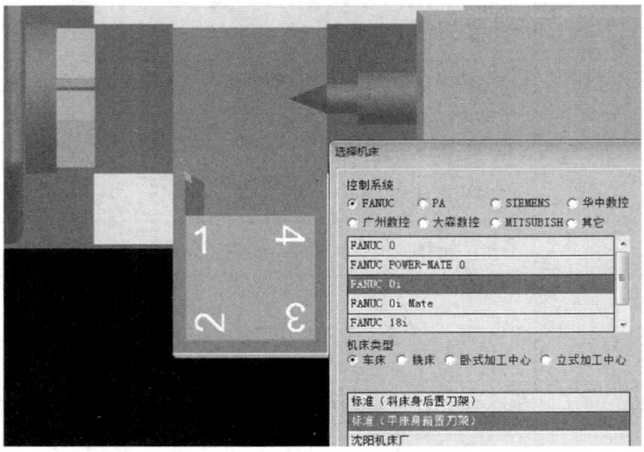	数控车床： 　FANUC 0i 控制系统 刀架类型： 　前置刀架
（2）毛坯准备	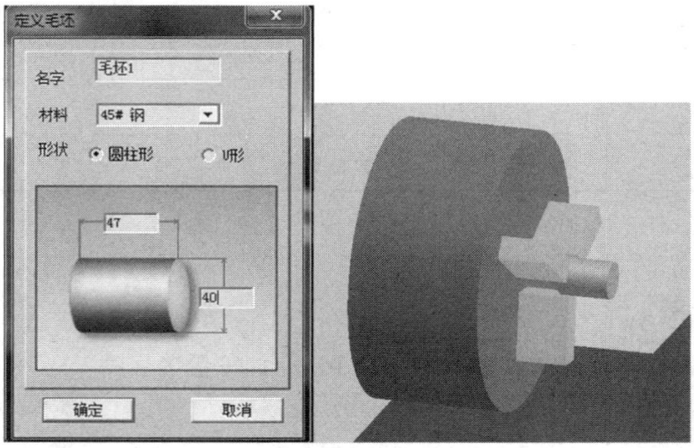	毛坯尺寸： 　$\phi40$ mm×45 mm
（3）刀具安装	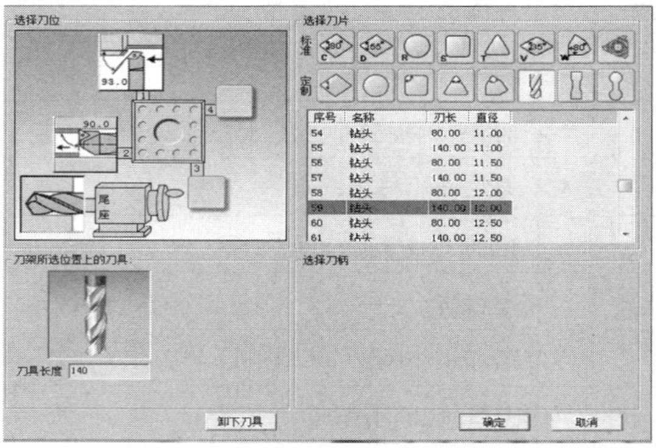	选择刀位： 　T01 刀位：外圆车刀 　T02 刀位：镗孔车刀 　尾座：安装钻头

步骤	图例	说明
(4)对刀操作		试切法、测量法完成对刀操作,设置参数
(5)程序调试		手动输入或 DNC 传送程序并调试修改
(6)轨迹检查		验证程序,对图形轨迹状态进行演示
(7)仿真加工	 (1)钻孔车削　　(2)端面车削 (3)粗车内孔　　(4)精车内孔	刀具回零,仿真加工

【任务拓展】

零件如图 4-2-4 所示,材料为 45 钢,毛坯尺寸为 $\phi45\text{m} \times 40$ mm。

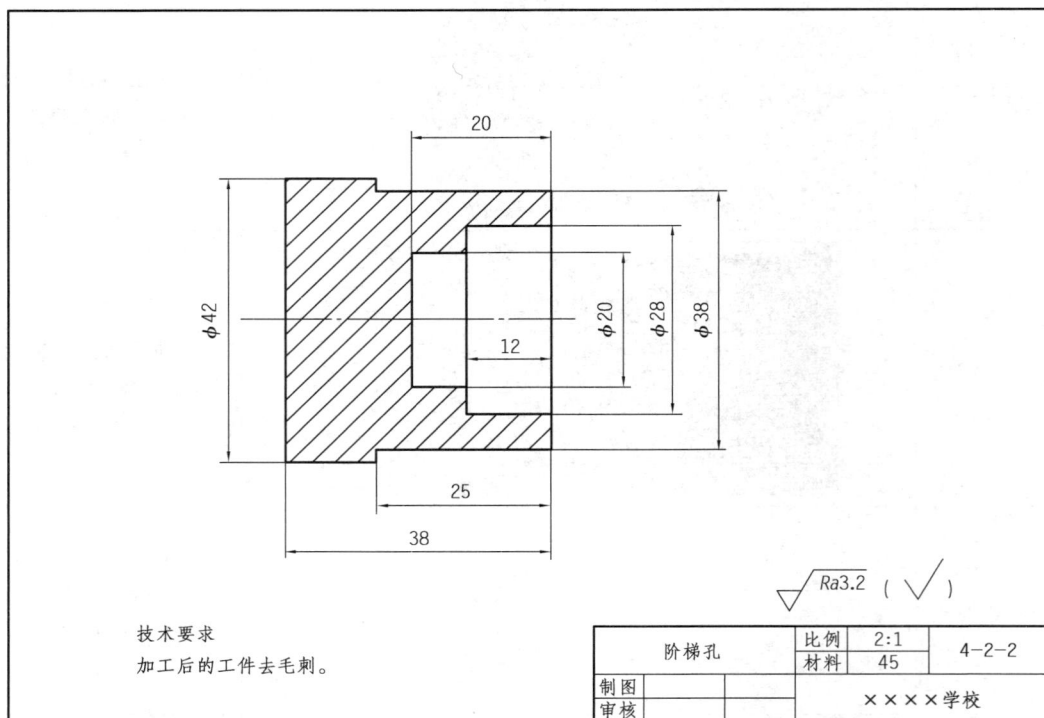

技术要求
加工后的工件去毛刺。

阶梯孔	比例	2:1	4-2-2
	材料	45	
制图			
审核		××××学校	

图 4-2-4 零件图

任务拓展实施提示:

零件主要由一个阶梯孔和一个平底孔构成,两内孔面求较高,$\phi42$ mm 孔对外圆柱面还有较高的位置精度要求,加工时需在一次装夹中削,以保证位置精度;内孔车刀主偏角大于或等于 90°,为保证把孔底车平而不发生干涉应选择较小的刀杆尺寸和切削用量,粗车余量采用分层切削或用毛坯单一切削循环加工,其工艺同本任务。

【评价反馈】

任务评价,见表 4-2-10。

表 4-2-10 任务评价表

评分项目		评分标准或要求	配分	评价方式			得分
				自评 20%	互评 30%	师评 50%	
职业技能	内、外圆直径尺寸误差	编程尺寸输入	20				
		外圆、内孔车刀 X 方向对刀	15				
		测量	10				

评分项目		评分标准或要求	配分	评价方式			得分
				自评20%	互评30%	师评50%	
职业技能	长度尺寸超差	刀具 Z 方向对刀	15				
		装夹是否准确	10				
职业素养	学习意识	学习态度认真、主动性较强	5				
		能够根据材料自学、进行课前预习	5				
	合作意识	与组员融洽,帮助他人完成任务	5				
		具有良好的沟通、协作、组织能力	5				
	规范意识	理实一体教室环境卫生维护	5				
		多媒体教学设备维护	5				
总配分			100 分	总得分			

说明:教师就单个项目、活动或任务设计评分量表,可任意组合自评、互评、师评等评价方式,设置不同评价方式的权重并量化评价维度,明确评价具体要求。

【每课一练】

一、判断题

(　　)1. 按结构形状划分,轴可分为光轴、阶梯轴、空心轴。

(　　)2. 数控加工中,麻花钻的刀位点是刀具轴线与横刃的交点。

(　　)3. 内孔车刀长度尺寸不能太长,否则刚性差,加工时易振动。

(　　)4. 车内轮廓的切削用量应比车外轮廓的切削用量大一些,以提高切削效率。

(　　)5. 通孔车刀的主偏角一般都大于或等于 90°。

二、选择题

1. 镗阶梯孔时,主偏角一般为(　　)。

A. 95°　　　　　　B. 93°　　　　　　C. 90°　　　　　　D. 75°

2. 阶梯轴的直径相差不大时,应采用的毛坯是(　　)。

A. 铸件　　　　　　B. 焊接件　　　　　C. 锻件　　　　　　D. 型材

3. 阶梯轴的加工过程中"调头继续车削"属于变换了(　　)。

A. 工序　　　　　　B. 工步　　　　　　C. 安装　　　　　　C. 走刀

4. 为了减小应力集中、提高轴的疲劳强度,阶梯轴在截面变化处应采用圆角过渡,其圆角尺寸应(　　)零件上的尺寸。

A. 大于　　　　　　B. 等于　　　　　　C. 小于　　　　　　C. 随意

5. 有一阶梯孔,中间孔为 $\phi40$、长 30 mm,两端分别为 $\phi50$、长 60 mm 孔,现要测量 $\phi40$ 孔的直径,可以选用的计量器具为(　　)。

A. 游标卡尺　　　　B. 杠杆百分表　　　C. 内测千分尺　　　D. 内径百分表

任务4.3　锥孔零件车削编程与调试

关键词	最大圆锥直径	圆锥长度	锥孔
	粗加工复合循环指令（G71）	圆锥面切削循环指令	圆锥半角

【任务描述】

使用 FANUC 0i 系统数控车床完成图 4-3-1 所示锥孔轴套加工，材料为 45 钢，毛坯为 ϕ42 mm×42 mm 棒料，零件的主要加工表面为 3:10 内圆锥面，表面粗糙度值为 Ra1.6 μm。

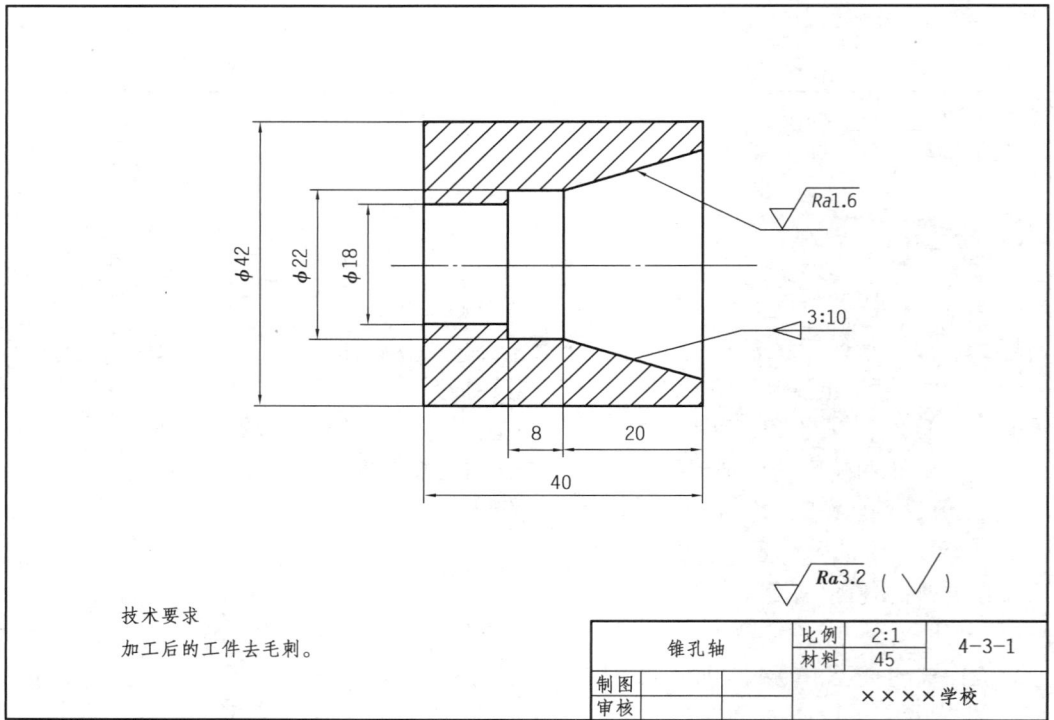

图 4-3-1　锥孔轴零件图

【学习要点】

①会识读锥孔零件图。

②能正确选择锥孔加工的车刀，能在数控仿真系统上完成对刀。

③能使用 G71 指令编制简单锥孔加工程序。

【相关知识】

锥孔轴套的主要加工问题是如何加工内圆锥面，而内圆锥面与外圆锥面加工过程基本相同,包括圆锥部分尺寸计算、加工工艺制订、编程等。

1)内圆锥面各部分尺寸及计算公式

内圆锥面各部分尺寸及计算公式同外圆锥表面,见表4-3-1。

表 4-3-1　圆锥面基本参数及计算公式

图例	基本参数
	最大圆锥直径 D
	最小圆锥直径 d
	圆锥长度 L
	锥度:$C = \dfrac{D-d}{L}$
	圆锥半角:$\dfrac{\alpha}{2}$
	$\dfrac{C}{2} = \tan\dfrac{\alpha}{2}$

2)车内圆锥面的刀具及选用

车内圆锥面的刀具与内孔车刀相同,主要考虑刀具角度大小及刀杆尺寸大小,如车削深阶梯的内锥面,车刀主偏角必须大于或等于90°,即采用不通孔车刀;刀具前、后角大小根据加工性质选定,如图4-3-2所示;刀杆尺寸以车内孔表面不发生干涉为宜。

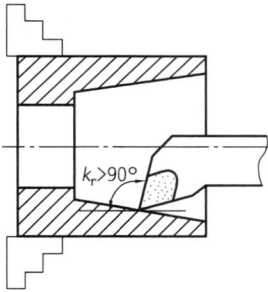

图 4-3-2　车带台阶内圆锥面车刀

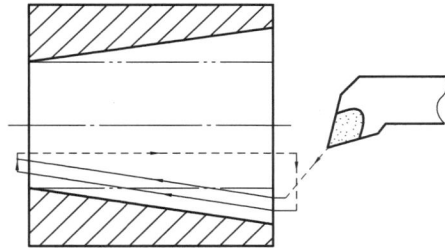

图 4-3-3　粗车内圆锥面路径

3)内圆锥面的车削路径

内圆锥面与外圆锥面一样,粗车时大、小端余量不等,需沿圆锥面分层切削,粗车路径如图4-3-3所示。

4)切削用量

内圆锥切削用量与内圆柱面切削用量选择基本相同。粗车时,背吃刀量取2mm左右,进给速度取0.2~0.4 mm/r,主轴转速取500~600 r/min。精车时,余量取0.1~0.3 mm,进给速度取0.08~0.15 mm/r,主轴转速取800~1 000 r/min。

5)粗加工复合循环指令 G71

粗加工复合循环指令使用时,只需指定粗加工背吃刀量、精加工余量和精加工路线等参数,系统便可自动计算出粗加工路线和加工次数,完成内、外轮廓表面的加工。指令格式及说明见表4-3-2。

表 4-3-2　粗加工复合循环指令格式及说明

指令格式	G71　UΔd　Re ； G71　Pns Qnf UΔu WΔw Ff Ss Tt；
指令功能	粗加工棒料毛坯，车削沿平行 Z 轴方向。
指令说明	（1）Δd 表示每次切削深度（半径值），无正负号； （2）e 表示退刀量（半径值），无正负号； （3）ns 表示精加工路线第一个程序段的顺序号； （4）nf 表示精加工路线最后一个程序段的顺序号； （5）Δu 表示 X 方向精加工余量（直径值），车削外轮廓正值，车削加工内轮廓负值； （6）Δw 表示 Z 方向精加工余量； （7）f 为进给量。

【任务实施】

1）工艺分析

（1）圆锥尺寸的计算

任务给出圆锥小端直径 d 为 $\phi 22$ mm，圆锥长度 L 为 20 mm，锥度为 3∶10，需计算出大端直径才能进行程序编制，大端直径 $D = d + LC = 22 + 20 \times 0.3 = 28$ mm。

（2）刀具的选择

车内圆柱面之前用 $\phi 16$ mm 麻花钻刀具进行钻孔。粗精车内圆柱面时分别选用硬质合金焊接式粗、精内孔车刀，内孔车刀的直径以不发生干涉的最大直径为宜。端面加工选用外圆车刀。

（3）零件加工工艺路线的制订

长度有精度要求，进行端面加工。先钻通孔，再粗、精加工内孔，并保证精度要求。具体加工工艺过程见表 4-3-3。

（4）尺寸精度计算

编程中使用尺寸的中间值。$\phi 24^{+0.1}_{0}$ 的尺寸中间值 = (24.0+24.1)/2 = 24.05 mm。

（5）切削用量的选择

工件材料为 45 钢，需考虑端面加工，粗、精加工内圆柱面、钻孔等切削用量，具体数值见表 4-3-3。

表 4-3-3　圆锥孔轴套零件加工工艺

工序	定位	工部序号及内容	刀具及刀号	主轴转速 $n/(\text{r} \cdot \text{min}^{-1})$	进给量 $f/(\text{mm} \cdot \text{r}^{-1})$	背吃刀量 a_{p}/mm
车削加工	夹住工件左端，伸出 25 mm 左右	1. 手动钻孔	麻花钻，$\phi 16$	400	0.2	8
		2. 端面车削	端面车刀，T01	800	0.2	2~3
		3. 粗车内孔	镗孔车刀，T02	600	0.2	2~3
		4. 精车内孔	镗孔车刀，T02	800	0.1	0.5

2）编制程序

（1）车削端面

车削端面程序，见表 4-3-4。

表 4-3-4　车削端面程序

程序	说明
O0101；	程序名
T0101；	建立工件坐标系
M03 S800；	主轴反转，转速为 800 r/min
G00 X45. Z2.；	快速定位
G94 X10. Z0. F0.2；	车削循环
G00 X100. Z100.；	车削循环
M05；	主轴停
M30；	程序结束

（2）粗、精车内孔

粗、精车内孔程序，见表 4-3-5。

表 4-3-5　粗、精车内孔程序

程序	说明
O0002；	程序名
T0202；	
M03 S600；	
G00 X0 Z5.0；	
G00 X14. Z2.；	
G71 U1. R1.；	
G71P10 Q20 U−0.5 W0 F0.2；	
N10 G00 X28. Z2.；	
G01 Z0. F0.1；	
X22. Z−20.；	粗车内孔
Z−28.；	
X18.；	
Z−42.；	
N20 G01 X14.；	
G00 X100. Z100.；	
M05；	

续表

程序	说明
M00；	暂停,测量尺寸
T0202；	
M03 S800；	
G00 X0 Z5.；	
G00X14. Z2.；	精车内孔
G70P10Q20F0.1；	
G00X100. Z100.；	
M05；	
M30；	

3)程序调试与仿真加工

程序调试与仿真加工步骤,见表4-3-6。

表4-3-6　仿真加工步骤

步骤	图例	说明
（1）机床选择	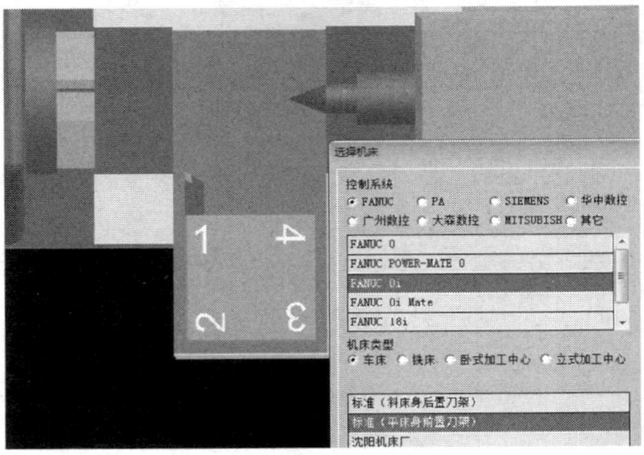	数控车床: 　FANUC 0i 控制系统 刀架类型: 　前置刀架
（2）毛坯准备	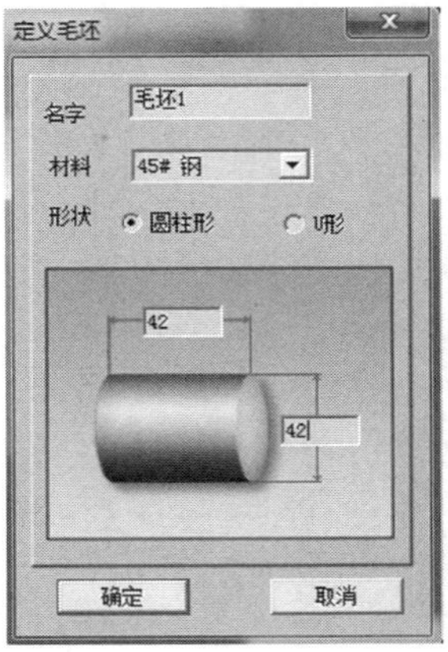 	毛坯尺寸: 　$\phi42$ mm×42 mm

步骤	图例	说明
（3）刀具安装		选择刀位： T01 刀位：外圆车刀 T02 刀位：镗孔车刀 尾座：安装钻头
（4）对刀操作		试切法、测量法完成对刀操作，设置参数
（5）程序调试		手动输入或 DNC 传送程序并调试修改
（6）轨迹检查		验证程序，对图形轨迹状态进行演示 （注：只提供部分程序刀具轨迹）

续表

步骤	图例	说明
（7）仿真加工	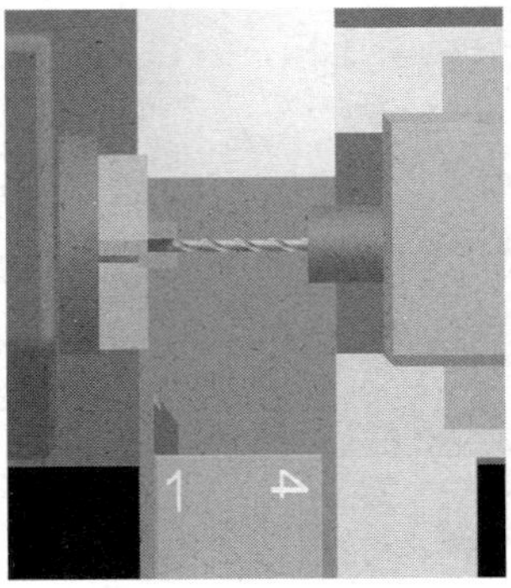 （1）手动钻孔 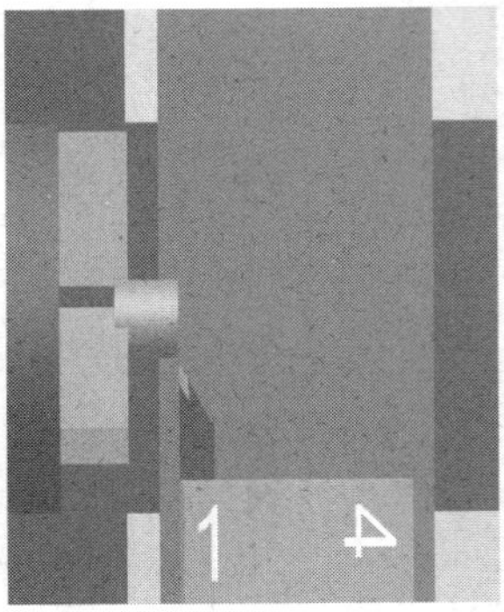　　（2）车削端面 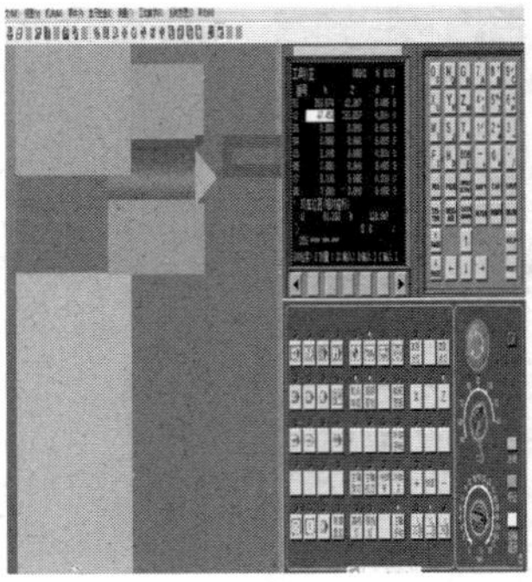 （3）粗车内孔 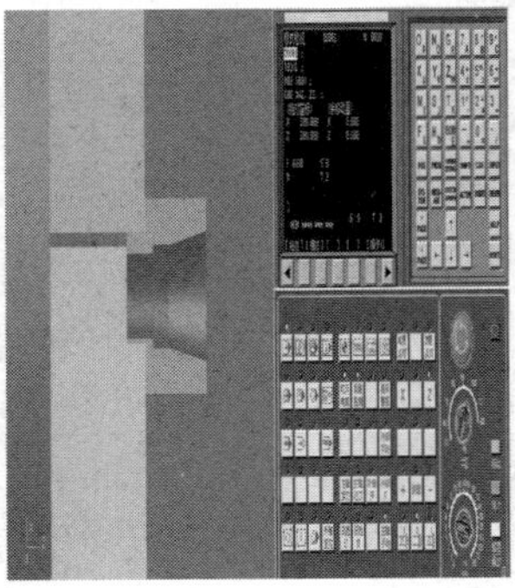　　（4）精车内孔	刀具回零,仿真加工

【任务拓展】

使用 FANUC 0i 系统数控车床,加工如图 4-3-4 所示零件,材料为 45 钢,毛坯尺寸为 ϕ40 mm×45 mm。

该零件的外圆柱面、内圆柱面、内圆锥表面质量要求均较高,且圆锥孔底有台阶面,应粗、精车分开进行。内锥孔车刀应选择主偏角大于或等于90°的车刀,内孔直径较小,切削用量应选择较小。粗车采用分层切削或用毛坯切削循环指令加工,位置精度只能采用互为基准方式来保证。

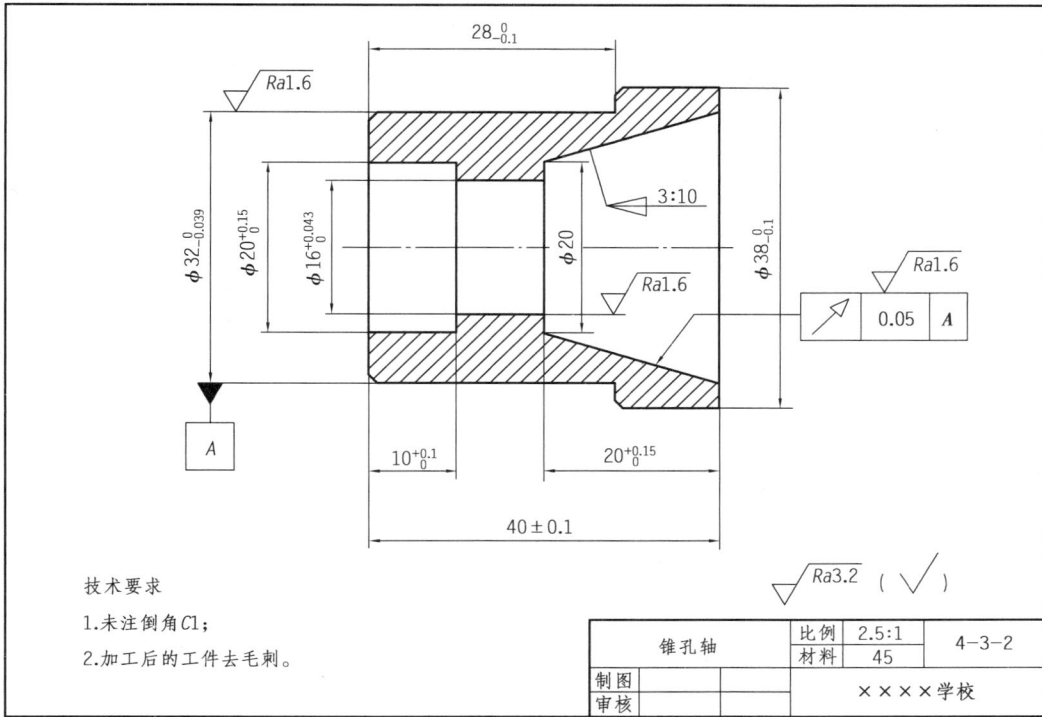

图4-3-4　任务拓展零件图

技术要求

1.未注倒角C1;

2.加工后的工件去毛刺。

锥孔轴	比例	2.5:1	4-3-2
	材料	45	
制图			××××学校
审核			

【评价反馈】

任务评价,见表4-3-7。

表4-3-7　任务评价表

评分项目		评分标准或要求	配分	评价方式			得分
				自评20%	互评30%	师评50%	
职业技能	工艺制订	选择装夹与定位方式	10				
		选择刀具	10				
		选择合理的切削用量	10				
	程序编制	编程坐标系选择正确	10				
		指令使用与程序格式正确	10				
		程序输入与校验	10				
职业素养	学习意识	学习态度认真、主动性较强	10				
		能够根据材料自学、进行课前预习	10				
	合作意识	与组员合作融洽,帮助他人完成任务	5				
		具有良好的沟通、协作、组织能力	5				

续表

评分项目		评分标准或要求	配分	评价方式			得分
				自评20%	互评30%	师评50%	
职业素养	规范意识	理实一体教室环境卫生维护	5				
		多媒体教学设备维护	5				
总配分			100 分	总得分			

说明:教师就单个项目、活动或任务设计评分量表,可任意组合自评、互评、师评等评价方式,设置不同评价方式的权重并量化评价维度,明确评价具体要求。

【每课一练】

一、判断题

(   )1. FANUC 0i 系统,执行 G54 G90 G00 X0 Z0;语句后,刀具所在位置为机床坐标系的原点。

(   )2. FANUC 0i 系统的 G 代码 A 类中,G90 指令的功能是内外圆一次固定循环。

(   )3. FANUC 0i 系统的 G 代码 A 类中,G94 指令的功能是螺纹一次固定循环。

(   )4. FANUC 0i 系统中,G94 X50.0 Z-40.0 R2.0 F0.4;语句所加工锥面的起点 Z 坐标为 Z-38.。

(   )5. 数控车刀微量磨损后,主要修改刀尖半径补偿的参数。

二、单选题

1. FANUC 0i 系统的 G 代码 A 类中,G90 X50.0 Z-40.0 R2.0 F0.4;语句所加工圆锥的起点直径坐标为(   )。

A. X54.　　　　　　B. X52.　　　　　　C. X48.　　　　　　D. X46.

2. FANUC 0i 系统的 G 代码 A 类中,G90 X50.0 Z-40.0 R-2.0 F0.4;语句所加工圆锥的起点坐标为(   )。

A. X54.　　　　　　B. X52.　　　　　　C. X48.　　　　　　D. X46.

3. 数控车床刀尖圆弧,在加工圆锥时,(   )不会产生误差。

A. 圆锥角　　　　　　　　　　　　B. 圆锥长度

C. 圆锥起点直径　　　　　　　　　D. 圆锥终点直径

4. 数控车床刀尖圆弧,在加工圆锥和圆弧时产生加工误差的主要原因是刀具的刀位点(   )。

A. 没有设定在刀具上　　　　　　　B. 没有设定在刀尖圆弧中心

C. 与实际切削点不一致　　　　　　D. 方位太多

5. FANUC 0iT 系统的 G 代码 A 类中,G94 X50.0 Z-40.0 R2.0 F0.4;语句所加工锥面的起点 Z 坐标为(   )。

A. Z-38.　　　　　　B. Z-40.　　　　　　C. Z-42.　　　　　　D. Z-44.

项目 **5**
槽类零件车削编程与调试

【项目导入】

  轴类零件表面上有各种类型的槽,如直槽、V(梯)形槽、圆弧槽等,如图 5-0-1 所示,主要用作螺纹退刀槽、砂轮越程槽、密封槽、冷却槽等,精度要求不是很高。在数控车床上加工这类零件时,主要考虑如何选择切槽刀、进刀方式、切削用量等。本项目以轴类零件为例介绍直槽、矩形槽、V 形槽的数控编程加工方法。

(a)电主轴上槽　　　　　　　　　(b)转轴上槽

图 5-0-1　典型槽类零件

【项目要求】

技能与学习水平:
①能合理选择槽类零件加工的加工工艺。
②能合理选择车槽或切断刀具。
③能对槽类零件的加工误差进行分析。
④能运用各种指令进行编制槽类零件加工程序。
⑤能使用仿真软件粗、精加工加工槽类零件并检测工件。
知识与学习水平:
①简述外切槽刀对刀原理及方法。
②说出延时指令 G04 格式、功能及使用方法。
③说出外圆切槽复合循环 G75 格式、功能及使用方法。

④选择槽类零件刀具及确定切削用量。

⑤制订槽类零件加工工艺卡片、刀具选择卡片。

任务 5.1　直槽车削编程与调试

关键词	外沟槽	工艺参数	刀位点
	切削用量	暂停时间	基点计算

【任务描述】

零件如图 5-1-1 所示，毛坯尺寸为 $\phi50$ mm×100 mm，材料为 45 钢。要求选择合适的走刀路线及刀具，确定工艺参数，用所学指令 G00、G01、G04 编写零件加工程序，并在仿真软件中调试程序。

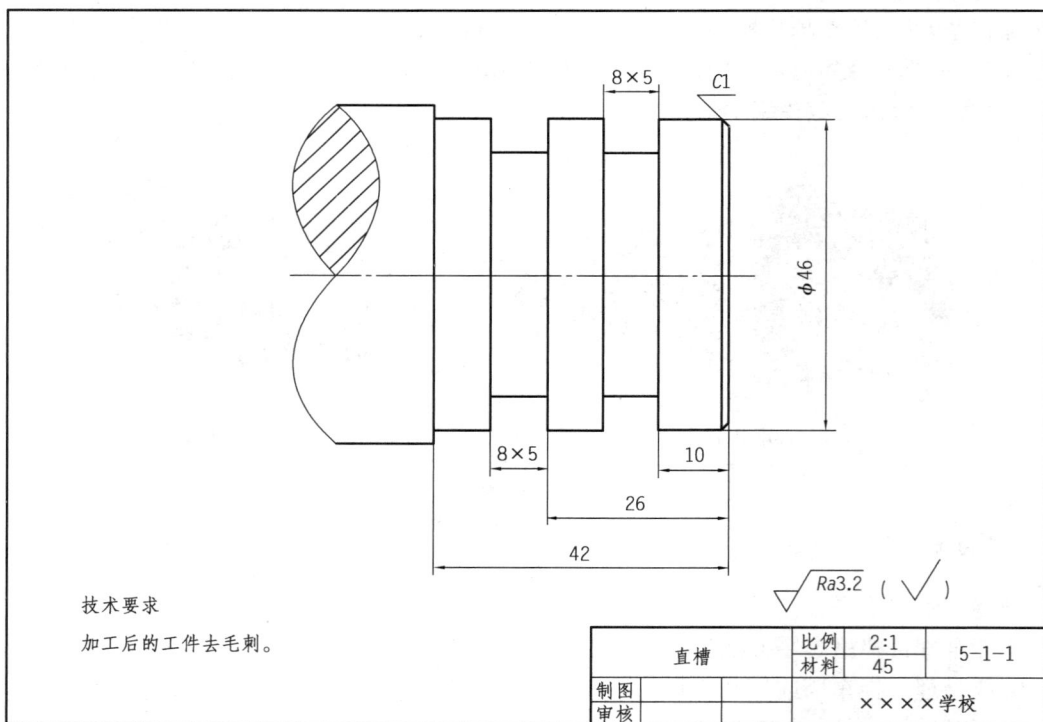

图 5-1-1　零件图

【学习要点】

①掌握 G04 指令及其应用。

②能合理选择槽加工或切断刀具。

③熟悉槽加工工艺。

【相关知识】

1）槽刀及切削参数

在数控车床上加工槽,主要考虑切槽刀具、进刀方法、切削用量等工艺知识及相关编程知识。

（1）外切槽刀及选用

常见外切槽刀及加工特点,见表5-1-1。

表5-1-1　常见外切槽刀及加工特点

切槽刀种类	结构图形	加工特点
整体式		由高速钢刀条刃磨而成,切削速度较低,效率较低,易折断,常用于有色金属、塑料等材料加工,也可用于钢、铸铁加工。为防止折断,可用弹性刀夹夹持。
焊接式		由硬质合金刀片焊接在刀杆上制成,价格较低,但磨损后需重磨,效率低。
可转位式		由专门企业生产,将可转位刀片装夹在刀杆上构成,刀刃磨损后只需将刀片松开转一个位置再夹紧即可继续投入切削,效率高,故数控机床一般都选用可转位式切槽刀进行加工。

切槽或切断中,应确定外切槽刀刀头长度 L 和刀头宽度 a。刀头长度与槽的深度有关,一般按经验公式计算:

$$L=h+(2\sim3)\text{mm}$$

式中　　L——刀头长度,mm;

　　　　H——切入深度,mm。

刀头宽度计算公式为:

$$a=(0.5\sim0.6)\text{mm}$$

式中　　a——刀头宽度,mm;

　　　　D——待加工表面直径,mm。

加工槽宽小于5 mm 槽,刀头宽度取槽宽尺寸。

（2）切窄直槽的进、退刀方法

切窄直槽的进、退刀方法与切断工件时的进、退刀方法相同,采用一次进给切入、切出,如图5-1-2 所示。

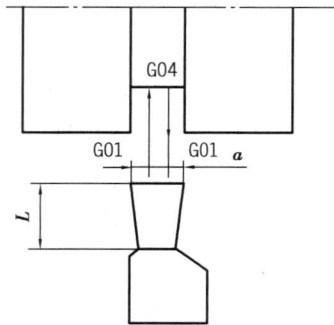

图 5-1-2　窄槽进退刀方式

（3）切槽的切削用量

切槽切削用量选择主要考虑工件材成料、刀具类型、工艺系统刚性及表面粗糙度等因素，因切槽刀窄而长，刀具强度低，易折断，故切削用量相对较小。

①选择背吃刀量。

当槽宽 $b<5$ mm 时，切槽刀刀头宽度等于槽宽，背吃刀量为刀头宽度；切宽槽时，用小于 5 mm 切槽刀分次车削加工，精车槽侧及槽底的背吃刀量（精车余量）取 0.1～0.3 mm。

②选择进给量。

切槽进给量选择较小值，因为当切槽刀越切入槽底，排屑越困难，切屑易堵在槽内，应增大切削力。一般粗车进给量为 0.08～0.1mm/r，精车进给量为 0.05～0.08 mm/r。

③选择切削速度。

切槽时切削速度不宜太低。随着切槽的深入，切削速度越来越小，切削力也相应增大，刀具易折断。此外，切削速度的选择还应考虑刀具性质。一般情况下，采用高速钢切槽刀及焊接式切槽刀时主轴转速一般为 200～300r/min，采用可转位切槽刀时主轴转速为 300～400r/min。

2）指令介绍

（1）暂停指令 G04（表 5-1-2）

表 5-1-2　暂停指令格式及说明

指令格式	G04　X_____； 或 G04　U_____； 或 G04　P_____； G04 指令格式及原理动画
指令功能	G04 指令可使程序执行到出现该指令的程序段时暂停。如车槽加工时，为使槽底圆整光滑，可采用该指令。
指令说明	X、U、P 指定延时时间，X（U）表示延时，单位为秒；P 表示延时，单位为毫秒。

（2）编程举例

[**例 5-1-1**]　加工该零件槽，如图 5-1-3 所示。用 G00、G01、G04 指令编写精加工程序，见表 5-1-3。

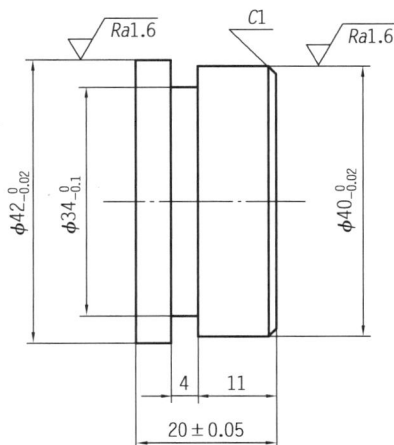

图 5-1-3　槽加工零件图

表 5-1-3　槽加工程序

程序	说明
O0002;	程序名
T0202;	调用 2 号刀具 2 号刀补
M03 S500;	主轴正转,转速为 500 r/min
G00 X45. Z−15. ;	快速至换刀点
G01 X34. F0.05;	切槽
G04 X2.0;	
G00 X45.0;	
G00 X100. Z50. ;	返回参考点
M05;	主轴停转
M30;	程序结束

【任务实施】

本任务中两个窄槽处于同一个台阶面上,为方便加工,选用刀头宽度相同的切槽刀。宽槽分几次粗车,最后再精车完成。此外,切槽前还需要完成相应的外圆表面车削。

1)工艺分析

(1)选择刀具

加工外圆、端面选用硬质合金外圆车刀或可转位车刀;切槽选用宽度为 5 mm 硬质合金焊接式切槽刀或可转位切槽刀。

(2)确定车削零件工艺路线

加工时,夹住毛坯外圆,车工件端面、外圆,然后分别加工两个槽。车削工艺见表 5-1-4。

表 5-1-4 直槽加工工艺

工序	工序内容	刀具及刀号	转速 $n/(\text{r} \cdot \text{min}^{-1})$	进给量 $f/(\text{mm} \cdot \text{r}^{-1})$	背吃刀量 a_p/mm
车削 加工	粗车 $\phi46$ mm 外圆	外圆车刀,T01	600	0.2	2
	精车 $\phi46$ mm 外圆	外圆车刀,T01	800	0.1	0.3
	切 2 个 8 mm×5 mm 槽	切槽刀,T02	350	0.08	4
	倒角 $C1$	45°车刀,T03	600	0.15	手动

（3）选择切削用量

粗、精车外圆切削用量同前面任务,切槽主要考虑转速和进给量大小,转速选择 350 r/min,进给量选择 0.08 mm/r。

2）编制程序

本任务只提供槽加工参考程序,见表 5-1-5。

表 5-1-5 槽加工参考程序

程序	说明
O0002;	程序名
T0202;	调用 2 号刀具 2 号刀补
M03 S350;	主轴正转,转速为 350 r/min
G00 X50.0 Z−15.0;	快速至换刀点
G01 X36.0 F0.1;	切槽 1
G04 X2.0;	
G00 X50.0;	
Z−18.0;	
G01 X36.0 F0.1;	
G04 X2.0;	
G00 X50.0;	
Z−31.0;	切槽 2
G01 X36.0 F0.1;	
G04 X2.0;	
G00 X50.0;	
Z−34.0;	
G01 X36.0 F0.1;	
G04 X2.0;	
G00 X50.0;	

程序	说明
G00 X100.0;	返回参考点
Z100.0;	
M05;	主轴停止
M30;	程序结束

3）程序调试与仿真加工

程序调试与仿真加工步骤，见表 5-1-6。

表 5-1-6　仿真加工步骤

步骤	图例	说明
（1）机床选择	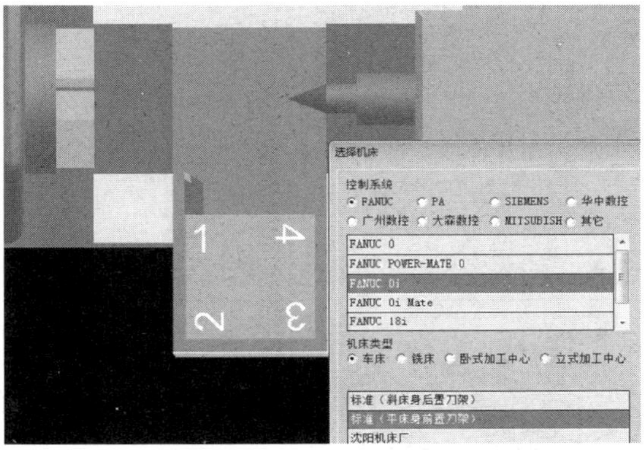	数控车床： 　FANUC 0i 控制系统 刀架类型： 　前置刀架
（2）毛坯准备	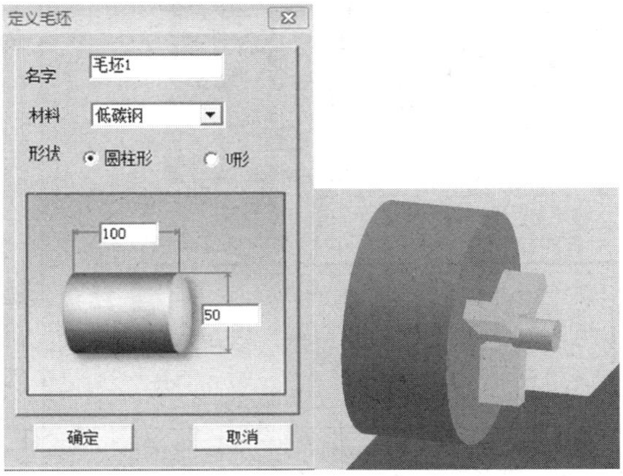	毛坯尺寸： 　ϕ50 mm×100 mm

续表

步骤	图例	说明
（3）刀具安装		选择刀位： T01 刀位：外圆车刀 T02 刀位：切槽车刀 尾座：安装钻头
（4）对刀操作		试切法、测量法完成对刀操作，设置参数
（5）程序调试		手动输入或 DNC 传送程序并调试修改
（6）轨迹检查		验证程序，对图形轨迹状态进行演示 （注：只提供部分程序刀具轨迹）
（7）仿真加工		刀具回零，仿真加工

【任务拓展】

外沟槽零件如图 5-1-4 所示,毛坯尺寸为 $\phi 50$ mm×80 mm,材料为 45 钢。分析零件加工工艺,编制加工程序并在数控车床上完成加工。

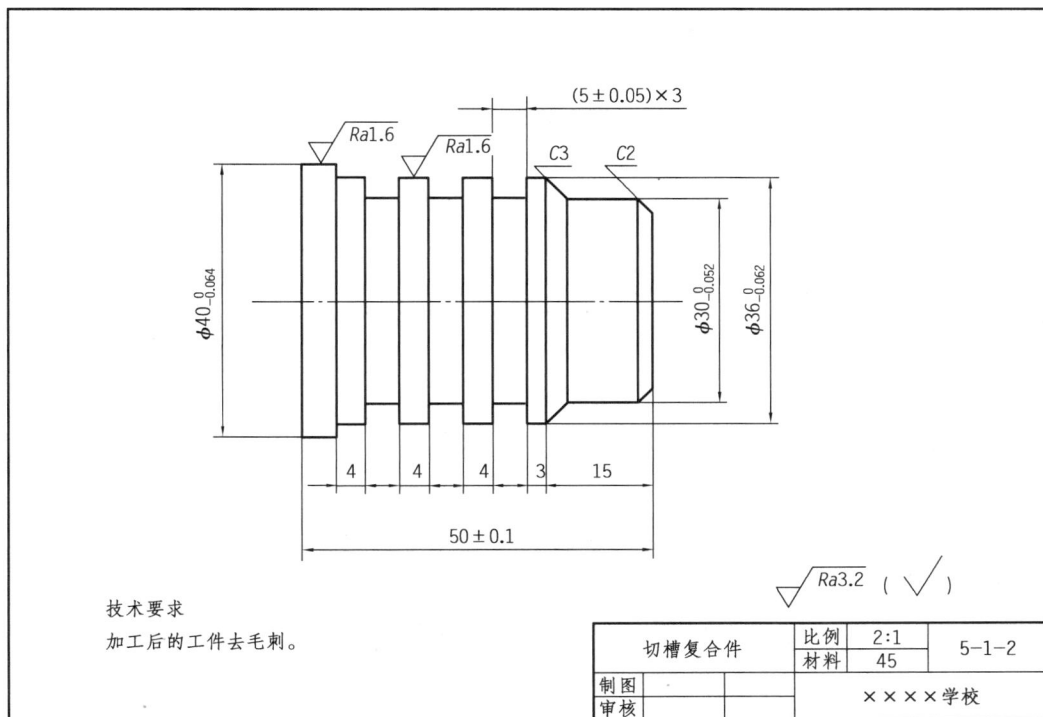

图 5-1-4　切槽复合练习件

【评价反馈】

任务评价,见表 5-1-7。

表 5-1-7　任务评价表

评分项目		评分标准或要求	配分	评价方式			得分
				自评 20%	互评 30%	师评 50%	
职业技能	技能实操	加工路线制订正确	10				
		切削用量选择合理	10				
		刀具选择合理	10				
		2 个 8 mm×5 mm 槽	20				
		外轮廓尺寸 $\phi 46$ mm	15				
		倒角 C1	5				

续表

评分项目		评分标准或要求	配分	评价方式			得分
				自评20%	互评30%	师评50%	
职业素养	学习意识	学习态度认真、主动性较强	5				
		能够根据材料自学、进行课前预习	5				
	合作意识	与组员合作融洽,帮助他人完成任务	5				
		具有良好的沟通、协作、组织能力	5				
	规范意识	理实一体教室环境卫生维护	5				
		多媒体教学设备维护	5				
总配分			100 分	总得分			

说明:教师就单个项目、活动或任务设计评分量表,可任意组合自评、互评、师评等评价方式,设置不同评价方式的权重并量化评价维度,明确评价具体要求。

【每课一练】

一、判断题

( )1. 切槽刀可以应用于加工外螺纹。

( )2. 切断时不允许采用两顶尖装夹的方法。

( )3. 宽而不深的内沟槽可以先用镗孔刀车出凹槽后再用内切槽刀车出沟槽。

( )4. 数控机床一般由输入输出设备、数控装置、伺服系统、机床本体组成。

( )5. 绝对坐标系中坐标值一般为负,相对坐标系中坐标值为正。

二、单选题

1. 数控车床上,车槽切断刀一般不能加工( )。

A. 矩形槽　　　　　B. U 形槽　　　　　C. 尖底 V 形槽　　　　D. 梯形槽

2. 宽 3 mm 内切槽刀加工-5 mm 宽的内沟槽,正确的加工方法(槽底与两侧不留余量)是 X 向切到槽底后( )。

A. Z 向进给 5 mm

B. Z 向进给 2 mm

C. 提刀后 Z 向移动 5 mm,再 X 向切到槽底

C. 提刀后 Z 向移动 2 mm,再 X 向切到槽底

3. 加工直径为 40 ~ 50 mm 的端面槽,则端面槽刀宽度最大可以为( )。

A. 4 mm　　　　　B. 6mm　　　　　C. 8 mm　　　　　C. 10 mm

4. 数控机床工作时,当发生任何现象需要紧急处理时应启动( )。

A. 暂停功能　　　　　　　　　　B. 程序停止功能

C. 急停功能　　　　　　　　　　D. 直接关掉电源

5. 通常数控系统除直线插补外还有(　　　)。

A.圆弧插补　　　　B.抛物线插补　　　　C.正弦插补　　　　D.二次曲线插补

任务 5.2　矩形槽车削编程与调试

关键词	径向切槽复合循环指令(G75)	退刀量	循环起点
	加工参数	增量值	基点计算

【任务描述】

如图 5-2-1 所示宽槽零件,毛坯尺寸为 φ60 mm×100 mm,零件材料为 45 钢。现要求用 5mm 宽的切槽刀进行图中槽的加工。试选择合适的走刀路线及刀具,确定工艺参数,编写零件加工程序,并在仿真软件中调试程序。

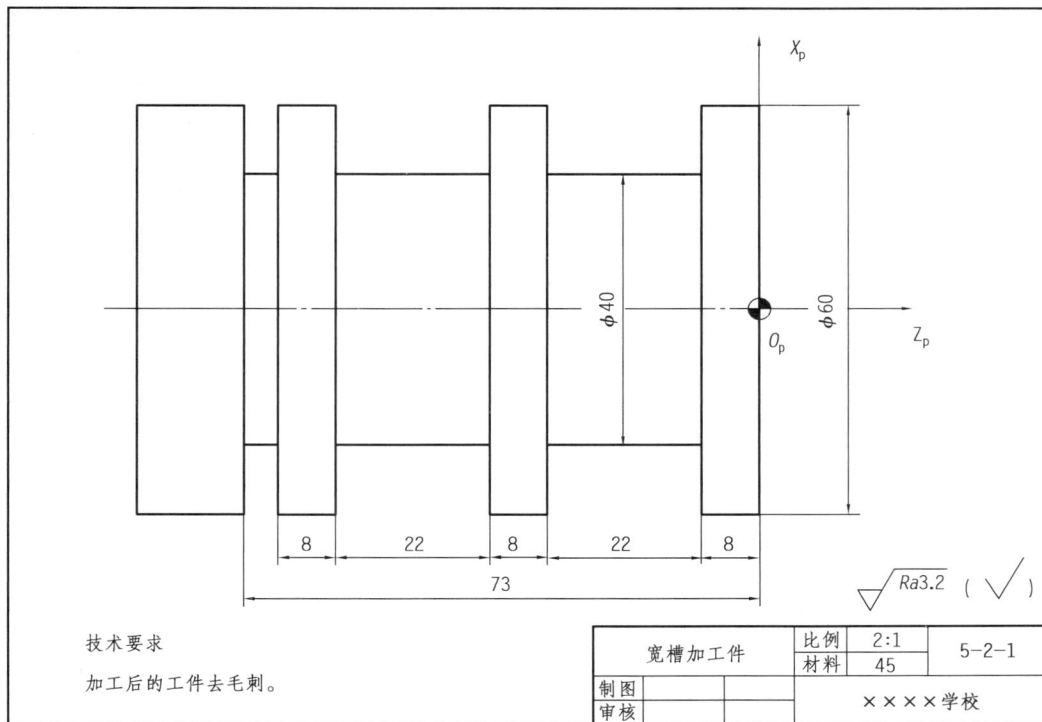

图 5-2-1　宽槽加工零件图

【学习要点】

①掌握 G75 指令的应用。

②掌握矩形槽加工的类型。

③能合理选择宽槽加工参数。

【相关知识】

1）直槽的进刀及量具

（1）切宽直槽的进刀方法

用切槽刀沿横向多次粗车，槽侧和槽底留精车余量，最后精车槽侧和槽底，如图 5-2-2 所示。

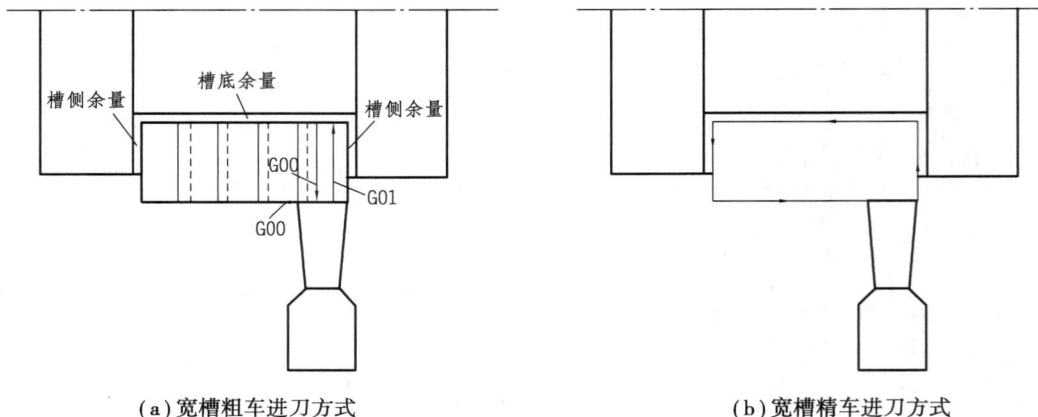

（a）宽槽粗车进刀方式　　　　　　　　（b）宽槽精车进刀方式

图 5-2-2　宽槽进给方式

（2）测量槽尺寸的量具

外槽的尺寸主要有槽的宽度和槽底直径（或槽深）。槽宽根据精度高低可选用钢尺、游标卡尺、样板、内测千分尺等量具。槽底直径选用游标卡尺、外径千分尺或样板等量具，V 形槽角度选用样板或角度尺测量。

2）指令介绍

（1）径向切槽复合循环指令 G75（表 5-2-1）

表 5-2-1　径向切槽复合循环指令 G75 格式及功能

指令格式	G75　Re_； G75　X(U)_ Z(W)_ PΔi　QΔk　RΔd　Ff_；
指令功能	适用于外圆或内孔直槽的断续切削。
指令说明	（1）e：退刀量，无正负号。 （2）X_Z_：循环终点 D 的绝对坐标值。 （3）U_W_：循环终点 D 相对于循环始点 A 增量坐标值。 （4）Δi：X 轴方向移动量，无正负号。（以无小数点形式表示，如 P3.0 应写成 P3000）

续表

指令说明	（5）ΔK：Z 轴方向移动量，无正负号。（以无小数点形式表示，如 Q2.0 应写成 Q2000） （6）Δd：在切削底部刀具退回量。（一般取零，R 为零可不写，以无小数点形式表示） （7）F：进给速度。
指令动作	 G75 指令格式及原理动画
注意事项	应用 G75 指令，如果使用的刀具为切槽刀，该刀具有两个刀尖，设定左刀尖为该刀具的刀位点，在编程之前先要设定刀具的循环起点 A 和循环终点 D；如果工件槽宽大于切槽刀的刃宽，则要考虑刀刃轨迹的重叠量，使刀具在 Z 轴方向位移量 Δk 小于切槽刀的刃宽，切槽刀的刃宽与刀尖位移量 Δk 之差为刀刃轨迹的重叠量。

（2）编程举例

[例 5-2-1]　用 G75 编制如图 5-2-3 所示零件的切槽程序。粗精加工由同一把外切槽刀完成，其程序见表 5-2-2。

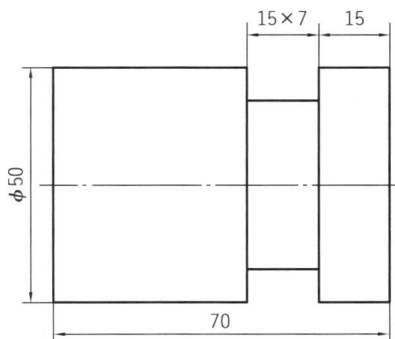

图 5-2-3　G75 指令应用实例

表 5-2-2　G75 指令编程应用示例

程序	说明
O0002；	程序名
T0202；	调用 2 号刀具
M03 S500；	主轴正转
G00 X55. Z−30.；	定位

续表

程序	说明
G75 R0.5;	切槽复合循环
G75 X36.0 Z-19.0 P1500 Q2000;	
G00 X100.;	退刀
Z100.;	
M05;	主轴停止
M30;	程序结束

【任务实施】

本任务为宽槽加工,选用刀头宽度为 4 mm 的切槽刀。宽槽分几次粗车,最后再精车完成。此外,切槽前还需要完成相应的外圆表面车削。

1)工艺分析

(1)选择刀具

加工外圆、端面选用硬质合金外圆车刀或可转位车刀;切槽选用宽度为 4 mm 的硬质合金焊接式切槽刀或可转位切槽刀。

(2)确定车削零件工艺路线

加工时,夹住毛坯外圆,车工件端面、外圆,然后换切槽刀加工宽槽。车削工艺见表 5-2-3。

(3)选择切削用量

粗、精车外圆切削用量同前面任务。切槽主要考虑转速和进给量大小,转速选择 350r/min,进给量选择 0.08mm/r,切削用量见表 5-2-3。

表 5-2-3 宽槽加工工艺

工序	工序内容	刀具及刀号	转速 $n/(\text{r} \cdot \text{min}^{-1})$	进给量 $f/(\text{mm} \cdot \text{r}^{-1})$	背吃刀量 a_{p}/mm
车削加工	(1)粗车 ϕ60 mm 外圆	外圆车刀,T01	600	0.2	2
	(2)精车 ϕ60 mm 外圆	外圆车刀,T01	800	0.1	0.3
	(3)切槽	切槽车刀,T02	350	0.05	10

2)编制加工程序

本任务只提供宽槽加工参考程序,见表 5-2-4。

表 5-2-4 宽槽加工参考程序

程序	说明
O0012;	程序名
T0202;	调用 2 号刀具及刀补,建立工件坐标系
M03 S300;	主轴正转,转速为 300 r/min

续表

程序	说明
M08;	冷却液开
G00 X64.0 Z5.0;	快速定位,靠近工件
Z-73.0;	Z向定位至切槽位
G75 R1.0;	外圆切槽复合循环,退刀量为1 mm(半径)
G75 X40.0 P5000 F0.05;	槽底位置(40,-73),X向每次切削深度为5 mm(半径),进给速度为0.05 mm/r
G00 X62.0 Z-13.0;	快速定位至车槽起点(62,-13),应考虑槽刀宽度5 mm
G75 R1.0;	外圆切槽复合循环,退刀量为1 mm(半径)
G75 X40.0 Z-30.0 P5000 Q4000 F0.05;	槽底位置(40,-30),X向每次切削深度5 mm(半径),Z向的每次切削量为4 mm,进给速度为0.05 mm/r
G00 Z-43.0;	快速定位至车槽起点(62,-43),应考虑槽刀宽度5 mm
G75 R1.0;	外圆切槽复合循环,退刀量1 mm
G75 X40.0 Z-60.0 P5000 Q4000 F0.05;	槽底位置(40,-60),X向每次切削深度5 mm(半径),Z向的每次切削量为4 mm,进给速度为0.05 mm/r
G00 X100.0;	退刀
G00 Z50.0;	
M05;	主轴停止
M09;	冷却液关
M30;	程序结束

3)程序调试与仿真加工

程序调试与仿真加工步骤,见表5-2-5。

表5-2-5 仿真加工步骤

步骤	图例	说明
(1)机床选择		数控车床: 　FANUC 0i 控制系统 刀架类型: 　前置刀架

续表

步骤	图例	说明
（2）毛坯准备		毛坯尺寸： $\phi60$ mm×100 mm
（3）刀具安装		选择刀位： T01 刀位：外圆车刀 T02 刀位：切槽车刀
（4）对刀操作		试切法、测量法完成对刀操作，设置参数
（5）程序调试		手动输入或 DNC 传送程序并调试修改

续表

步骤	图例	说明
（6）轨迹检查		验证程序,对图形轨迹状态进行演示 （注:只提供部分程序刀具轨迹）
（7）仿真加工		刀具回零,仿真加工

【任务拓展】

毛坯为 $\phi 45$ mm×120 mm 的 45 钢,如图 5-2-4 所示,用 G00、G01、G71、G70、G75 等指令编程加工该零件。

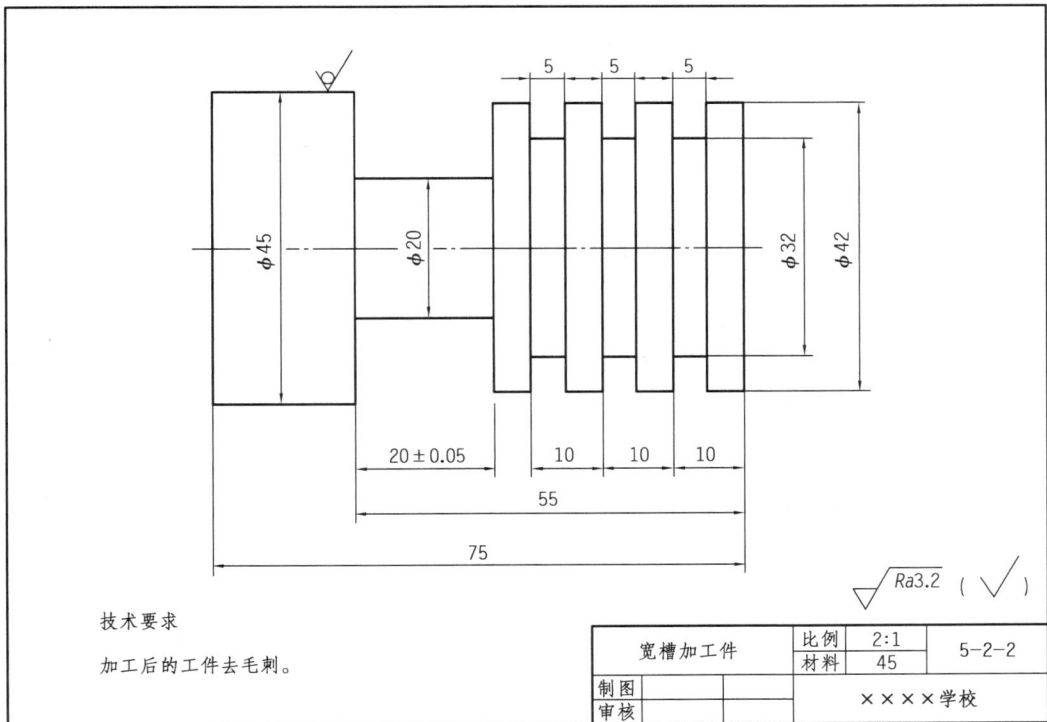

技术要求

加工后的工件去毛刺。

宽槽加工件	比例	2:1	5-2-2
	材料	45	
制图			××××学校
审核			

$\sqrt{Ra3.2}$ $\left(\sqrt{} \right)$

图 5-2-4　零件图

【评价反馈】

任务评价,见表5-2-6。

表5-2-6 任务评价表

评分项目		评分标准或要求	配分	评价方式			得分
				自评20%	互评30%	师评50%	
职业技能	技能实操	加工路线制订正确	10				
		切削用量选择合理	15				
		刀具选择合理	15				
		22 mm×10 mm 槽	10				
		22 mm×10 mm 槽	10				
		5 mm×10 mm 槽	10				
职业素养	学习意识	学习态度认真、主动性较强	5				
		能够根据材料自学、进行课前预习	5				
	合作意识	与组员合作融洽,帮助他人完成任务	5				
		具有良好的沟通、协作、组织能力	5				
	规范意识	理实一体教室环境卫生维护	5				
		多媒体教学设备维护	5				
总配分			100分	总得分			

说明:教师就单个项目、活动或任务设计评分量表,可任意组合自评、互评、师评等评价方式,设置不同评价方式的权重并量化评价维度,明确评价具体要求。

【每课一练】

一、判断题

( )1.一个主程序调用另一个主程序称为主程序嵌套。

( )2.G75 指令只能用于宽槽加工。

( )3.数控车床的刀具补偿功能包含刀尖圆弧半径补偿和刀具位置补偿。

( )4.M03 表示主轴正转启动,M30 表示程序结束。

( )5.G01 指令既可以双坐标联动插补,又可以三坐标联动插补。

二、单选题

1.G75 指令主要用于宽槽的( )。

A.粗加工 　　　　B.半精加工 　　　　C.精加工 　　　　D.超精加工

2.CAM 生成的一个 NC 程序中能包含( )加工操作。

A.1 个 　　　　B.2 个 　　　　C.3 个 　　　　C.多个

3. 数控车刀圆弧刀尖在加工(　　)时会产生加工误差。

A. 端面　　　　　　B. 外圆柱　　　　　　C. 内圆柱　　　　　　C. 圆弧或圆锥

4. 数控车床在开机后,必须进行回零操作,使 X、Z 各坐标轴运动回到(　　)。

A. 机床零点　　　　B. 编程原点　　　　　C. 工件零点　　　　　D. 坐标原点

5. 粗加工时为了提高生产效率,选用切削用量时,应首先选用较大的(　　)。

A. 进给量　　　　　B. 切削深度　　　　　C. 切削速度　　　　　D. 切削厚度

任务 5.3　梯形带轮车削编程与调试

关键词	梯(V)形槽	工艺参数	走刀路线
	直进法	分段法	基点计算

【任务描述】

如图 5-3-1 所示梯形槽零件,毛坯尺寸为 $\phi 85$ mm×37 mm,零件材料为 45 钢,未注倒角 C1。现要求用 4 mm 宽的切槽刀进行图中槽的加工。试选择合适的走刀路线及刀具,确定工艺参数,编写零件加工程序,并在仿真软件中调试程序。

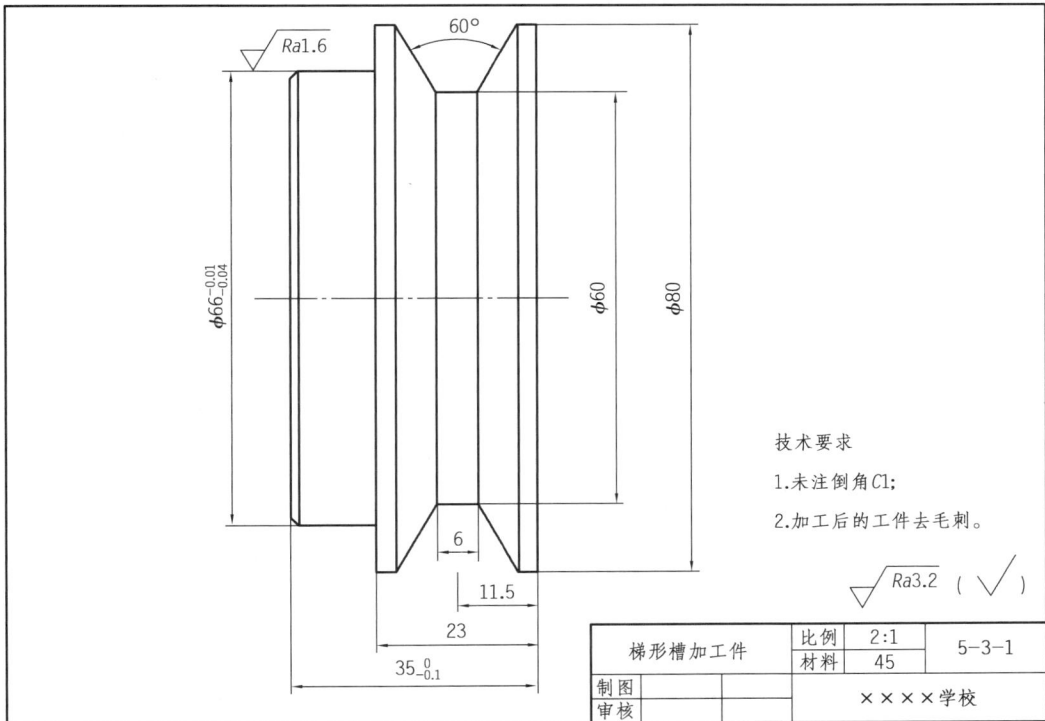

图 5-3-1　零件图

【学习要点】

1. 掌握梯形槽车削加工工艺。

2. 掌握梯形槽车削加工程序编写方法。

3. 掌握梯形槽车削加工方法。

【相关知识】

梯形槽根据槽尺寸大小采用成形槽刀直进法、左右切削法切削。当梯形槽尺寸较小时，用梯形槽刀直进法，如图 5-3-2(a) 所示。梯形槽也可用直槽刀分三次切削完成，第 1 刀车直槽，第 2 刀车右侧 V 形部分，第 3 刀车左侧 V 形部分，如图 5-3-2(b) 所示。

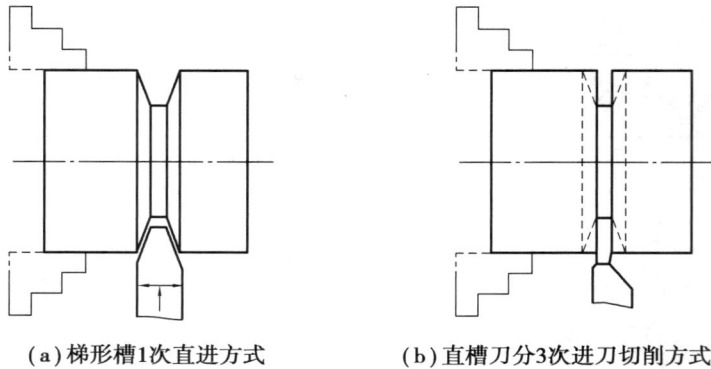

(a)梯形槽1次直进方式   (b)直槽刀分3次进刀切削方式

图 5-3-2   梯(V)形槽进刀方式

【任务实施】

按照图 5-3-1 所示的加工要求，制订加工路线，合理选择刀具和切削参数，编写加工程序仿真加工。

1)工艺分析

(1)车削加工工艺卡片

车削加工工艺卡片见表 5-3-1。

表 5-3-1   工艺卡片

工序名	工序内容	刀号	转速 $n/(\mathrm{r}\cdot\mathrm{min}^{-1})$	进给量 $f/(\mathrm{mm}\cdot\mathrm{r}^{-1})$	背吃刀量 $a_{\mathrm{p}}/\mathrm{mm}$
车削加工	1. 装夹工件，建立工件坐标系				
	2. 粗车左端外轮廓留余量 0.25 mm	1	800	0.2	2
	3. 精车左端外轮廓至尺寸 $\phi66_{-0.040}^{-0.010}$ mm	1	1 000	0.1	0.25
	4. 调头装夹，建立工件坐标，车削长度 $35_{-0.1}^{0}$ mm	1	1 000	0.1	0.25

工序名	工序内容	刀号	转速 $n/(\mathrm{r}\cdot\mathrm{min}^{-1})$	进给量 $f/(\mathrm{mm}\cdot\mathrm{r}^{-1})$	背吃刀量 a_p/mm
车削加工	5. 粗车右端外轮廓（60°梯形槽）留余量 0.25 mm	2	800	0.1	1
	6. 精车右端外轮廓（60°梯形槽）至尺寸	1	1 000	0.08	0.25

（2）刀具选择卡片

刀具选择卡片见表5-3-2。

表 5-3-2　刀具选择卡片

工序	刀具规格及刀号	刀尖圆弧	刀具材料
1	外圆车刀,T01	0.4 mm	P20
2	外切槽刀,T02(刀宽4)		P20

2）编制程序

（1）梯形槽轮廓基点坐标

梯形槽轮廓基点坐标计算见表5-3-3。

表 5-3-3　梯形槽轮廓基点坐标计算

图示	计算过程
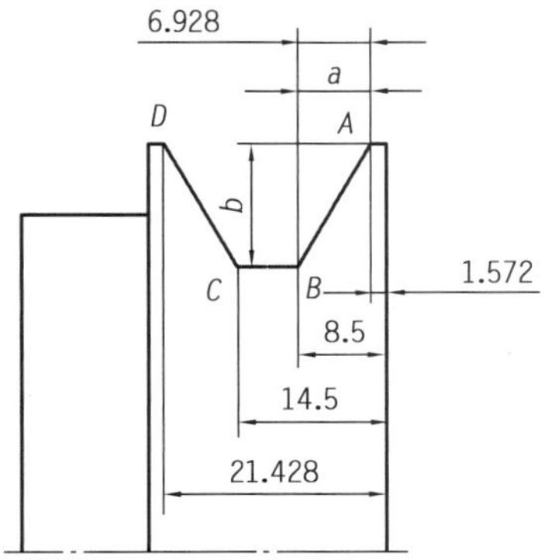	$a = b\times\tan 30° = (80-60)/2\times\tan 30° = 5.774(\mathrm{mm})$ $Az = 11.5-6/2-5.774+4(刀宽) = 6.726(\mathrm{mm})$ $Bz = 8.5+4(刀宽) = 12.5(\mathrm{mm})$ $Cz = 14.5(\mathrm{mm})$ $Dz = 14.5+5.774 = 21.274(\mathrm{mm})$

（2）梯形槽轮廓基点坐标（见表5-3-4）

表 5-3-4　梯形槽轮廓基点坐标

基点	X	Z
A	80	6.726
B	60	12.5

续表

基点	X	Z
C	60	14.5
D	80	21.274

（3）加工程序

右端外梯形槽加工程序见表5-3-5。

表5-3-5　车削零件右端外梯形槽加工程序

程序	说明
O0300；	程序名
T0202；	设置车削参数
M03 S500；	
M08；	
G00 X90.0 Z-14.5；	定位
G75 R1.0；	固定形状加工复合循环指令
G75 X60.0 Z-12.5 P3000 Q1000 R0 F0.1；	
G00 X90.Z-6.726；	粗车梯形槽
G01 X80.0 Z-6.726 F0.1；	
G01 X60.0 Z-12.5；	
G00 X90.0；	
G01 X80.0 Z-21.274 F0.1；	
G01 X60.0 Z-14.5；	
G00 X90.0；	精车梯形槽
G01 X80.0 Z-6.726 F0.08；	
G01 X60.0 Z-12.5；	
G01 X60.0 Z-14.5；	
G01 X80.0 Z-21.274；	
G00 X100.0；	
G00 Z50.0；	
M09；	程序结束
M05；	
M30；	

3）程序调试与仿真加工

程序调试与仿真加工步骤，见表5-3-6。

表 5-3-6　仿真加工步骤

步骤	图例	说明
（1）机床选择	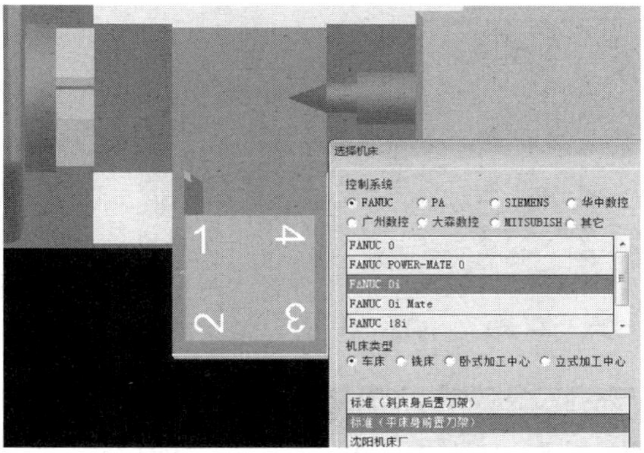	数控车床： 　FANUC 0i 控制系统 刀架类型： 　前置刀架
（2）毛坯准备	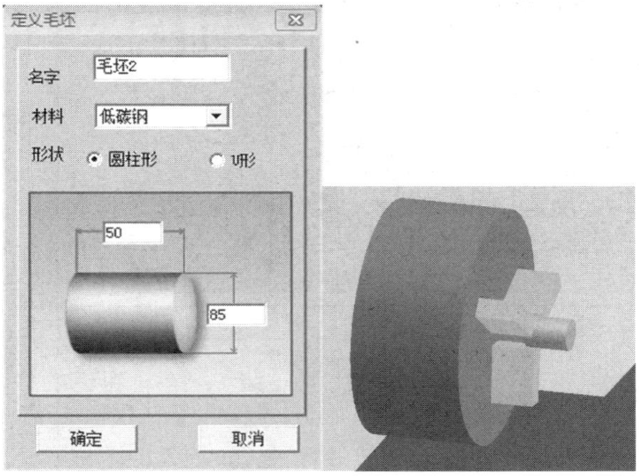	毛坯尺寸： 　$\phi 85$ mm×50 mm
（3）刀具安装	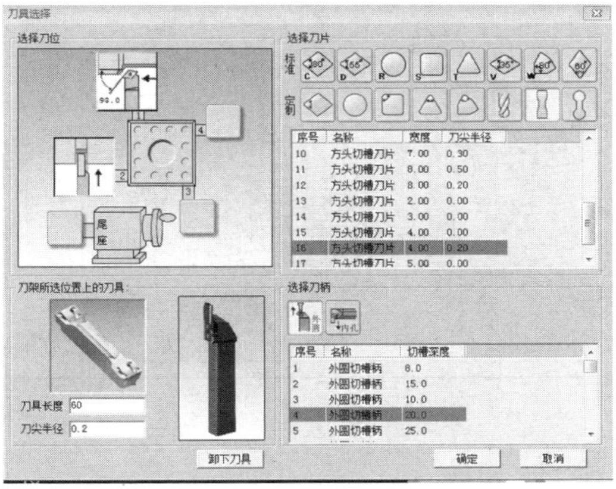	选择刀位： 　T01 刀位：外圆车刀 　T02 刀位：外切槽刀

179

续表

步骤	图例	说明
（4）对刀操作	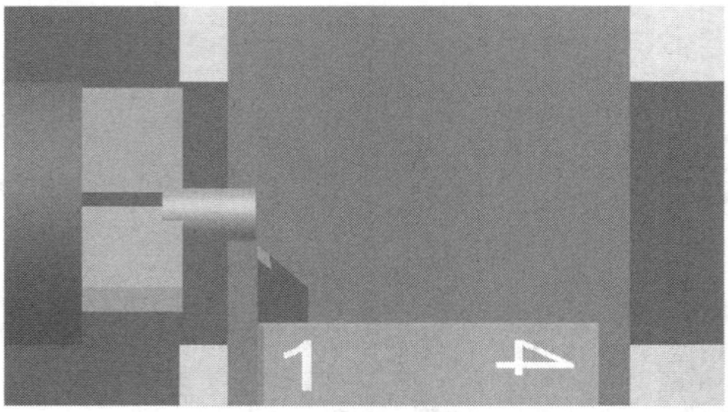	试切法、测量法完成对刀操作，设置参数
（5）程序调试	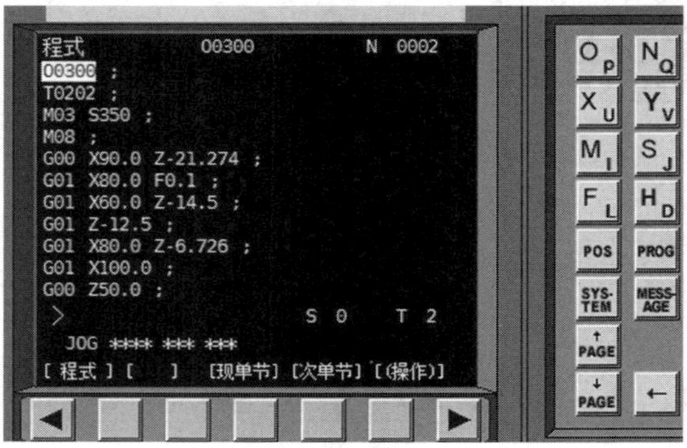	手动输入或 DNC 传送程序并调试修改
（6）轨迹检查	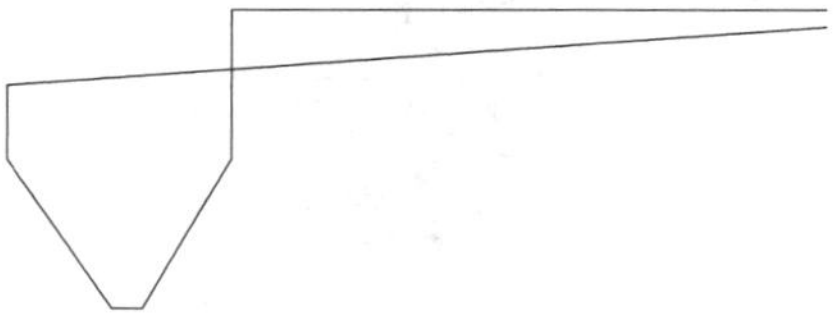	验证程序，对图形轨迹状态进行演示（注：只提供部分程序刀具轨迹）
（7）仿真加工	 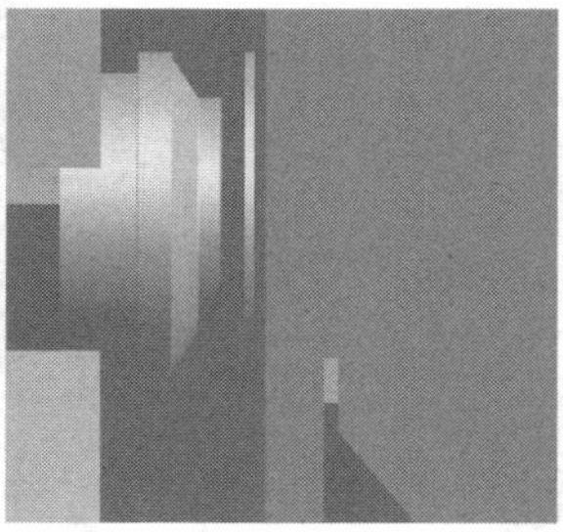	刀具回零，仿真加工

【任务拓展】

在数控机床上加工如图 5-3-3 所示零件，毛坯尺寸为 ϕ50 mm×130 mm，材料为 45 钢，自选刀具完成零件的程序编制。

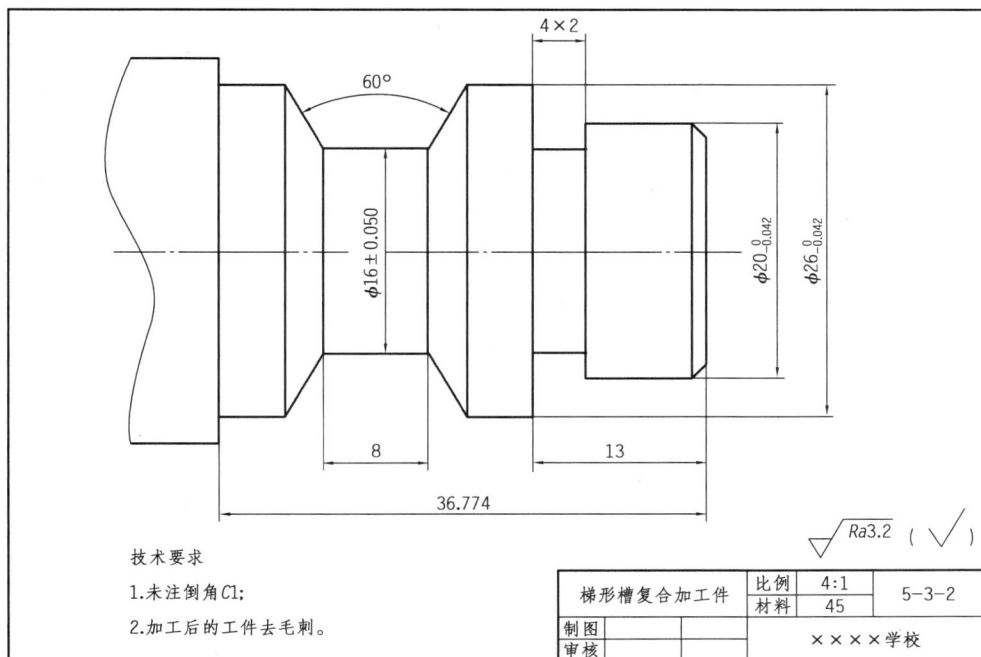

图 5-3-3　零件图

【评价反馈】

任务评价,见表 5-3-7。

表 5-3-7　任务评价表

评分项目		评分标准或要求	配分	评价方式			得分
				自评 20%	互评 30%	师评 50%	
职业技能	技能实操	加工路线制订正确	10				
		切削用量选择合理	10				
		外轮廓尺寸 $\phi66^{-0.010}_{-0.040}$ mm	15				
		车削长度 $35^{0}_{-0.1}$ mm	15				
		梯形槽程序编制	20				
职业素养	学习意识	学习态度认真、主动性较强	5				
		能够根据材料自学、进行课前预习	5				
	合作意识	与组员合作融洽,帮助他人完成任务	5				
		具有良好的沟通、协作、组织能力	5				
	规范意识	理实一体教室环境卫生维护	5				
		多媒体教学设备维护	5				
总配分			100 分	总得分			

说明:教师就单个项目、活动或任务设计评分量表,可任意组合自评、互评、师评等评价方式,设置不同评价方式的权重并量化评价维度,明确评价具体要求。

【每课一练】

一、判断题

（　　）1. 外圆粗车复合循环方式适合于加工棒料毛坯，以去除较大余量的粗加工切削。

（　　）2. 常见沟槽断面形式有直槽、梯形槽、混合槽。

（　　）3. 切断刀主切削刃太宽，切削时容易产生振动。

（　　）4. 切削用量的三要素为背吃刀量、进给量、主轴转速。

（　　）5. 数控机床最适合大批量零件的生产。

二、单选题

1. 某卧式数控车床，前置刀架车削外圆时，刀具向尾架方向进给，如需刀尖圆弧半径补偿，应使用（　　）。

A. G40　　　　　　　　　　　　　　　　B. G41 或 G42，具体根据坐标系判定

C. G42　　　　　　　　　　　　　　　　D. G41

2. 对程序中某个局部需要验证，可采用（　　）。

A. 空运行　　　　　B. 显示轨迹　　　　C. 单步运行　　　　D. 试切削

3. 选择刀具起刀点时应（　　）。

A. 防止刀具刀尖在起始点重合　　　　　　B. 方便工件安装与测量

C. 每把刀具刀尖在起始点重合　　　　　　D. 必须选择工件外侧

4. 闭环进给伺服系统与半闭环进给伺服系统主要区别在于（　　）。

A. 位置控制器　　　B. 检测单元　　　　C. 伺服单元　　　　D. 控制对象

5. 数控车床在操作过程中出现警报，若要消除警报需要按（　　）键。

A. RESET　　　　　B. HELP　　　　　　C. INPUT　　　　　D. CAN

项目 **6**
螺纹零件车削编程与调试

【项目导入】

在各种机器零件中，带有螺纹的零件非常常见，它们的主要作用是连接和传动。直螺纹套筒、膨胀栓、螺纹法兰盘、传动丝杠、锥螺纹连接头，如图6-0-1所示。螺纹的种类非常多，常见螺纹种类有普通螺纹、梯形螺纹、锯齿形螺纹、矩形螺纹等，这些位于回转表面上的螺纹大都是在车床上加工的。本项目以普通三角形圆柱、圆锥螺纹类零件为例介绍常见螺纹的数控程序编制与调试的方法。

 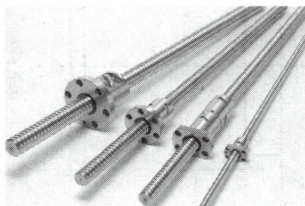 

（a）直螺纹套筒　　　　　　（b）传动丝杠　　　　　　（c）圆锥螺纹连接头

图6-0-1　典型螺纹零件

【项目要求】

技能与学习水平：

①能计算外螺纹参数。

②能正确选择螺纹切削用量。

③能正确选择螺纹刀，并完成对刀。

④能使用仿真软件粗、精加工普通三角外螺纹并检测工件。

⑤能编制外螺纹加工程序。

知识与学习水平：

①简述外螺纹刀对刀原理及方法。

②分析螺纹零件加工工艺。

③选择螺纹零件刀具及确定切削用量。

④制订螺纹零件加工工艺卡片、刀具选择卡片。

⑤简述螺纹切削单一固定循环指令 G92 功能及使用方法。

任务 6.1　外螺纹零件车削编程与调试

关键词	普通螺纹	空刀导入量、导出量	单行程螺纹切削指令（G32）
	螺距	螺纹起点、终点	

【任务描述】

在数控机床上加工图 6-1-1 所示接头件，要求选择合适的走刀路线及刀具，确定工艺参数，编写零件程序并在仿真软件中调试加工。毛坯尺寸为 $\phi40$ mm×50 mm，其中 $\phi40$ mm 的外圆已加工到尺寸。

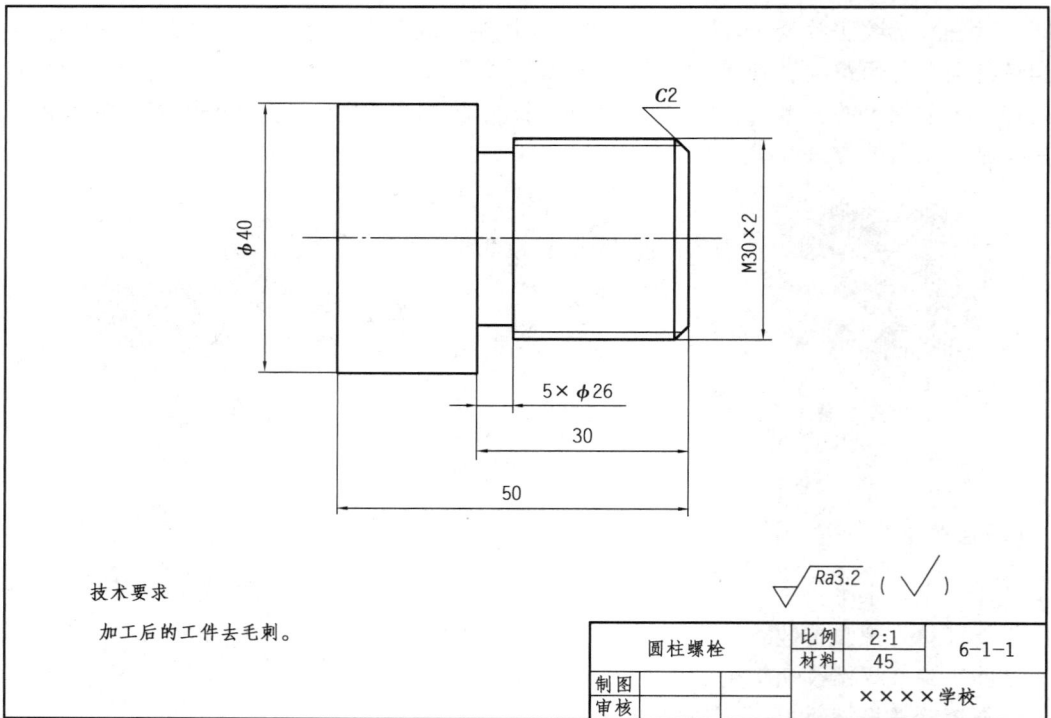

图 6-1-1　圆柱螺栓零件图

【学习要点】

①掌握单行程等螺距螺纹切削指令 G32 及应用。

②会计算普通螺纹参数。

③会制定普通外螺纹的加工工艺。

④会正确选择螺纹刀,会进行外螺纹车刀的对刀。

【相关知识】

圆柱螺栓加工的最主要问题是普通螺纹表面的加工,其公差等级为 6 级,表面粗糙度值为 $Ra3.2~\mu m$。加工时需考虑螺纹参数计算、螺纹车刀选择、进刀方式、切削用量的选择等工艺问题,并掌握螺纹加工指令等编程知识。

1)编程知识点

(1)螺纹加工工艺

螺纹加工是由刀具的直线运动和主轴按预先输入的转速旋转同时运动而形成的。车削螺纹使用的刀具是成形刀具,螺距和尺寸精度受机床精度影响,牙型精度由刀具几何精度保证。

螺纹车削通常需要多次进刀才能完成。由于螺纹刀具是成形刀具,所以其切削刃与工作接触线较长,切削力较大。切削力过大会损坏刀具或在切削中引起振颤,在这种情况下为避免切削力过大可采用侧向切入法,又称为斜进法。一般情况下,当螺距小于 3 mm 时可采用径向切入法,又称为直进法。表 6-1-1 描述了螺纹车削的进刀方法及其特点和应用。

表 6-1-1　切削螺纹进刀方法

进刀方法	图示	特点及应用
直进法	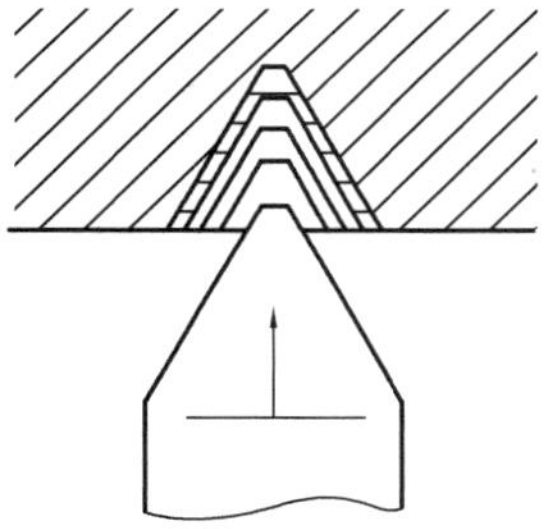	切削力大,易扎刀,切削用量低,牙型精度高,适用于加工 $P<3$ mm 普通螺纹及精加工 $P\geqslant3$ mm 的螺纹
斜进法	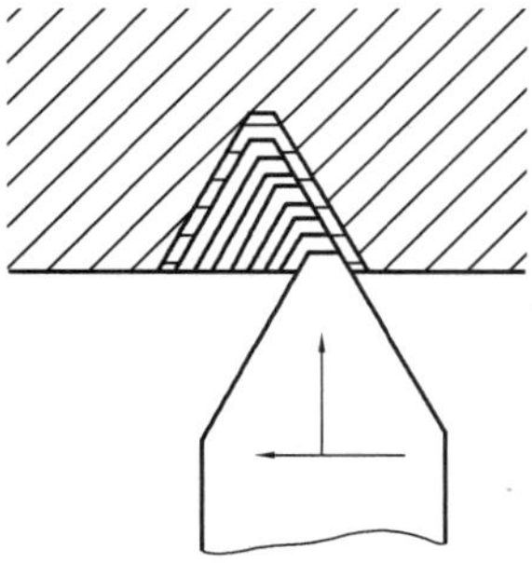	切削力小,不易扎刀,切削用量大,牙型精度低,表面粗糙度大,适用于粗加工 $P\geqslant3$ mm 的螺纹

续表

进刀方法	图示	特点及应用
左右切削法	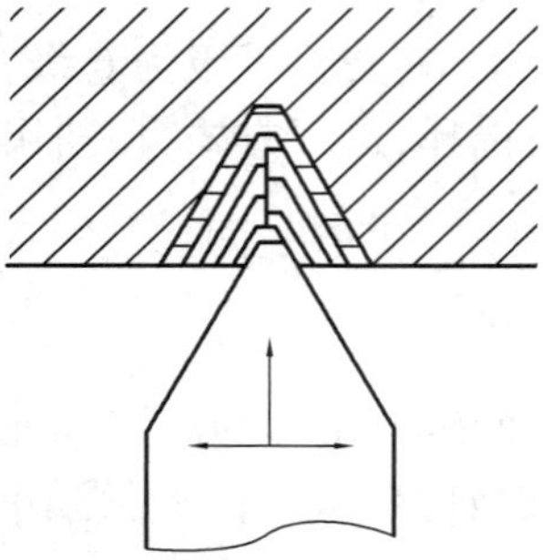	切削力小,不易扎刀,切削用量大,牙型精度低,表面粗糙度值小,适用于 $P \geqslant 3$ mm 的螺纹粗、精加工

（2）普通螺纹的主要参数及计算

①普通螺纹的主要参数及计算公式（表6-1-2）。

表6-1-2　三角形螺纹的主要参数及计算公式

参数名称	符号	计算公式
牙型角	α	60°
螺距	P	由公称直径确定
基本大径	$d(D)$	内（外）螺纹公称直径
基本中径	$d_2(D_2)$	$d_2 = d - 0.649\,5P$，$D_2 = D - 0.649\,5P$
牙型高度	h_1	$h_1 = 0.541\,3P$
基本小径	$d_1(D_1)$	$d_1 = d - 2h_1 = d - 1.082\,5P$，$D_1 = D - 1.082\,5P$
图示	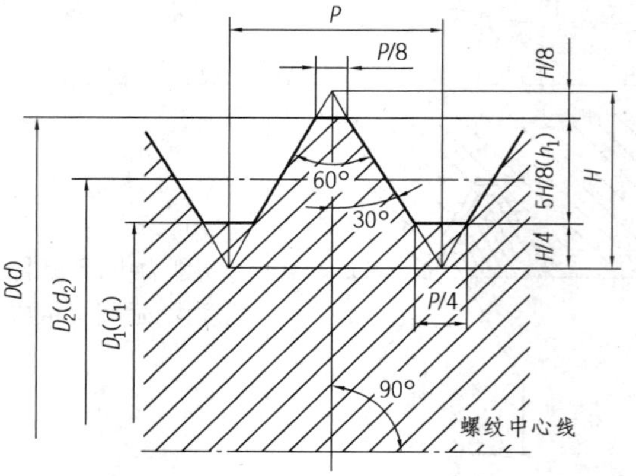	

②普通外螺纹实际加工、编程的相关尺寸计算。

普通外螺纹实际加工和编程涉及尺寸有外螺纹圆柱直径、螺纹牙深、外螺纹小径等,加工中因刀尖圆弧半径、挤压等因素影响,与其理论计算公式略有差别,一般参照经验公式计算,见表6-1-3。

表6-1-3　普通外螺纹尺寸计算

参数名称	符号	计算公式	原因及用途
外螺纹圆柱直径	$d_圆$	$d_圆 = d - 0.1P$	受刀具挤压影响，外径尺寸会胀大，故车外螺纹前圆柱直径应比螺纹大径小 0.2 ~ 0.4 mm，作为车外螺纹前圆柱加工、编程依据
螺纹牙型高度	$h_{1实}$	$h_{1实} = 0.65P$	关系到车螺纹时进刀次数、每次背吃刀量分配等
外螺纹小径	$d_{1实}$	$d_{1实} = d - 2h_{1实} = d - 1.3P$	编程时计算外螺纹牙底坐标

（3）外螺纹车刀与刀片

普通外螺纹车刀刀尖等于螺纹牙型角60°，按结构形式可分为整体式外螺纹车刀、焊接式外螺纹车刀、可转位式外螺纹车刀3种，见表6-1-4。

表6-1-4　外螺纹车刀的种类及使用说明

种类		图例	使用说明
整体式外螺纹车刀		Form - 3 HSS	整体式螺纹车刀由高速钢刀杆刃磨而成，刃口较锋利，常用于低速车螺纹或精车螺纹
焊接式外螺纹车刀			由硬质合金刀片焊接在刀杆上制成，价格较低，常用于高速车螺纹
可转位式外螺纹车刀	螺纹车刀刀体		由专门厂家生产，价格较高，不需重磨，生产效率高，是数控机床上常用螺纹刀具，刀片型号根据螺纹、螺距选择
	螺纹车刀刀片		

（4）普通螺纹车削的进刀次数及背吃刀量的分配

采用直进法进刀，刀具越接近螺纹牙根，切削面积越大；为避免因切削力过大而损坏刀具，每次进刀的背吃刀量应越来越小，如图6-1-2所示。

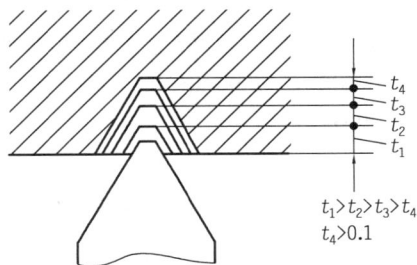

图6-1-2　车螺纹背吃刀量的分配

车削常见螺距的螺纹时,进刀次数及背吃刀量的分配见表6-1-5。

表6-1-5　常见米制螺距的螺纹切削进刀次数及背吃刀量

普通螺纹							
螺距	1.0	1.5	2.0	2.5	3.0	3.5	4
总切削量	1.3	1.95	2.6	3.25	3.9	4.55	5.2
背吃刀量及进给次数(直径值)	1次 0.7	0.8	0.9	1.0	1.2	1.5	1.5
	2次 0.4	0.6	0.6	0.7	0.7	0.7	0.8
	3次 0.2	0.4	0.6	0.6	0.6	0.6	0.6
	4次	0.15	0.4	0.4	0.4	0.6	0.6
	5次		0.1	0.4	0.4	0.4	0.4
	6次			0.15	0.4	0.4	0.4
	7次					0.2	0.4
	8次					0.15	0.3
	9次						0.2

(5)螺纹切削空刀导入量和退出量

由于数控机床伺服系统滞后,主轴加速和减速过程中,会在螺纹切削起点和终点产生不正确的导程。因此,在进刀和退刀时要留有一定的空刀导入量和空刀退出量,即螺纹切削行程要大于实际螺纹长度,如图6-1-3所示。空刀导入量 δ_1 取 2~5 mm;空刀退出量应小于螺纹退刀槽宽度,一般取 $\delta_2 = 0.5\delta_1$。

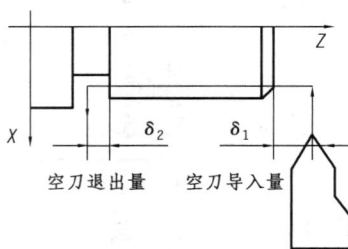

图6-1-3　螺纹加工的空刀导入量和空刀退出量

(6)主轴转速

车螺纹时,主轴转速太低,易产生毛刺;主轴转速太高,挤压变形严重。一般情况下,用高速钢螺纹车刀切削时,主轴转速为 100~150r/min;用硬质合金焊接式螺纹车刀、可转位式螺纹车刀切削时,主轴转速为 300~400r/min。

2)指令介绍

FANUC 0i 系统数控车床车螺纹指令有单行程等螺距螺纹切削指令 G32、螺纹切削单一循环指令 G92 和多重螺纹切削循环指令 G76 等,本任务主要学习 G32、G92 指令。

(1)单行程等螺距螺纹指令 G32

单行程等螺距螺纹指令 G32 格式及参数含义,见表6-1-6。

表 6-1-6　G32 单行程等螺距螺纹指令格式及参数含义

指令格式	G32X(U)__　Z(W)__　F(I)__　J__　K__　Q__;
指令功能	车削等螺距内外直螺纹、锥螺纹和端面螺纹。
指令说明	(1)X、Z:绝对编程时,为有效螺纹终点在工件坐标系中的绝对坐标。 (2)U、W:增量编程时,为有效螺纹终点相对于螺纹切削起点的增量坐标。 (3)F:指定螺纹导程,为主轴转一圈长轴的移动量。F 值指定执行后保存有效,直至再次执行给定螺纹螺距的 F 代码。 (4)Q:指定螺纹切削起始角(车多线螺纹用,若车双线螺纹,车第一条螺旋线值设为 0,车第二条螺旋线值设为 180)。
使用说明	(1)螺纹切削起点与终点的 X 坐标一致,即车圆柱螺纹时 X 坐标不变。 (2)螺纹切削中进给速度倍率无效,被固定在 100%。 (3)螺纹切削中,主轴倍率无效,被固定在 100%。 (4)螺纹切削中,进给暂停功能无效。 G32 指令格式及原理动画
指令动作	 前置刀架	螺纹导程为 4 mm,$\delta_1 = 3$ mm;$\delta_2 = 1.5$ mm,切削深度为 1 mm(直径编程)。 绝对坐标编程: N30 G00 X38.0 Z93.0; N40 G32 Z18.5 F4.0; N50 G00 X100.0; 增量坐标编程: N30 G00 U−62.0; N40 G32 W−74.5 F4.0; N50 G00 U62.0;

(2)编程举例

[例 6-1-1]　如图 6-1-4 所示,用 FANUC 系统的 G32 指令编写 M30×1.5LH 的外螺纹加工程序,槽宽 4 mm 和螺纹大径已加工完成,材料为钢。

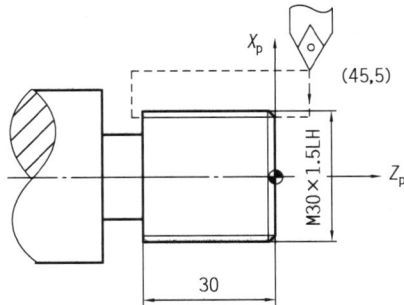

图 6-1-4　圆柱螺纹切削示例图形

①计算螺纹大径 $d_大$、小径 $d_小$ 和牙型高度 h。

$d_大 = d - 0.1P = 30 - 0.1 \times 1.5 = 29.85 \text{(mm)}$

$$d_{小} = d - 1.3P = 30 - 1.3 \times 1.5 = 28.05(\text{mm})$$

$$h = (d_{大} + d_{小})/2 = (29.85 - 28.05)/2 = 0.9(\text{mm})$$

②按递减式分配螺纹背吃刀量。

共分 4 刀：第一刀车至 ϕ29.05 mm（直径方向背吃刀量为 0.8 mm）；第二刀车至 ϕ28.45 mm（直径方向背吃刀量为 0.6 mm）；第三刀车至 ϕ28.15 mm（直径方向背吃刀量为 0.3 mm）；第四刀车至 ϕ28.05 mm（直径方向背吃刀量为 0.1 mm）。

③编程加工。

工件坐标系原点如图 6-1-4 所示，加工程序见表 6-1-7。

表 6-1-7 G32 编程应用示例

程序	说明
O0032;	程序名
N10 T0101;	建立工件坐标系
N20 M04 S500;	主轴反转，转速为 500 r/min（刀架后置）
N30 G00 X45.0 Z5.0;	快速接近工件
N40 X29.05;	螺纹第一次背吃刀量为 0.8 mm（直径值）
N50 G32 Z−32.0 F1.5;	螺纹车削
N60 G00 X45.0 ;	快速 X 正向退刀
N70 Z5.0;	快速返回 Z 向起点
N80 X28.45;	螺纹第二次背吃刀量为 0.6 mm（直径值）
N90 G32 Z−32.0 F1.5;	螺纹车削
N100 G00 X45.0 ;	快速 X 正向退刀
N110 Z5.0;	快速返回 Z 向起点
N120 X28.15;	螺纹第三次背吃刀量为 0.3 mm（直径值）
N130 G32 Z−32.0 F1.5;	螺纹车削
N140 G00 X45.0 ;	快速 X 正向退刀
N150 Z5.0;	快速返回 Z 向起点
N160 X28.05;	螺纹第四次背吃刀量为 0.1 mm（直径值）
N170 G32 Z−32.0 F1.5;	螺纹车削
N180 G00 X45.0;	快速 X 正向退刀
N190 Z5.0;	快速返回 Z 向起点
N200 G00 X100.0 Z100.0;	快速退刀远离工件
N210 M05;	主轴停
N220 M30;	程序结束

【任务实施】

1）分析工艺

（1）选择刀具

加工外圆、端面选用硬质合金外圆车刀或可转位车刀；切槽选用宽度为 5 mm 的硬质合金焊接式切槽刀或可转位切槽刀，螺纹选可转位外螺纹刀。

（2）建立工件坐标系

工件坐标系建立在工件的右端面，工件原点为轴线与端面的交点，轴向为 Z 方向，径向为 X 方向，如图 6-1-5 所示。

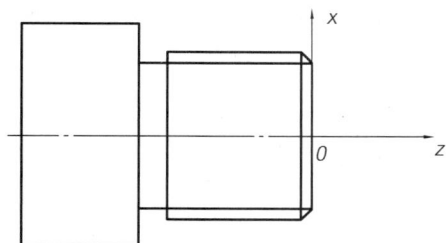

图 6-1-5 建立工件坐标系

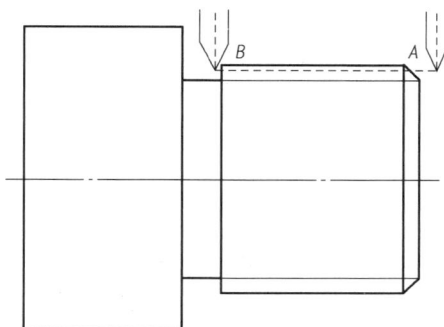

图 6-1-6 螺纹加工走刀路线

（3）规划走刀路线

螺纹刀具由点 A 移至点 B（图 6-1-6），根据表 6-1-8 背吃刀量分配，经多次切削达到既定深度，完成外螺纹切削。

表 6-1-8 螺纹背吃刀量分配

进给次数	背吃刀量/mm	X 坐标
1	0.9	29.2
2	0.6	28.6
3	0.6	28
4	0.4	27.6
5	0.1	27.4

（4）螺纹加工及编程时的实际参数计算（表 6-1-9）

表 6-1-9 加工圆柱螺纹时的实际参数计算结果

螺纹代号	螺纹牙型高度	螺纹小径	车螺纹前圆柱直径
M30×2 外螺纹	$h_{1实}=0.65P$ $=0.65×2$ $=1.3（mm）$	$d_{1实}=d-2h_{1实}$ $=d-2.6P=30-2.6×2$ $=24.8（mm）$	$d_圆=d-0.1P$ $=30-0.2$ $=29.8（mm）$

2）编制程序

（1）外圆加工程序

外圆加工参考程序，见表 6-1-10。

表 6-1-10　外圆加工参考程序

程序	说明
O0001；	程序名
T0101；	调用 1 号外圆车刀，并执行 1 号刀具偏置
M03 S600；	主轴正转，转速为 600 r/min
G00 X42.0 Z2.0；	刀具定位到循环起点
G71 U1.0 R1.0；	调用 G71 循环指令，设置背吃刀量及退刀量
G71 P10 Q20 U0.5 W0 F0.2；	指定轮廓程序段号，设置精加工余量 0.5 及进给量
N10 G00 G42 X26.0 Z2.0；	
G01 Z0.0 F0.1；	
X29.8 Z−2.0；	内轮廓加工程序段
Z−30.0；	
N20 G40 X42.0；	
G00 Z100.0；	快速退刀
M09；	冷却液停
M05；	主轴停转
M00；	程序暂停
T0101；	调用 1 号外圆车刀，并执行 1 号刀具偏置
M03 S800；	主轴正转，转速为 800 r/min
G00 X42.0 Z2.0；	刀具快速移动到循环起点
G70 P10 Q20；	调用精加工循环指令
G00 X100.0 Z100.0；	快速退刀
M09；	冷却液停
M05；	主轴停转
M30；	程序结束

（2）切槽加工程序

切槽参考程序，见表 6-1-11。

表 6-1-11　切槽参考程序

程序	说明
O0002；	程序名
T0202；	调用 2 号刀具 2 号刀补

续表

程序	说明
M03 S600;	主轴正转,转速为 500 r/min
G00 X100. Z100. ;	快速至换刀点
G00 X45. Z5. ;	刀具定位到循环起点
G00 X45. Z-30. ;	切槽
G01 X26. Z-30. F0.05;	
G04 X2.0;	
G01 X45. ;	
G00 X100. Z100. ;	返回换刀点
M05;	主轴停转
M30;	程序结束

（3）外螺纹加工程序

外螺纹加工程序,见表 6-1-12。

表 6-1-12　外螺纹参考程序

程序	说明
O0001;	程序名
T0303;	调用 3 号外螺纹车刀,并执行 3 号刀具偏置
M03 S600;	主轴正转,转速为 600 r/min
G00 X30.0 Z5.0;	刀具快速定位
X29.2;	螺纹切削第一刀 X 向位置
G32 Z-28.0 F2.0;	螺纹切削第一刀,螺距 2 mm
G00 X32.0;	刀具沿 X 向快速退出
Z5.0;	刀具沿 Z 向快速退出
X28.6;	螺纹切削第二刀 X 向位置
G32 Z-28.0 F2.0;	螺纹切削第二刀,螺距 2 mm
G00 X32.0;	刀具沿 X 向快速退出
Z5.0;	刀具沿 Z 向快速退出
X28.0;	螺纹切削第三刀 X 向位置
G32 Z-28.0 F2.0;	螺纹切削第三刀,螺距 2 mm
G00 X32.0;	刀具沿 X 向快速退出

续表

程序	说明
Z5.0;	刀具沿 Z 向快速退出
X27.6;	螺纹切削第四刀 X 向位置
G32 Z-28.0 F2.0;	螺纹切削第四刀,螺距 2 mm
G00 X32.0;	刀具沿 X 向快速退出
Z5.0;	刀具沿 Z 向快速退出
X27.4;	螺纹切削第五刀 X 向位置
G32 Z-28.0 F2.0;	螺纹切削第五刀,螺距 2 mm
G00 X35.0;	刀具沿 X 向快速退出
Z50.0;	刀具沿 Z 向快速退出
M05;	主轴停转
M30;	程序结束

3)程序调试与仿真加工

加工步骤见表 6-1-13。

表 6-1-13　仿真加工步骤

步骤	图例	说明
(1)机床选择	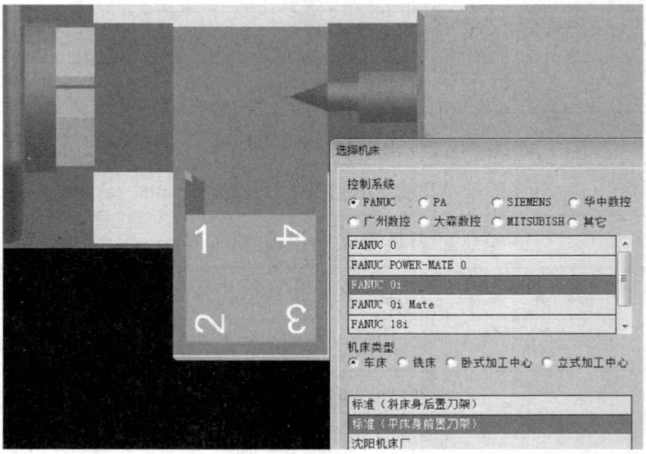	数控车床: 　FANUC 0i 控制系统 刀架类型: 　前置刀架

步骤	图例	说明
（2）毛坯准备		毛坯尺寸： $\phi 40$ mm×50 mm
（3）刀具安装	 T01 外圆车刀　　　T02 外槽车刀 　 T03 外螺纹刀　　　刀具安装效果图	选择刀位： T01 刀位：外圆车刀 T02 刀位：外槽车刀 T03 刀位：外螺纹刀

续表

步骤	图例	说明
(4)对刀操作		试切法、测量法完成对刀操作,设置参数
(5)程序调试		手动输入或 DNC 传送程序并调试修改

续表

步骤	图例	说明
（6）轨迹检查		验证程序,对图形轨迹状态进行演示 （注:只提供部分程序刀具轨迹）
（7）仿真加工		刀具回零,仿真加工

【任务拓展】

螺纹轴零件如图 6-1-7 所示,在仿真软件中进行加工。材料为 45 钢,毛坯为 ϕ 60 mm×90 mm 棒料。

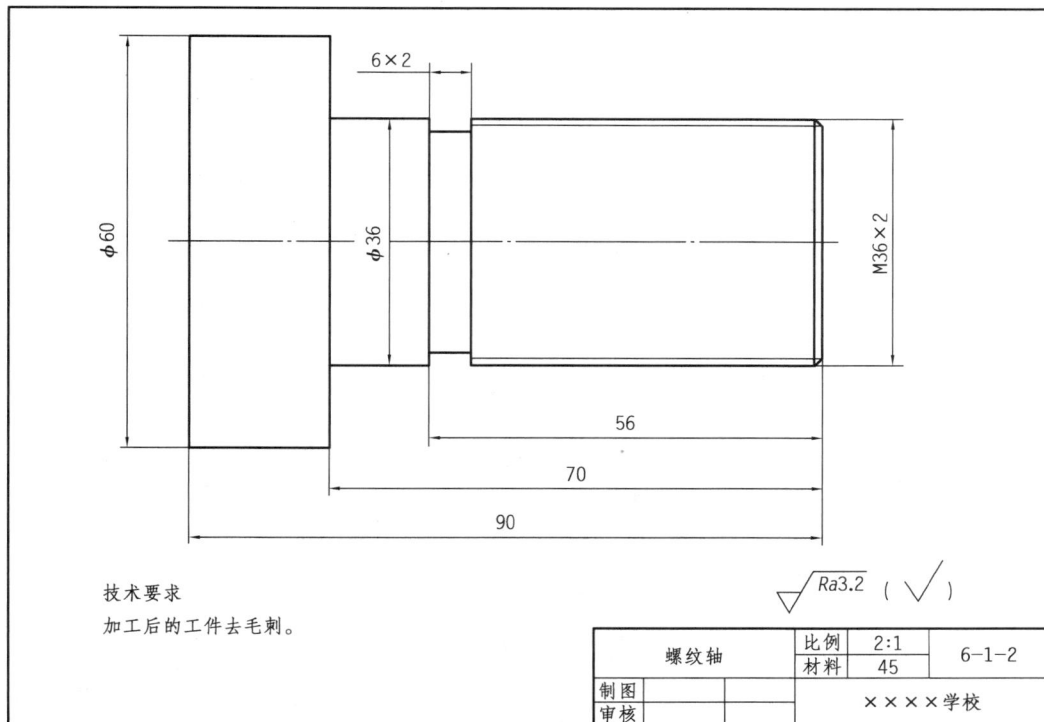

图 6-1-7　螺纹轴零件图

任务提示:零件螺纹为 M36×2,是普通粗牙螺纹,查表得螺距为 2 mm,背吃刀量为 2.6 mm(直径值),需分 5 次进刀,可采用圆柱螺纹切削指令 G32 编程加工。

【评价反馈】

任务评价,见表 6-1-14。

表 6-1-14 任务评价表

评分项目		评分标准或要求	配分	评价方式			得分
				自评 20%	互评 30%	师评 50%	
职业技能	技能实操	加工路线制订合理	5				
		刀具选择合理	5				
		切削参数选择正确	10				
		仿真轨迹显示正确	20				
		仿真操作过程规范	10				
		能够在规定时间内完成课堂任务	10				
		仿真加工结果满足加工要求	10				
职业素养	学习意识	学习态度认真、主动性较强	5				
		能够根据材料自学、进行课前预习	5				
	合作意识	与组员合作融洽,帮助他人完成任务	5				
		具有良好的沟通、协作、组织能力	5				
	规范意识	理实一体教室环境卫生维护	5				
		多媒体教学设备维护	5				
总配分			100 分	总得分			

说明:教师就单个项目、活动或任务设计评分量表,可任意组合自评、互评、师评等评价方式,设置不同评价方式的权重并量化评价维度,明确评价具体要求。

【每课一练】

一、判断题

(　　)1.螺距为 1.5 mm 的机夹螺纹车刀,都能用来加工螺距为 2 mm 的螺纹。

(　　)2.外螺纹的大径又称为顶径,也就是螺纹的公称直径。

(　　)3.螺距小于 2 mm 的普通螺纹一般采用斜进法加工。

(　　)4.数控车床不能加工变导程螺纹。

(　　)5.螺纹加工指令"G32 X41.0 W-43.0 F2.5";是以 2.5 mm/min 的进给速度加工螺纹。

二、单选题

1.车削 M30×1.5 的螺纹,则进给量 F 应该为(   )。

A.1.5 mm/r   B.1.5 mm/min   C.0.1 mm/r   D.0.1 mm/min

2.数控车床车削螺纹时,在保证最小切深的前提下,每刀的切削深度一般是(   )。

A.递增的   B.递减的   C.均等的   D.任意的

3.数控车床上,车槽切断刀一般不能加工(   )。

A.矩形槽   B.U 形槽   C.尖底 V 形槽   D.梯形槽

4.螺纹有五个基本要素,它们是(   )。

A.牙型、公称直径、螺距、线数和旋向

B.牙型、公称直径、螺距、旋向和旋合长度

C.牙型、公称直径、螺距、导程和线数

D.牙型、公称直径、螺距、线数和旋合长度

5.数控车加工米制螺纹时,若螺距 $P = 2.5$ mm,转速为 130 r/min,则进给速度为
(   )。

A.162.5 m/min   B.130 m/min

C.程序段指定的速度   D.325 mm/min

任务 6.2　内螺纹零件车削编程与调试

关键词	普通内螺纹	内螺纹大径	
	内螺纹底孔直径	螺纹车削单一循环指令(G92)	

【任务描述】

在数控机床上加工图 6-2-1 所示短轴套,要求选择合适的走刀路线及刀具,确定工艺参数,编写零件加工程序,并在仿真软件中调试程序。毛坯尺寸为 ϕ 60 mm×50 mm(孔 ϕ25 mm)。

【学习要点】

①能进行内螺纹尺寸计算。

②能使用循环指令编程。

③会操作仿真软件完成内螺纹加工。

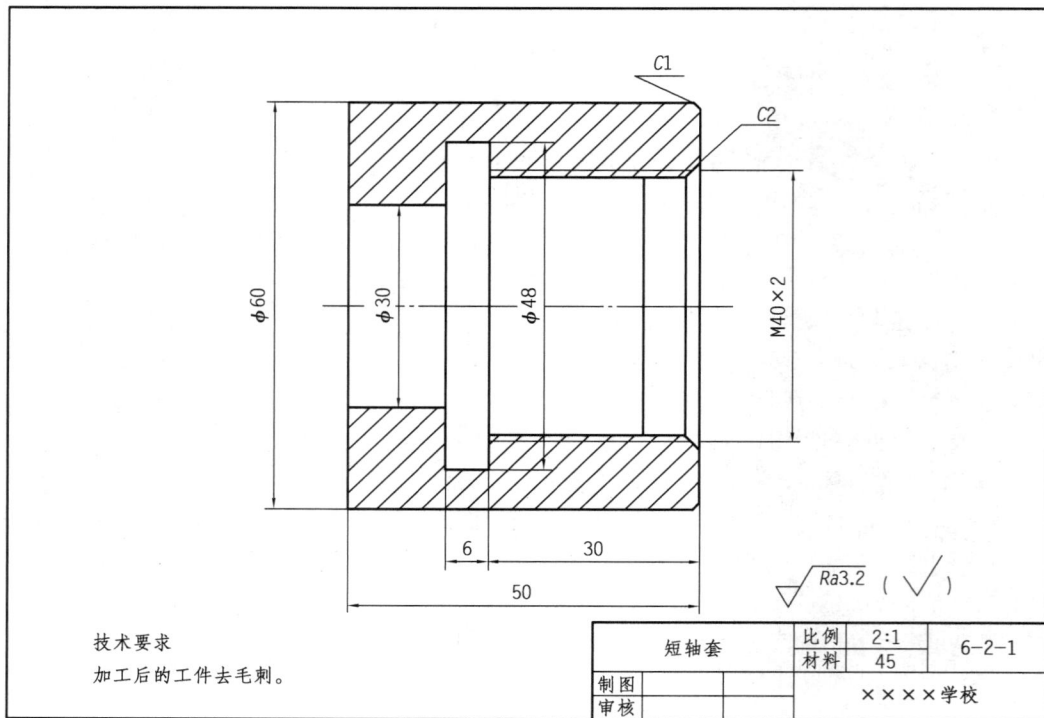

图 6-2-1　短轴套

【相关知识】

1）内螺纹刀及切削参数

（1）内螺纹加工方法

常见内螺纹加工方法，见表 6-2-1。

表 6-2-1　常见内螺纹加工方法

右旋螺纹（右偏刀）	左旋螺纹（左偏刀）

（2）内螺纹车刀

内螺纹车刀有整体式、焊接式、可转位式 3 种，其结构形式及使用说明见表 6-2-2。

表 6-2-2　内螺纹车刀结构形式及使用说明

种类	图例	使用说明
整体式内螺纹车刀		整体式内螺纹车刀由高速钢刀杆刃磨而成,刃口较锋利,常用于低速车螺纹或精车螺纹
焊接式内螺纹车刀		由硬质合金刀片焊接在刀杆上制成,价格较低,常用于高速车螺纹
可转位式内螺纹车刀		由专门厂家生产,价格较高,不需要重磨,生产效率高,是数控机床上常用的车螺纹刀具,刀片型号根据螺纹规格及螺距选择

（3）内螺纹参数

车内螺纹时,因车刀切削时的挤压作用,使内螺纹小径变小,所以在车削内螺纹前,其底孔直径 $D_孔$ 应比螺纹小径的基本尺寸略大些。车削内螺纹的参数计算公式:

车削塑性金属的内螺纹时: $D_孔 \approx D - P$

车削脆性金属的内螺纹时: $D_孔 \approx D - 1.05P$

式中　$D_孔$——内螺纹底孔直径;

　　　D——内螺纹大径;

　　　P——螺距。

（4）切削液的选用

螺纹加工一般为粗、精加工同时完成,要求精度高,选用合适的切削液能够进一步提高加工质量。尤其对于一些特殊材料的加工,切削液的作用更加明显。根据不同的工件材料,切削液的选用见表6-2-3。

表 6-2-3　螺纹加工中切削液的选用

工件材料	碳钢、合金钢	不锈钢及耐热钢	铸铁与黄铜	青铜	铝及铝合金
切削液的选用	• 硫化乳化液 • 氧化煤油 • 煤油 75%,油酸或者植物油 25% • 液压油 70%,氯化石蜡 30%	• 氧化煤油 • 硫化切削油 • 煤油 60%,松节油 20%,油酸 20% • 硫化油 60%,煤油 20%,油酸 15% • 四氯化碳 90%,猪油或菜油 10%	• 一般不用 • 煤油(用于铸铁)或菜油(用于黄铜)	• 一般不用 • 菜油	• 硫化油 30%,煤油 15%,2 号或 3 号锭子油 55% • 硫化油 30%,油酸 30%,2 号或 3 号锭子油 25%

2）指令介绍

FANUC 0i Mate-TD 系统数控车床车螺纹指令有单行程等螺距螺纹切削指令 G32、螺纹切削单一循环指令 G92 和多重螺纹切削循环指令 G76 等。

本任务主要学习 G92 指令。

（1）圆柱螺纹单一切削循环指令 G92

G92 圆柱/圆锥螺纹单一切削循环指令格式及参数含义，见表 6-2-4。

表 6-2-4　G92 圆柱螺纹单一切削循环指令格式及参数含义

指令格式	G92 X（U）__　Z（W）__　F__　Q__；
指令功能	该指令可切削锥螺纹和圆柱螺纹，其循环路线与前述的单一形状固定循环基本相同，只是 F 后边的进给量改为螺距值即可。
指令说明	（1）X、Z：圆柱、圆锥螺纹终点绝对坐标。 （2）U、W：圆柱螺纹终点相对于循环起点的增量坐标。圆锥螺纹终点相对于循环起点的增量坐标 R：锥度量，大小端半径差，外螺纹左大右小，R 为负，反之为正；内螺纹切削左小右大，R 为正，反之为负；R 为 0 则为圆柱螺纹。 （3）F：指定螺纹导程。 （4）Q：指定螺纹切削起始角（车多线螺纹用）。
指令动作	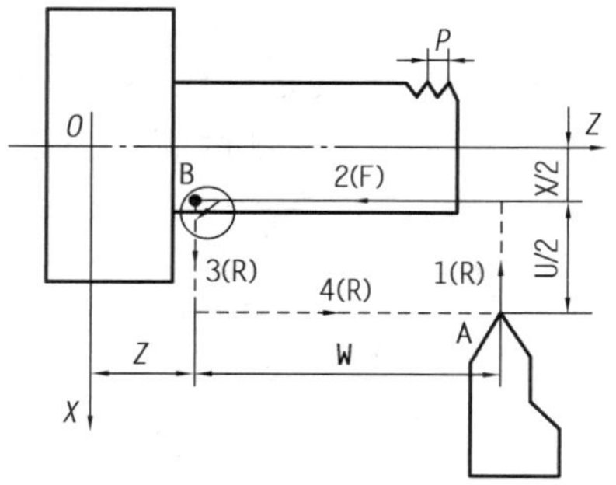 图 6-2-2　圆柱螺纹单一切削循环　　G92 指令格式及原理动画 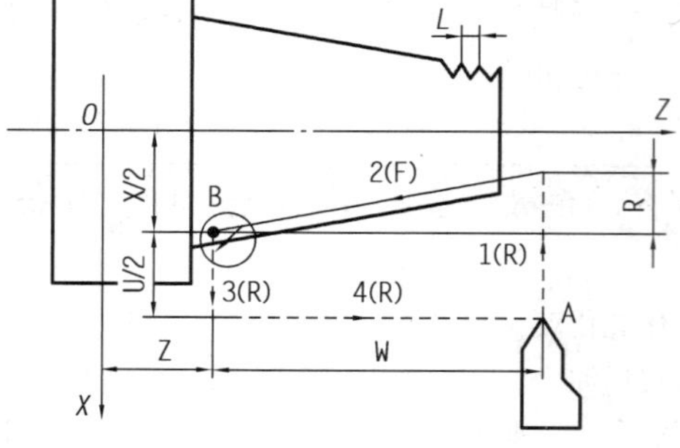 图 6-2-3　圆锥螺纹单一切削循环
注意事项	用 G90、G92、G94 以外的 01 组的指令代码取消固定循环方式，其他说明同 G32。

（2）编程举例

［**例** 6-2-1］　运用 G92 指令，编写图示圆柱内螺纹的车削加工程序，见表 6-2-5。

表 6-2-5　G92 指令内螺纹应用示例

图形	程序	说明
	O9202；	程序名
	T0101；	建立工件坐标系
	M04 S500；	主轴反转，转速为 500 r/min
	G00 X25.0 Z5.0；	快速定位至循环起点
	G92 X29.125 Z−37.0 F1.5；	第一刀车削螺纹
	X29.625；	第二刀车削螺纹
	X29.925；	第三刀车削螺纹
	X30.075；	第四刀车削螺纹
	G00 Z80.0；	快速退刀
	M05；	主轴停
	M30；	程序结束

【任务实施】

零件为短轴套，外径较大，长度较小，左端为通孔，右端为内螺纹。先加工零件右端，再加工零件左端，即先加工螺纹底孔及通孔，再车削螺纹退刀槽，最后加工内螺纹。

1. 工艺分析

（1）建立工件坐标系

工件坐标系建立在工件的右端面，工件原点为轴线与端面的交点，轴向为 Z 方向，径向为 X 方向，如图 6-2-4 所示。

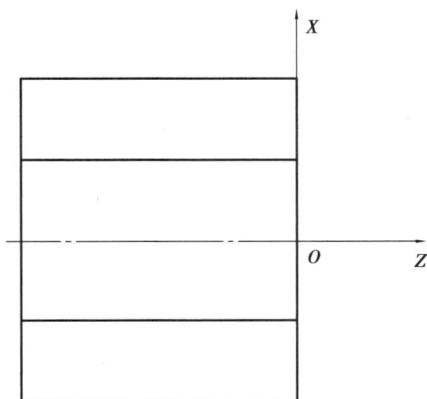

图 6-2-4　建立工件坐标系

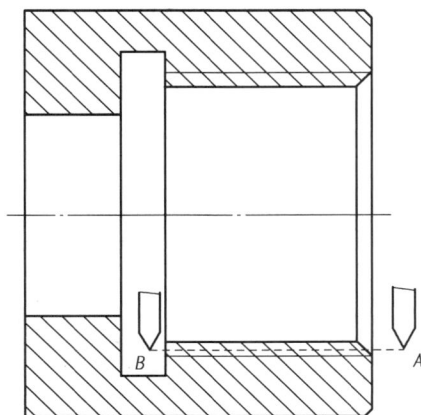

图 6-2-5　走刀路线

（2）规划走刀路线

螺纹车刀由点 A 移至点 B（图 6-2-5），根据表 6-2-6 背吃刀量分配，经多次切削达到既定深度，完成内螺纹切削。

表 6-2-6　螺纹背吃刀量分配

进给次数	背吃刀量/mm	X 坐标
1	1	38
2	0.9	38.9
3	0.6	39.5
4	0.4	39.9
5	0.1	40

2）编制加工程序

（1）内孔加工程序

内孔加工程序可参照表 6-2-7。

表 6-2-7　内孔加工参考程序

程序	说明
O0001；	程序名
T0101；	调用 1 号外圆车刀，并执行 1 号刀具偏置
M03 S600；	主轴正转，转速为 600 r/min
G00 X27.0 Z2.0；	刀具快速移动到循环起点
G71 U1.0 R1.0；	调用 G71 循环指令，设置背吃刀量及退刀量
G71 P10 Q20 U−0.5 W0 F0.2；	指定轮廓程序段号，设置精加工余量及 0.5 mm 进给量
N10 G41 G01 X42.0 Z2.0；	内轮廓开始程序段，建立刀具左补偿
G01 Z0.0；	
X37.4 Z−2.0；	
Z−36；	
X30.0；	
Z−50.0；	
N20 G01 G40 X27.0；	内轮廓结束程序段，撤销刀具补偿
G00 Z100.0；	刀具快速移动到退刀点
M09；	冷却液停
M05；	主轴停转

程序	说明
M00;	程序暂停
T0101;	调用 1 号外圆车刀,并执行 1 号刀具偏置
M03 S800;	主轴正转,转速为 800 r/min
G00 X27.0 Z2.0;	刀具快速移动到循环起点
G70 P10 Q20 F0.1;	调用精加工循环指令
G00 X100.0 Z100.0;	刀具快速移动到退刀点
M09;	冷却液停
M05;	主轴停转
M30;	程序结束并复位

（2）切槽加工程序

切槽加工程序可参照表 6-2-8。

表 6-2-8 切槽加工参考程序

程序	说明
O0002;	程序名
T0202;	调用 2 号内槽刀,并执行 2 号刀具偏置
M03 S600;	主轴正转,转速为 600 r/min
G00 X37.0 Z2.0;	
G01 Z−36.0 F0.3;	
M08;	
G01 X48.0 F0.05;	
X37.0 F0.3;	
Z2.0;	
G00 X100.0 Z100.0;	快速退刀
M09;	冷却液停
M05;	主轴停转
M30;	程序结束

（3）螺纹加工程序

螺纹加工程序可参照表6-2-9。

表 6-2-9　螺纹加工参考程序

程序	说明
O0003；	程序名
T0303；	调用3号内螺纹车刀,并执行3号刀刀具偏置
M03 S600；	主轴正转,转速为600 r/min
G00 X37.0 Z2.0；	刀具快速定位
G92 X38.0 Z−32.0 F2.0；	螺纹切削第一刀
X38.9；	螺纹切削第二刀
X39.5；	螺纹切削第三刀
X39.9；	螺纹切削第四刀
X40.0；	螺纹切削第五刀
G00 X100.0 Z100.0；	快速退刀
M05；	主轴停转
M30；	程序结束

3）程序调试与仿真加工

加工步骤见表6-2-10。

表 6-2-10　加工步骤

步骤	图例	说明
（1）机床选择	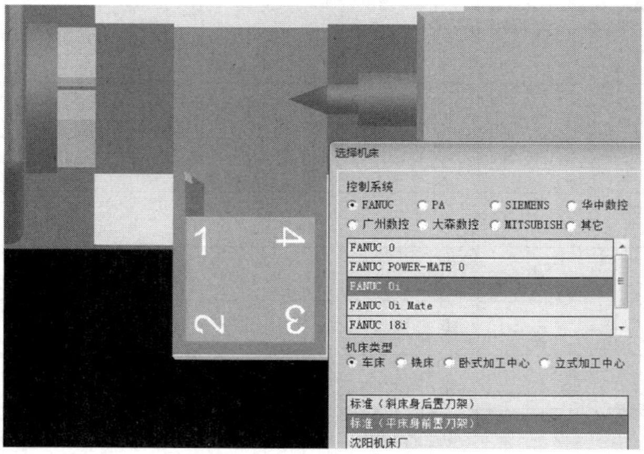	数控车床： 　FANUC 0i 控制系统 刀架类型： 　前置刀架

步骤	图例	说明
（2）毛坯准备		毛坯尺寸： $\phi60$ mm×50 mm 孔：$\phi25$mm ×50 mm
（3）刀具安装	 T01 镗孔车刀　　T02　内切槽刀 T03 内螺纹刀　　　刀具安装效果图	选择刀位： T01 刀位：镗孔车刀 T02 刀位：内切槽刀 T03 刀位：内螺纹刀
（4）对刀操作		试切法、测量法完成对刀操作，设置参数

续表

步骤	图例	说明
(4)对刀操作		试切法、测量法完成对刀操作,设置参数
(5)程序调试		手动输入或 DNC 传送程序并调试修改
(6)轨迹检查		验证程序,对图形轨迹状态进行演示 (注:只提供部分程序刀具轨迹)
(7)仿真加工		刀具回零,仿真加工

【任务拓展】

零件如图 6-2-6 所示,零件外圆、外圆倒角和长度尺寸已做到位,材料为 45 钢,分析零件加工工艺,编制内孔加工程序,完成仿真加工。

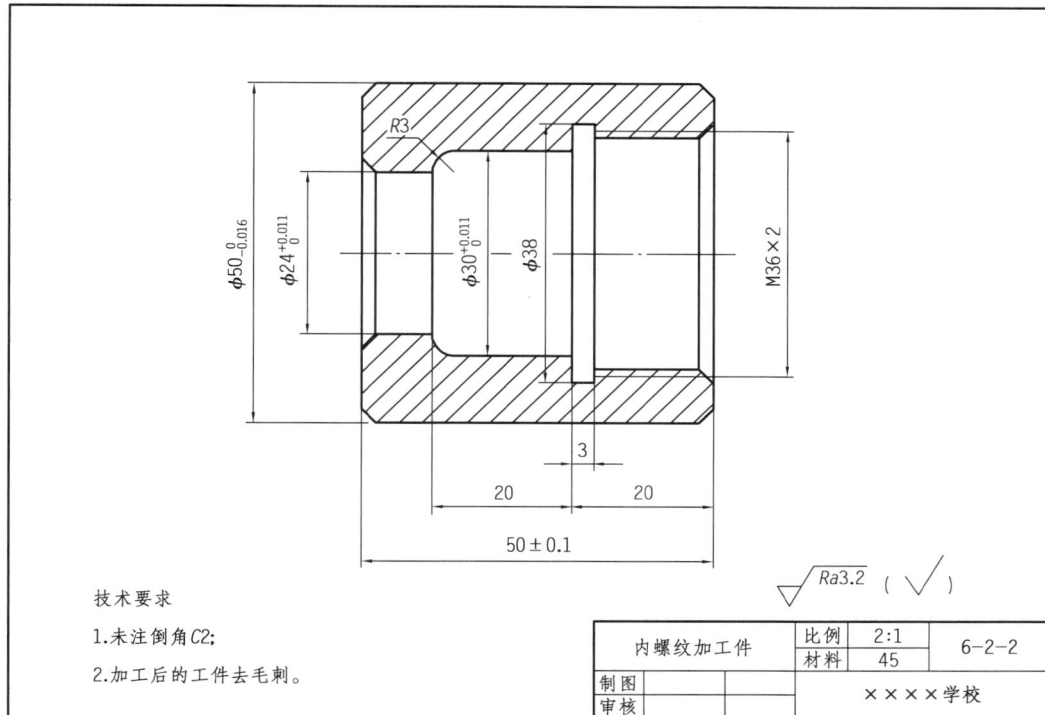

图 6-2-6　零件图

【评价反馈】

任务评价,见表 6-2-11。

表 6-2-11　任务评价表

评分项目		评分标准或要求	配分	评价方式			得分
				自评 20%	互评 30%	师评 50%	
职业技能	技能实操	加工路线制订合理	5				
		刀具选择合理	5				
		切削参数选择正确	10				
		仿真轨迹显示正确	20				
		仿真操作过程规范	10				
		能够在规定时间内完成课堂任务	10				
		仿真加工结果满足加工要求	10				

续表

评分项目		评分标准或要求	配分	评价方式			得分
				自评20%	互评30%	师评50%	
职业素养	学习意识	学习态度认真、主动性较强	5				
		能够根据材料自学、进行课前预习	5				
	合作意识	与组员合作融洽,帮助他人完成任务	5				
		具有良好的沟通、协作、组织能力	5				
	规范意识	理实一体教室环境卫生维护	5				
		多媒体教学设备维护	5				
总配分			100 分	总得分			

说明:教师就单个项目、活动或任务设计评分量表,可任意组合自评、互评、师评等评价方式,设置不同评价方式的权重并量化评价维度,明确评价具体要求。

【每课一练】

一、判断题

(　　)1. G92 的功能为螺纹切削简单循环,可以加工圆柱直螺纹和锥螺纹。

(　　)2. 在执行 M00 后,不仅准备功能(G 功能)停止运动,连辅助功能(M 功能)也停止运动。

(　　)3. 编制数控加工程序时一般以机床坐标系作为编程的坐标系。

(　　)4. 程序段 G92 X0 Y0 Z100.0 的作用是刀具快速移动到程序段指定的位置而达到设定工件坐标系的目的。

(　　)5. 刀具半径补偿取消用 G40 代码,如 G40 G02 X20.0 Y0 R5.0;该程序段执行后刀补被取消。

二、单选题

1. 使用 G92 循环车锥螺纹时,I 值正负的判断方法同(　　)。

A. G02　　　　　　　　B. G71　　　　　　　　C. G90　　　　　　　　C. G94

2. 程序段 G92 X0 Y0 Z100.0 的作用是(　　)。

A. 刀具快速移动到机床坐标系的点(0,0,100)

B. 刀具快速移动到工件坐标系的点(0,0,100)

C. 将刀具当前点作为机床坐标系的点(0,0,100)

D. 将刀具当前点作为工件坐标系的点(0,0,100)

3. 使用 G92 指令对刀时,必须把刀具移动到(　　)。

A. 工件坐标原点　　　　　　　　　　　　B. 机床坐标原点

C. 已知坐标值的对刀点　　　　　　　　　C. 任何一点

4. 退刀槽尺寸标注:2×1,表示(　　)。

A. 槽宽1,槽深2　　　　　　　　B. 槽宽2,槽深1

C. 槽宽1,槽深1　　　　　　　　D. 槽宽2,槽深2

5. 下列关于循环的叙述,正确的是(　　)。

A. 循环的含义是运动轨迹的封闭性

B. 循环的含义是可以反复执行一组动作

C. 循环的终点与起点重合

D. 循环可以减少切削次数

任务6.3 综合螺纹零件车削编程与调试

关键词	螺纹切削复合循环指令(G76)	圆锥螺纹	切削液
	螺纹检测	斜进法	质量分析

【任务描述】

螺纹轴类零件如图6-3-1所示,选择合理的加工方案,编制该零件的仿真加工程序,毛坯:ϕ50 mm×100 mm(孔 ϕ25 mm×37 mm),工件材料为45钢。

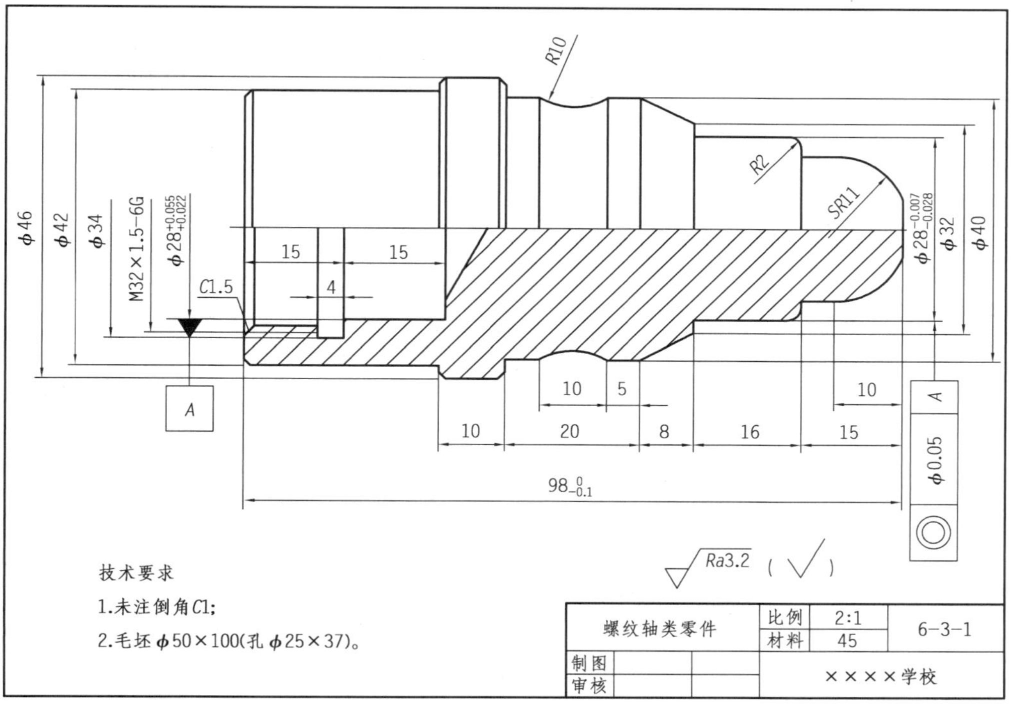

图6-3-1 螺纹轴类零件图

①零件右端外轮廓有一条凹圆弧,选择外圆车刀时,要保证副偏角足够大,以防止副切削刃碰伤已车削出的圆弧轮廓。

②零件左端内轮廓有一条退刀槽,需注意刀位点选取。

③零件左端内螺纹的顶径和中径公差带代号为 6G,旋向为右旋,需查表确定内螺纹的顶径和中径公差,规划螺纹车削方向。

④$\phi 28$ 的外圆与 $\phi 28$ 的内孔有同轴度要求,调头加工时需要校正。

⑤零件左端 $\phi 42$ 外圆长是封闭尺寸,要注意总长尺寸对该台阶长的影响。

⑥零件总长有公差,必须保证左右端面的平行度小于总长公差。

【学习要点】

①能进行内、外螺纹尺寸计算。

②能使用循环指令编程。

③会操作仿真软件完成内螺纹加工。

④会分析螺纹加工中经常遇到的质量问题。

⑤能正确测量各种螺纹。

【相关知识】

1)螺纹质量分析检测

(1)螺纹加工常见质量问题及消除

螺纹加工中经常遇到的质量问题有很多种,问题现象及其产生的原因和可以采取的措施见表 6-3-1。

表 6-3-1　螺纹加工质量分析

问题现象	产品原因	预防和消除措施
切削过程出现振动	工件装夹不正确	检查工件安装,增加安装刚度
	刀具安装不正确	调整刀具安装位置
	切削参数不正确	提高或降低切削速度
螺纹牙顶呈刀口状	刀具角度选择错误	选择正确的刀具
	螺纹外径尺寸过大	检查并选择合适的工件外径尺寸
	螺纹切削过深	减小螺纹切削深度
螺纹牙型过平	刀具中心错误	选择合适的刀具并调整刀具中心的高度
	螺纹切削深度不够	计算并增加切削深度
	刀具牙型角过小	更换合适的刀具
	螺纹外径尺寸过小	检查并选择合适的工件外径尺寸
螺纹牙型底部圆弧过大	刀具选择错误	选择正确的刀具
	刀具磨损严重	重新刃磨或更换刀片

问题现象	产品原因	预防和消除措施
螺纹牙型底部过宽	刀具选择错误	选择正确的刀具
	刀具磨损严重	重新刃磨或更换刀片
	螺纹有乱扣现象	检查加工程序中有无导致乱扣的原因
	主轴脉冲编码器工作不正常	检查主轴脉冲编码器是否松动、损坏
	Z轴间隙过大	检查Z轴丝杠是否有窜动现象
螺纹牙型半角不正确	刀具安装角度不正确	调整刀具安装角度
螺纹表面质量差	切削速度过低	调高主轴转速
	刀具中心过高	调整刀具中心高度
	切削控制较差	选择合理的进刀方式及切削深度
	刀尖产生积屑瘤	调整切削用量,使用切削液
	切削液选用不合理	选择合适的切削液并充分喷注
存在螺距误差	伺服系统滞后效应	增加螺纹切削升降速段长度
	加工程序不正确	检查、修改加工程序

（2）螺纹的检测

车削螺纹时,必须根据不同的质量要求和生产批量,选择不同的测量方法。常用的测量方法有单项测量法和综合测量法。

①单项测量法。

单项测量法是指测量螺纹某一单项参数,一般是对螺纹大径、螺距和中径的分项测量。测量的方法和选用的量具也不同。

a.大径测量:螺纹大径公差较大,一般采用游标卡尺和千分尺测量。

b.螺距测量:螺距一般可用螺纹样板(见图6-3-2)或钢直尺测量。

c.中径测量:对于精度较高的螺纹,必须测量中径。测量中径的常用方法是用螺纹千分尺测量和用三针测量法测量(较精密)。普通外螺纹的中径一般用螺纹千分尺测量,如图6-3-3所示。

图6-3-2 螺纹样板

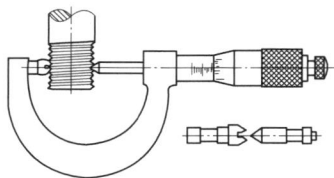

图6-3-3 中径测量

螺纹千分尺的结构和使用方法与外径千分尺相似,读数原理相同,区别在于它有两个可调整的测量头。测量时,将两个测量头正好卡在被测螺纹的牙型面上,这时所量得的尺寸就是被测螺纹中径的实际尺寸。螺纹千分尺一般用来测量螺距(或导程)为 0.4～6mm 的普通螺纹。

注意：螺纹千分尺附有两对（牙型角分别为60°和55°）测量头，在更换测量头时，必须找正螺纹千分尺的零位。

②综合测量法。

综合测量法是采用极限量规对螺纹的基本要素（螺纹大径、中径和螺距等）同时进行综合测量的测量方法。测量时，外螺纹采用螺纹环规测量，如图6-3-4所示。综合测量法测量效率高，使用方便，能较好地保证互换性，广泛用于对标准螺纹或大批量生产螺纹的测量。

测量前，应做好量具和工件的清洁工作，并先检查螺纹的大径、牙型、螺距和表面粗糙度，以免尺寸不对而影响测量。

图6-3-4　螺纹环规和塞规

测量时，如果螺纹环规的通规能顺利拧入工件螺纹的有效长度范围，而止规不能拧入，则说明螺纹符合尺寸要求。

注意：螺纹环规是精密量具，使用时不能用力过大，更不能用扳手硬拧，以免降低环规测量精度，甚至损坏环规。

2）指令介绍

（1）螺纹切削复合循环指令G76

螺纹切削复合循环指令G76，格式及参数含义见表6-3-2。

表6-3-2　G76螺纹切削复合循环指令格式及参数含义

指令格式	G76　Pm r a QΔdmin Rd ; G76 X(U)_ Z(W)_Ri Pk QΔd Ff ;
指令功能	适用于多次自动循环车削螺纹。
指令说明	（1）m表示精车重复次数（01～99）。 （2）r表示斜向退刀量，设定时用00～99的两位数表示，数值代表0.1f（f为螺纹导程）的整数倍。 （3）a表示刀尖角度，可选80°、60°、55°、30°、29°、0°共6种，用两位数指定。 （4）Δdmin表示最小车削深度，用半径值指定。 （5）d表示精车余量，用半径值指定，有正负号。 （6）X(U)、Z(W)表示螺纹的终点坐标。 （7）i表示锥螺纹终点相对于螺纹车削起点X向增量坐标，用半径值指定，圆柱螺纹时为0，可略。

G76指令格式及
原理动画

续表

指令说明	（8）k 表示螺纹牙型高度,用半径值指定,通常为正。 （9）Δd 表示第一次车削深度,用半径值指定。 （10）F 表示螺纹导程。
指令动作	
注意事项	（1）一般 P、Q、R 地址后的数值应表示为无小数点形式,但是某些机床 G76 指令中第一行的 R 地址后的数值却必须要加小数点。 （2）螺纹切深采用递减式,第一次粗切深为 Δd,之后的每次粗切深由数控系统根据公式: $(\sqrt{n}-\sqrt{n-1})\Delta d$ 计算获得,其中 n 为粗车次数。当计算出的粗车切深小于 Δdmin 时,则用 Δdmin 作为切深。

（2）编程举例

[例 6-3-1]　用 G76 编制如图 6-3-5 所示螺纹的加工程序。其程序见表 6-3-3。

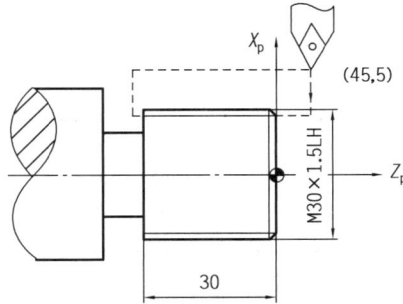

图 6-3-5　G76 指令应用实例

表 6-3-3　G76 指令编程应用示例

程序	说明
O1003；	程序名
T0303；	调用 3 号刀具及刀补,建立工件坐标系
M04 S300；	主轴反转,转速为 600 r/min（刀架后置）
M08；	冷却液开
G00 X45.0 Z5.0；	至车螺纹循环起点

续表

程序	说明
G76 P011060 Q100 R0.05;	精加工 1 次,斜向实际退刀量为 1 个导程,刀尖角 60°,最小切深 0.1 mm,精加工余量 0.1 mm
G76 X28.05 Z-37.0 P900 Q800 F1.5;	螺纹终点(28.05,-22),螺纹半径差为 0(可省略),牙高 0.9 mm,第一次切入深度 0.8mm,导程 1.5mm
G00 X50.0 Z50.0;	快速退刀远离工件
M05;	主轴停
M09;	冷却液关
M30;	程序结束

【任务实施】

1)工艺分析

(1)刀具选用卡(见表 6-3-4)

表 6-3-4　刀具选用卡

序号	刀具号/刀具名称	刀片/刀具规格	刀尖圆弧	备注
1	T01,93°左手外圆车刀	刀尖角 35°	0.4 mm	刀位号 3
2	T02,93°镗孔车刀	刀尖角 55°	0.4 mm	刀位号 2
3	T05,内切槽刀	刀宽 4 mm,切深 5 mm		
4	T08,60°外螺纹车刀	刀尖角 60°		

(2)加工尺寸计算(见表 6-3-5)

表 6-3-5　加工尺寸计算　　　　　　　　　　　　　　　单位:mm

公称尺寸	上偏差	下偏差	公差	中间偏差	中间值
ϕ28 孔	+0.055	+0.022	0.033	0.039	28.039
ϕ28 轴	-0.007	-0.028	0.021	-0.018	27.982
98 总长	0	-0.1	0.1	-0.05	97.95
ϕ42 台阶封闭尺寸	(MAX29)	(MIN28.9)	0.1	-0.05	28.95

（3）加工工艺卡（见表6-3-6）

表6-3-6　零件的加工工艺卡

工步	加工内容（单位:mm）	刀具号	主轴转速 $n/(\mathrm{r \cdot min^{-1}})$	进给量 $f/(\mathrm{mm \cdot r^{-1}})$	背吃刀量 a_p/mm	备注
0	三爪夹持无孔端毛坯外圆,夹持长度约25					
1	粗车图样左端外轮廓:倒角 $C1$、外圆 $\phi42$ 长28.95、倒角 $C1$、外圆 $\phi46$ 长19	T01	650	0.2	2	
2	调整粗车误差,修正刀具补偿,精车图样左端外轮廓（同工序1）	T01	950	0.1	0.5	
3	粗车图样左端内轮廓:倒角 $C1.5$,M32×1.5 顶径 $\phi30.520$ 长 13.5,内孔 $\phi28_{-0.028}^{-0.007}$ 长15	T02	900	0.2	1.5	加工程序 O0001
4	调整粗车误差,修正刀具补偿,精车图样左端内轮廓（同工序3）	T02	1 500	0.1	0.5	
5	车图样左端内槽	T05	600	0.05	4	
6	粗车 M32×1.5 内螺纹	T08	400	1.5	—	
7	精车 M32×1.5 内螺纹	T08	400	1.5	—	
	调头夹持 $\phi42$ 外圆,校正					
8	手动截取工件总长 $98_{-0.1}^{-0}$	T01	800	0.15	0.4	
9	粗车图样右端外轮廓:圆弧 $SR11$、$\phi22$ 长22,圆弧 $R2$,外圆 $\phi28_{+0.022}^{+0.055}$ 长14,锥面,外圆 $\phi40$,圆弧 $R10$,外圆 $\phi40$,倒角 $C1$	T01	800	0.2	2	加工程序 O0002
10	调整粗车误差,修正刀具补偿,精车图样右端外轮廓（同工序9）	T01	1 200	0.1	0.5	
11	锐边倒钝,去毛刺					

（4）工件坐标系与走刀轨迹（见表6-3-7）

表6-3-7　零件的工件坐标系与走刀轨迹

工步1、2 车削轴左端外轮廓	工步3、4 车削轴左端内轮廓
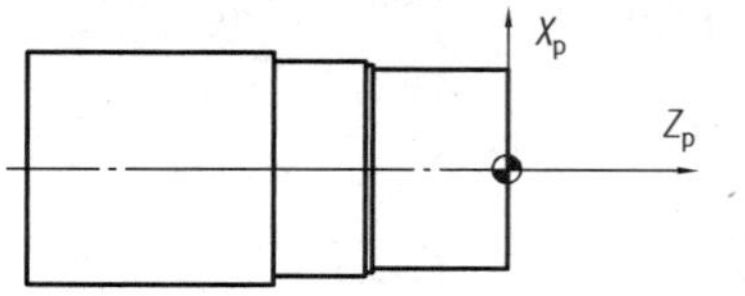	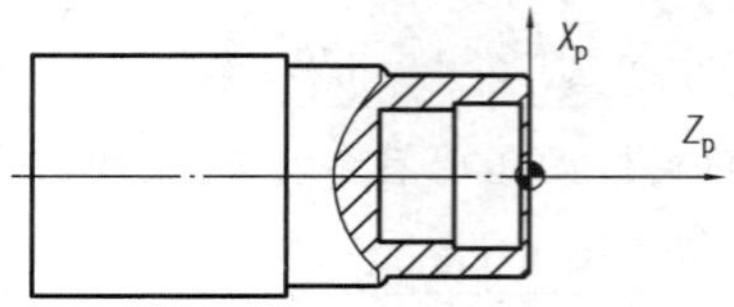
工步5 车削轴左端内槽	工步6、7 车削轴左端内螺纹
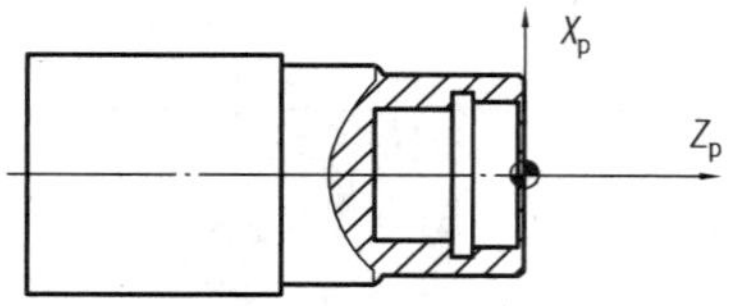	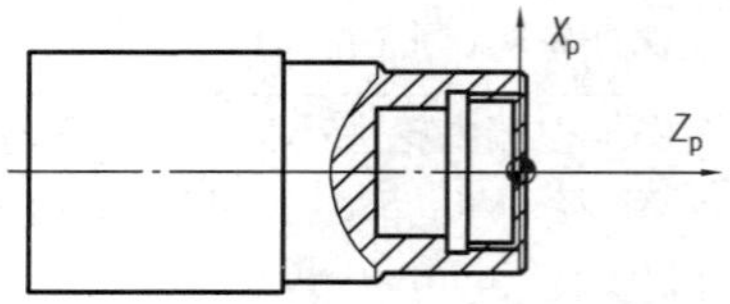
工步9、10 车削轴右端外轮廓	
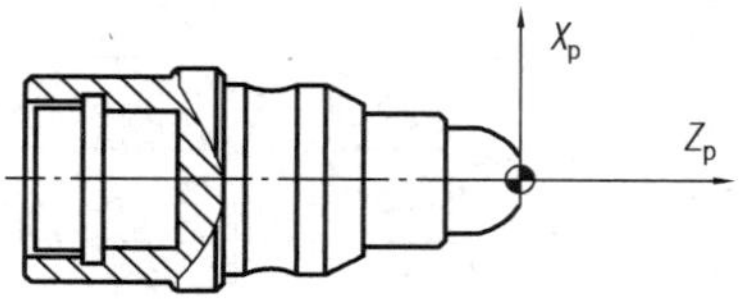	

2）编制加工程序

（1）图样左端的加工程序（见表6-3-8）

表6-3-8　零件图样左端的加工程序

程序	说明
O0001；	程序名（刀架后置）
T0101；	调用1号刀具及刀补，建立工件坐标系
M04 S650；	粗车外轮廓切削参数
M08；	
G00 X52.0 Z5.0 ；	粗车外轮廓定位
G71 U2.0 R1.0 ；	粗车外轮廓
G71 P10 Q20 U1.0 W0.2 F0.2；	
N10 G42 G01 X38.0 F0.1；	

程序	说明
Z1.0 ;	粗车外轮廓
X42.0 Z-1.0 ;	
Z-28.95 ;	
X44.0 ;	
X46.0 Z-29.95 ;	
Z-59.95 ;	
X52.0	
N20 G40 ;	
G00 X100.0 ;	粗车外轮廓退刀
Z100.0 ;	
M05 ;	主轴停转
M09 ;	切削液关
M00 ;	程序暂停
T0101 ;	调用1号刀具及刀补,建立工件坐标系,精车外轮廓切削参数
M04 S950 ;	
M08 ;	
G00 X52.0 Z5.0 ;	精车外轮廓定位
G70 P10 Q20 ;	精车外轮廓
G00 X100. ;	精车外轮廓退刀
Z100. ;	
M05 ;	主轴停转
M09 ;	切削液关
M00 ;	程序暂停
T0202 ;	调用2号刀具及刀补,建立工件坐标系,粗车内轮廓切削参数
M04 S900 ;	
M08 ;	
G00 X52.0 Z5.0 ;	粗车内轮廓定位
X25.0 ;	

续表

程序	说明
G71 U1.5 R0.5；	
G71 P30 Q40 U-1.0 W0.2 F0.2；	
N30 G41 G00 X35.520；	
G01 Z1.F0.1；	
X30.520 Z-1.5；	粗车内轮廓
Z-15.0；	
X28.039；	
Z-30.0；	
X25.0；	
N40 G40；	
G00 Z50.0；	粗车内轮廓退刀
X100.0；	
T0202；	调用2号刀具及刀补,建立工件坐标系,精车内轮廓切削参数
M04 S1500；	
M08；	
G00 X52.0 Z5.0；	精车内轮廓定位
X25.0；	
G70 P30 Q40；	精车内轮廓定位
G00 X100.0；	精车内轮廓退刀
Z50.0；	
M05；	主轴停转
M09；	切削液关
M00；	程序暂停
T0505；	调用5号刀具及刀补,建立工件坐标系,车削槽切削参数
M04 S600；	
M08；	
G00 X52.0 Z5.0；	车削槽切削定位
X25.0；	
G00 Z-15.0；	
G75 R0.5；	车削槽
G75 X34.0 P1000 F0.05；	

程序	说明
G00 Z50.0；	车削槽退刀
X100.0；	
M05；	主轴停转
M09；	切削液关
M00；	程序暂停
T0808；	调用 8 号刀具及刀补,建立工件坐标系,粗车内螺纹切削参数
M04 S400；	
M08；	
G00 X52.0 Z5.0；	粗车内螺纹定位
X25.0；	
Z−13.0；	
G92 X31.2 Z5.F1.5；	粗车内螺纹
X31.7；	
X32.0；	
X32.111；	
G00 Z50.0；	粗车内螺纹退刀
X100.0；	
T0808；	调用 8 号刀具及刀补,建立工件坐标系,精车内螺纹切削参数
M04 S400；	
M08；	
G00 X52.0 Z5.0；	精车内螺纹定位
X25.0；	
Z−13.0；	
G92 X32.111 Z5.0 F1.5；	精车内螺纹
G00 Z50.0；	精车内螺纹退刀
X100.；	
M05；	主轴停转
M09；	切削液关
M30；	程序结束

（2）图样右端的加工程序（见表6-3-9）

表6-3-9 零件图样右端的加工程序

程序	说明
O0002；	程序名（刀架后置）
T0101；	调用1号刀具及刀补,建立工件坐标系,粗车外轮廓切削参数
M04 S800；	
M08；	
G00 X52.0 Z5.0 ；	粗车外轮廓定位
G73 U25.0 W0 R25；	粗车外轮廓
G73 P10 Q20 U0.5 W0.2 F0.2；	
N10 G42 G00 X0；	
Z1.0 F0.1；	
G03 X22.0 Z-10.0 R11.；	
G01 Z-15.0；	
G01 X25.982；	
G03 X27.982 Z-17.0 R2.0；	
G01 Z-31.0；	
X32.0；	
X40.0 W-8.0 ；	
W-5.0 ；	
G02 W-10.0 R10.；	
G01 Z-59.0；	
X44.0 ；	
U4.0 W-2.0 ；	
X52.0 ；	
N20 G40 ；	
G00 X100.0 ；	粗车外轮廓退刀
Z100.0 ；	
T0101；	调用1号刀具及刀补,建立工件坐标系,精车外轮廓切削参数
M04 S1200；	
M08；	
G00 X52.0 Z5.0 ；	精车外轮廓定位
G70 P10 Q20；	精车外轮廓

程序	说明
G00 X100.； Z100.；	精车外轮廓退刀
M05；	主轴停转
M09；	切削液关
M30；	程序结束

3）程序调试与仿真加工

程序调试与仿真加工步骤，见表 6-3-10。

表 6-3-10　加工步骤

步骤	图例	说明
（1）机床选择	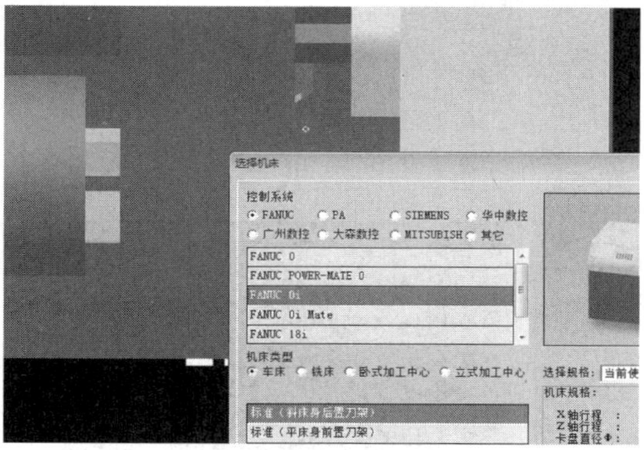	选择数控车床 FANUC 0i 控制系统，后置刀架
（2）毛坯准备	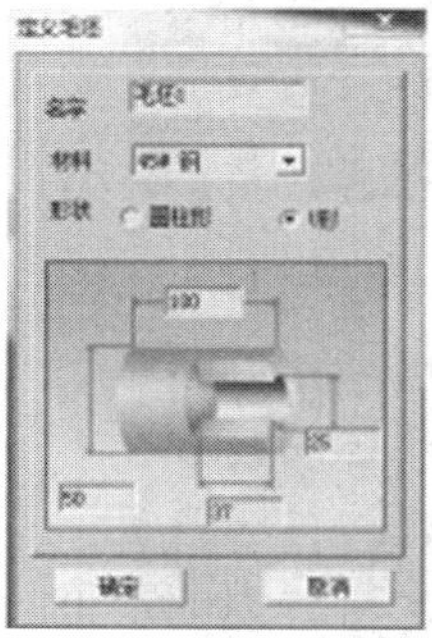 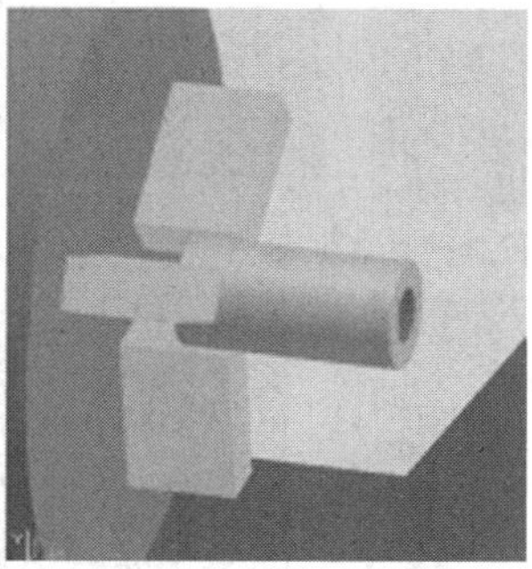	毛坯尺寸： φ50 mm×100 mm 孔：φ25 mm×37 mm
（3）刀具安装	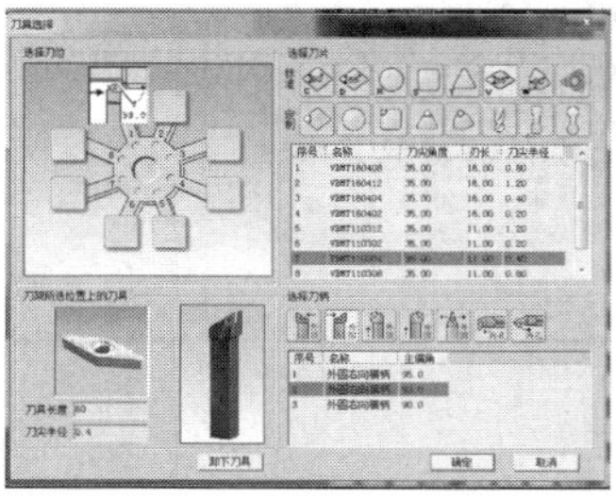 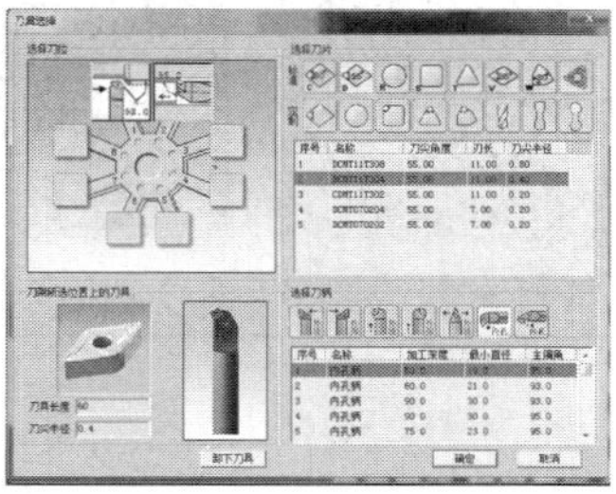 T01 外圆车刀　　T02　镗孔车刀	选择刀位： 　T01 刀位：外圆车刀 　T02 刀位：镗孔车刀 　T05 刀位：内切槽刀 　T08 刀位：外螺纹刀

续表

步骤	图例	说明
(3)刀具安装	T05 内切槽刀　　　　　T08 内螺纹刀 刀具安装效果图	选择刀位: 　T01 刀位:外圆车刀 　T02 刀位:镗孔车刀 　T05 刀位:内切槽刀 　T08 刀位:外螺纹刀
(4)对刀操作	外圆车刀试切,01 番号建立工件坐标系 镗孔车刀试切,02 番号建立工件坐标系	试切法、测量法完成 对刀操作,设置参数

续表

步骤	图例	说明
（4）对刀操作	内切槽刀试切，05 番号建立工件坐标系　　内螺纹刀试切，08 番号建立工件坐标系	试切法、测量法完成对刀操作，设置参数
（5）程序调试	左端轮廓程序　右端轮廓程序	手动输入或 DNC 传送程序并调试修改
（6）轨迹检查	右端轮廓轨迹	验证程序，对图形轨迹状态进行演示（注：只提供部分程序刀具轨迹）

续表

步骤	图例	说明
(7)仿真加工		刀具回零,仿真加工

【任务拓展】

对图 6-3-6 所示零件进行编程,在仿真软件里仿真加工。材料为 45 钢,毛坯为 ϕ40 mm× 55 mm 棒料。

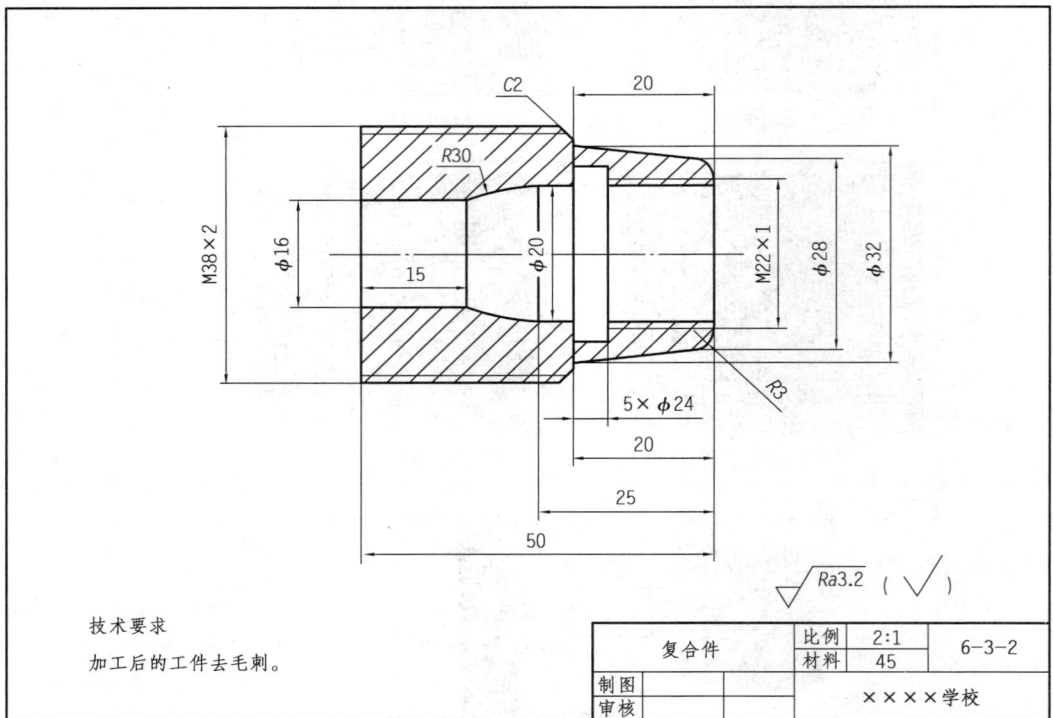

图 6-3-6　零件图

【评价反馈】

任务评价,见表 6-3-11。

表 6-3-11 任务评价表

评分项目		评分标准或要求	配分	评价方式			得分
				自评 20%	互评 30%	师评 50%	
职业技能	技能实操	加工路线制订合理	5				
		刀具选择合理	5				
		切削参数选择正确	10				
		仿真轨迹显示正确	20				
		仿真操作过程规范	10				
		能够在规定时间内完成课堂任务	10				
		仿真加工结果满足加工要求	10				
职业素养	学习意识	学习态度认真、主动性较强	5				
		能够根据材料自学、进行课前预习	5				
	合作意识	与组员合作融洽,帮助他人完成任务	5				
		具有良好的沟通、协作、组织能力	5				
	规范意识	理实一体教室环境卫生维护	5				
		多媒体教学设备维护	5				
总配分			100 分	总得分			

说明:教师就单个项目、活动或任务设计评分量表,可任意组合自评、互评、师评等评价方式,设置不同评价方式的权重并量化评价维度,明确评价具体要求。

【每课一练】

一、判断题

(   )1. G76 循环指令编程中,能指定直进法、斜进法进刀,但不能实现左右交替斜进法进刀。

(   )2. 螺纹环规专门用于评定外螺纹的合格性,所以是一种专用量具。

(   )3. 如果同一程序段中指定了两个或两个以上属于同一组的 G 代码,只有最后的 G 代码有效。

(   )4. 刀具半径补偿取消用 G40 代码,如:G40 G02 X20.0 Y0 R5.0;程序段执行后刀补被取消。

(   )5. 刀具补偿有三个过程是指 G41、G42 和 G40 三个过程。

二、单选题

1. 车削外圆柱螺纹(FANUC 0iT)时程序段 G76 X_ Z_ R_ P_ Q_ F_;中 X 的参数为螺纹终点的(   )。

A. 大径　　　　　　B. 中径　　　　　　C. 小径　　　　　　D. 公称直径

2. 车削外圆柱螺纹(FANUC OT)时程序段 G76 X_ Z_ R_ P_ Q_ F_;中 R 的参数为(   )。

A. 精加工余量　　　　B. 粗加工首次半径切深　　　C. 锥螺纹半径差　　　D. 螺纹导程

3. 程序中指定了(   )时,刀尖圆弧半径补偿被撤销。

A. G40　　　　　　　B. G41　　　　　　　　　C. G42　　　　　　　　D. G49

4. 下列关于小数点的叙述,正确的是(   )。

A. 数字都可以不用小数点

B. 为安全可将所有数字(包括整数)都加上小数点

C. 变量的值是不用小数点

D. 小数点是否可用视功能字性质、格式的规定而确定

5. 表示第一切削液打开的指令是(   )。

A. M06　　　　　　　B. M07　　　　　　　　　C. M08　　　　　　　　D. M09

项目 **7**
综合零件车削编程与调试

【项目导入】

机械零件通常是由多个台阶、孔、槽、螺纹等轮廓组合而成的轴类零件或盘类零件,编程与调试时需要综合考虑其编程与工艺的特点。本项目通过加工两种典型综合零件的实施,对如何保证直径尺寸公差、长度尺寸公差进行详细的加工工艺分析,包括图纸分析、确定加工工艺、选用毛坯、确定走刀路线与加工顺序以及主要部分的程序编程与调试等。

【项目要求】

技能与学习水平:
①能正确识读综合复杂型零件的图纸。
②会选择合理的加工工艺,并确定工艺参数。
③能合理选择各类刀具及切削参数。
④能使用数控指令编制零件加工程序并调试优化。
⑤能使用仿真软件加工并检验综合类零件。
知识与学习水平:
①简述轴类零件的主要特征。
②简述轴类零件一般加工方法。
③简述盘类零件的主要特征。
④简述盘类零件一般加工方法。
⑤掌握车削综合零件的各种加工指令及应用。

任务7.1 轴类零件综合车削编程与调试

关键词	轴类零件	加工工艺分析	
	识读零件图	程序编制	

【任务描述】

如图 7-1-1 所示为轴类零件,要求选择合适的刀具及走刀路线,确定工艺参数,编写零件加工程序,并在宇龙仿真软件中调试程序。毛坯材料 45 钢,毛坯尺寸 $\phi50$ mm×100 mm(孔: $\phi25$ mm×32 mm)。

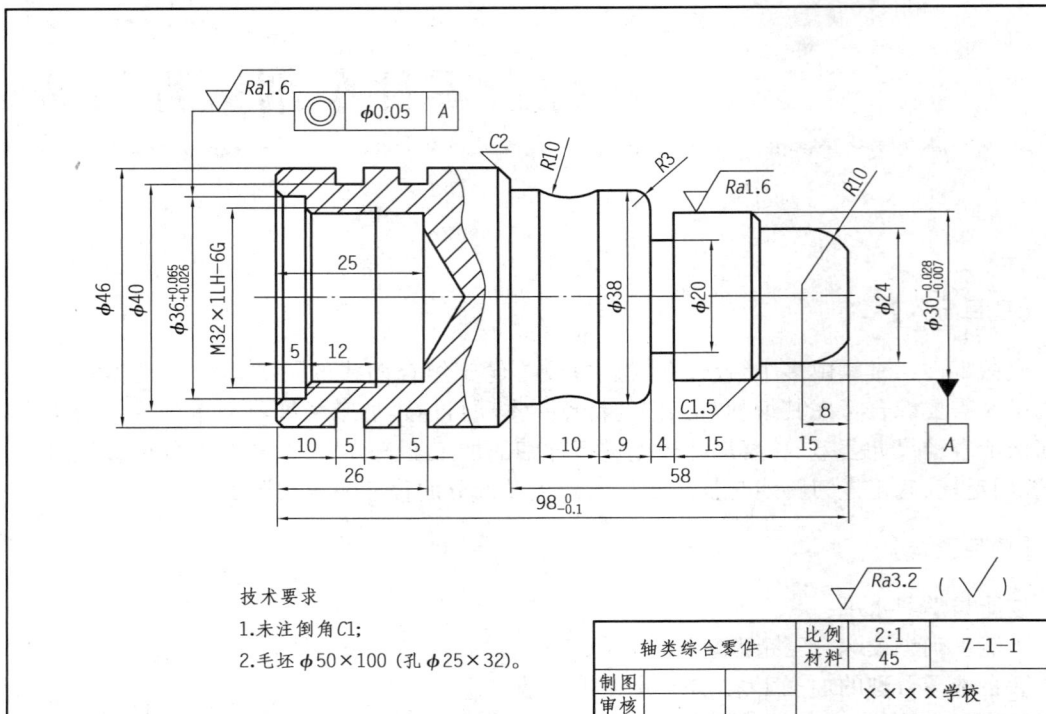

图 7-1-1　轴类零件综合加工图

【学习要点】

此任务是车削轴类综合零件,由圆柱面、圆弧面、外槽、内孔面、内螺纹面等组成。仔细观察零件图图 7-1-1,将读到的信息填入表 7-1-1。

表 7-1-1　零件图信息

序号	识读内容	内容信息
1	零件名称	
2	零件材料	
3	技术要求	
4	零件轮廓要素	
5	表面质量要求	

【相关知识】

在实际加工本项目任务时,要综合考虑与分析切削加工中影响表面粗糙度的各种因素,包括刀具的选择与利用、确定切削速度和进给量等。

1)影响工件表面粗糙度的因素

(1)残留面积

两条切削刃在已加工表面上残留未被切去部分的面积,称为残留面积。残留面积越大,高度就越高,则表面粗糙度值越大。

(2)积屑瘤

积屑瘤既不规则又不稳定。一方面,其不规则部分代替切削刃切削,留下深浅不一的痕迹;另一方面,一部分脱落的积屑瘤嵌入工件已加工表面,使之形成硬点和毛刺,表面粗糙度值增大。

(3)振动

刀具、工件或车床部件产生周期性振动,会使已加工表面出现周期性的波纹,糙度明显增大。

2)减小工件表面粗糙度的方法

生产中若发现工件表面粗糙度达不到技术要求,应首先观察表面粗糙度增大的现象,分析产生的原因,找出影响表面粗糙度的主要因素,然后提出解决的方法。

(1)残留面积的高度引起的表面粗糙度增大

应减小刀具主偏角和副偏角(一般减小偏角对减小表面粗糙度效果明显),增大刀尖圆弧半径,减小进给量。

(2)工件表面产生毛刺引起表面粗糙度增大

工件表面上产生毛刺,一般是由于积屑瘤引起的,这时可用改变切削速度的方法来抑制积屑瘤的产生和长大,如用高速钢车刀时应降低切削速度,使其小于 5 m/min,并加注切削液;用硬质合金车刀时应增大切削速度,避开最易产生积屑瘤的中速范围(15 ~ 30 m/min)。因此,应尽量减小前、后刀面的表面粗糙度,及时重磨或更换刀具,经常保持刀具的锋利。

(3)切屑擦毛工件表面

切屑擦毛工件表面一般是无规则的、很浅的划纹,这时应选用负值刃倾角的车刀,使切屑流向工件待加工表面,并采用断屑或卷屑措施。

(4)振动引起工件表面粗糙度增大

振动引起工件表面粗糙度增大所需采用的解决办法是:

①调整主轴间隙,提高轴承精度,调整大、中、小滑板塞铁,使间隙小于 0.04 mm。

②合理选择刀具几何参数,经常保持切削刃光洁和锋利,增加刀具的安装刚度。

③增加工件的安装刚度。工件装夹时不宜悬伸太长,装夹细长轴时应用中心架。

④选择较小的背吃刀量和进给量,或降低切削速度。

(5)改善工件材料的性能

采用热处理工艺以改善工件材料的性能是减小其表面粗糙度值的有效措施。例如,工件材料金属组织的晶粒越均匀,粒度越细,加工时越能获得较小的表面粗糙度值。为此对工件进行正火或回火处理后再加工,能使加工表面粗糙度值明显减小。

（6）选择合适的切削液

切削液的冷却和润滑作用均对减小加工表面的粗糙度值有利,其中更直接的是润滑作用。当切削润滑液中含有表面活性物质如硫、氯等化合物时,润滑性能增强,能使切削区金属材料的塑性变形程度下降,从而减小加工表面的粗糙度值。

（7）选择合适的刀具材料

不同的刀具材料,由于化学成分的不同,在加工时刀面硬度及刀面粗糙度的保持性,刀具材料与被加工材料金属分子的亲和程度,以及刀具前后刀面与切屑和加工表面间的摩擦系数等均有所不同。

【任务实施】

本任务含有多个精度较高的重要表面,如外圆面、内孔、内螺纹、槽等,任务实施时结合前面项目的任务各表面加工特点,综合考虑该零件的工艺、编程和加工。

1）工艺分析

该零件的材料为 45 钢,加工表面有圆柱面、圆弧面、外槽、内孔面、内螺纹面,外圆径向尺寸分别为 $\phi46$ mm、$\phi40$ mm、$\phi38$ mm、$\phi20$ mm、$\phi30$ mm、$\phi24$ mm、$R10$,其中径向尺寸 $\phi30$ 有公差,相应极限尺寸的中值为 $\phi29.825$,轴向尺寸 98 mm 有公差,相应极限尺寸的中值为 97.95 mm,内孔径向尺寸分别为 $\phi36$ mm、M32,其中径向尺寸 $\phi36$ mm 有公差,相应极限尺寸的中值为 $\phi36.455$ mm,其中 $\phi36$ mm 内孔面和基准 A 面的同轴度要求是 $\phi0.05$。根据零件表面粗糙度除 $\phi30$ mm、$\phi36$ mm 表面为 1.6 μm,其他全部为 3.2 μm 要求,加工方法可选粗加工－精加工。

（1）建立工件坐标系

三爪卡盘装夹毛坯外圆,工件坐标系建立在毛坯的左端面,如图 7-1-2 所示,工件原点为轴线与端面的交点,轴向为 Z 方向,径向为 X 方向。工件调头装夹,工件坐标系建立在工件的右端面,如图 7-1-3 所示。工件原点为轴线与端面的交点,轴向为 Z 方向,径向为 X 方向。

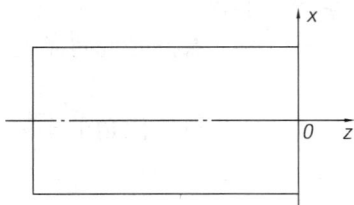

图 7-1-2 左端加工工件坐标系　　　　　图 7-1-3 右端加工工件坐标系

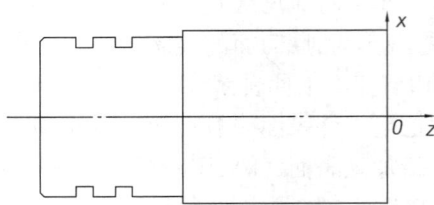

（2）工艺路线的制订

工件全长 $98_{-0.1}^{0}$ mm,选择零件 $\phi46$ mm 外圆作为调头后的装夹面先行加工,顺序为零件左端外轮廓粗精加工→零件左端槽加工→零件左端槽加工→零件左端内螺纹加工→零件右端外轮廓粗精加工,参考工艺表见表 7-1-2。

表 7-1-2 参考工艺表

工序	工序内容	刀具号	主轴转速 n/(r·min^{-1})	进给量 f/(mm·r^{-1})	背吃刀量 a_p/mm
1	装夹毛坯 ϕ50 mm×40 mm,建立工件坐标系				
2	车端面	T1	800	0.1	
3	粗车左端外轮廓留粗加余量 0.5 mm	T1	800	0.2	1
4	精车左端外轮廓至尺寸	T1	1 000	0.1	0.25
5	车削左端外槽至尺寸	T3	600	0.05	
6	粗车左端内轮廓留粗加余量 0.5mm	T2	1 000	0.2	1
7	精车左端内轮廓至尺寸,$\phi36^{+0.065}_{+0.026}$ mm	T2	1 000	0.1	0.25
8	车削左端内螺纹至尺寸,M32×1LH-6G	T4	500	1	
9	调头装夹 ϕ46 mm×35 mm,车削端面,轴全长至尺寸 $98^{0}_{-0.1}$ mm,建立工件坐标系				
10	粗车右端外轮廓留粗加余量 0.5 mm	T1	800	0.2	1
11	精车右端外轮廓至尺寸,$\phi30^{-0.007}_{-0.028}$ mm	T1	1000	0.1	0.25
12	车削右端外槽至尺寸	T3	600	0.05	

（3）刀具的选择

外圆、内孔表面尺寸精度和表面粗糙度要求均较高,应分别选用粗、精车刀进行加工;M32×1LH-6G 内螺纹可选用 60°内螺纹车刀车削,直槽选用刀头宽度 4mm 的直槽刀,数控刀具卡片见表 7-1-3。

表 7-1-3 数控刀具卡片

序号	刀具号/刀具名称	刀片/刀具规格	刀尖圆弧
1	T01,外圆车刀	35° V 形刀片/20 mm×20 mm	0.4 mm
2	T02,镗孔车刀	55° V 形刀片/ϕ16 mm	0.4 mm
3	T03,外切槽刀	4 mm 槽宽刀片/ϕ16 mm	0.4 mm
4	T04,内螺纹刀	60°	

（4）切削用量的选择

粗车外圆面、内孔切削主轴转速 800 r/min,进给速度 0.2 mm/r,背吃刀量 1 mm;精车外圆面、内孔切削主轴转速 1 000 r/min,进给速度 0.2 mm/r,背吃刀量 0.25 mm;车削螺纹切削速度 500 r/min,进给速度 1 mm/r,通过查表 6-1-5 螺纹切削进刀次数及背吃刀量可知,M32×1LH-6G 螺纹分 3 次进给,每次背吃刀量分别为(直径值)0.7 mm、0.4 mm、0.2 mm。

M32×1LH-6G 螺纹编程参数计算结果见表 7-1-4。

表 7-1-4　三角内螺纹参数计算

螺纹代号	螺纹牙型高度	螺纹小径	车内螺纹前底孔直径
M32×1LH-6G	$h_{1实}=0.65P=$ $0.65×1$ mm$=0.65$ mm	$D_{1实}=D-2h_{1实}=D-1.3P=$ 32 mm$-1.3×1$ mm$=30.7$ mm	$D_圆=D-P=$ 32 mm-1 mm$=31$ mm

2）编制程序

（1）加工零件左端

①左端外圆车削。

加工路线如图 7-1-4 所示，程序及说明见表 7-1-5。

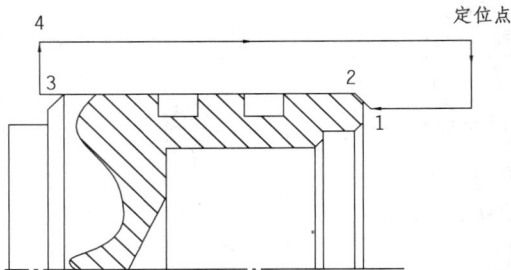

图 7-1-4　零件左端外圆加工路线

表 7-1-5　零件左端外圆加工参考程序

程序	说明
O0011；	程序名（左端加工）
T0101；	调用 1 号外圆车刀，并执行 1 号刀具偏置
M03 S800；	主轴正转，转速为 800 r/min
M08；	开冷却液
G00 X52.Z2.；	刀具快速定位
G71 U1.R0.5；	调用 G71 循环指令，设置背吃刀量和退刀量
G71 P10 Q20 U0.5 W0 F0.2；	指定轮廓程序段号，设置精加工余量和进给量
N10 G42 G00 X42.；	轮廓程序开始
G01 Z1.；	靠近端面
X46.Z-1.；	倒角 C1
Z-41.；	车削外圆
N20 X52.；	轮廓程序结束
G00 X100.Z100.；	快速退刀
M09；	关冷却液
M05；	主轴停止

程序	说明
M00；	程序暂停
T0101；	调用 1 号外圆车刀,并执行 1 号刀具偏置
M03 S1000；	主轴正转,转速为 1000r/min
M08；	开冷却液
G00 X52.Z2.；	刀具快速定位并建立刀尖圆弧半径补偿
G70 P10 Q20 F0.1；	调用精加工循环指令
G00 X100.Z100.；	快速退刀并取消刀尖圆弧半径补偿
M09；	关冷却液
M05；	主轴停止
M30；	程序结束

②左端外圆直槽车削。

加工路线如图 7-1-5 所示,程序及说明见表 7-1-6。

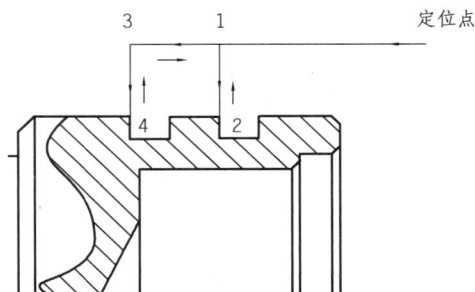

图 7-1-5　零件左端外圆直槽加工路线

表 7-1-6　零件左端外圆直槽加工参考程序

程序	说明
O0012；	程序名(左端加工)
T0303；	调用 3 号外圆车刀,并执行 3 号刀具偏置
M03 S500；	主轴正转,转速为 500 r/min
M08；	开冷却液
G00 X48.Z2.；	刀具快速定位
G00 Z-15.；	到达定位点
G94 X40.Z-15.F0.05；	直槽加工
G00 Z-14.；	到达下一个定位点

续表

程序	说明
G94 X40. Z-14. F0.05;	直槽加工
G00 Z-25.;	到达下一个定位点
G94 X40. Z-25. F0.05;	直槽加工
G00 Z-26.;	到达下一个定位点
G94 X40. Z-26. F0.05;	直槽加工
G00 X100. Z100.;	快速退刀
M09;	关冷却液
M05;	主轴停止
M30;	程序结束

③左端内孔车削。

加工路线如图 7-1-6 所示,程序及说明见表 7-1-7。

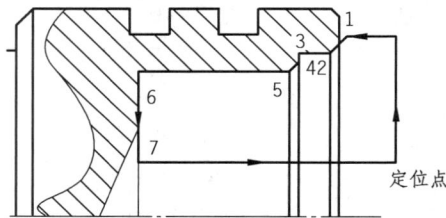

图 7-1-6　零件左端内孔加工路线

表 7-1-7　零件左端内孔加工参考程序

程序	说明
O0013;	程序名(左端加工)
T0202;	调用 2 号外圆车刀,并执行 2 号刀具偏置
M03 S800;	主轴正转,转速为 800 r/min
M08;	开冷却液
G00 X23. Z2.;	刀具快速定位
G71 U1. R0.5;	调用 G71 循环指令,设置背吃刀量和退刀量
G71 P30 Q40 U-0.5 W0 F0.2;	指定轮廓程序段号,设置精加工余量和进给量
N30 G41 G00 X40.;	轮廓程序开始
G01 Z1.;	靠近端面
X36. Z-1.;	倒角 C1
Z-5.;	车削内孔

程序	说明
X32.95；	车削内孔端面
X30.95 Z-6.；	车削内孔锥面
Z-25.；	车削内孔
N40 X23.；	轮廓结束
G00 X100. Z100.；	快速退刀
M09；	关冷却液
M05；	主轴停止
M00；	程序暂停
T0202；	调用 2 号外圆车刀,并执行 2 号刀具偏置
M03 S1000；	主轴正转,转速为 1 000 r/min
M08；	开冷却液
G00 X23. Z2.；	刀具快速定位
G70 P30 Q40 F0.1；	调用精加工循环指令
G00 Z100. X100.；	快速退刀并取消刀尖圆弧半径补偿
M09；	关冷却液
M05；	主轴停止
M30；	程序结束

④左端内螺纹车削。

加工路线如图 7-1-7 所示,程序及说明见表 7-1-8。

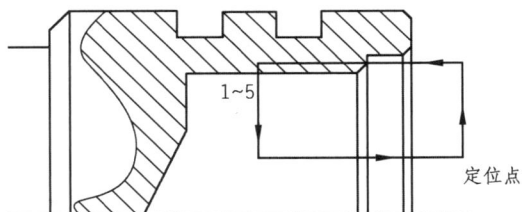

图 7-1-7　零件左端内螺纹加工路线

表 7-1-8　零件左端内螺纹加工参考程序

程序	说明
O0014；	程序名(左端加工)
T0404；	调用 4 号外圆车刀,并执行 4 号刀具偏置
M03 S600；	主轴正转,转速为 600 r/min
M08；	开冷却液

续表

程序	说明
G00 X25. Z2. ;	刀具快速定位
G92 X31.6 Z-17. F1. ;	车削内螺纹第一刀
X31.8;	车削内螺纹第二刀
X32. ;	车削内螺纹第三刀
X32.05;	车削内螺纹第四刀
G00 Z100. ;	快速退刀
M09;	关冷却液
M05;	主轴停止
M30;	程序结束

（2）加工零件右端

①右端外圆车削。

加工路线如图 7-1-8 所示，程序及说明见表 7-1-9。

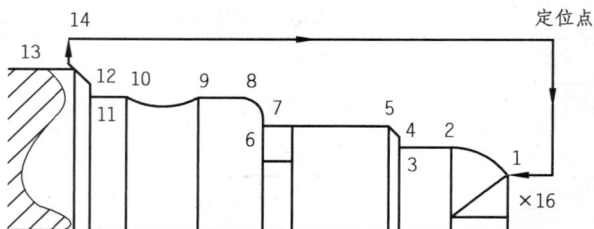

图 7-1-8　零件右端外圆加工路线

表 7-1-9　零件右端外圆加工参考程序

程序	说明
O0021;	程序名(右端加工)
T0101;	调用 1 号外圆车刀,并执行 1 号刀具偏置
M03 S800;	主轴正转,转速为 800 r/min
M08;	开冷却液
G00 X52. Z2. ;	刀具快速定位
G73 U17. R17;	调用 G73 循环指令,设置背吃刀量和退刀量
G73 P50 Q60 U0.5 W0 F0.2;	指定轮廓程序段号,设置精加工余量和进给量
N50 G42 G00 X16. ;	轮廓程序开始
G01 Z1. ;	靠近端面
Z0. ;	车端面

程序	说明
G03 X24. Z−8. R10. ;	车削 R10 外圆弧
G01 Z−15. ;	车削外圆面
X27. ;	车削端面
X30. Z−16.5 ;	车削 C1.5 倒角
Z−34. ;	车削外圆面
X32. ;	车削端面
G03 X38. Z−37. R3. ;	车削 R3 圆弧
G01 Z−43. ;	车削外圆面
G02 X38. Z−53. R10. ;	车削 R10 圆弧
G01 Z−58. ;	车削外圆面
X42. ;	车削端面
X48. Z−61. ;	车削锥面
N60 X52. ;	轮廓程序结束
G00 X100. Z100. ;	快速退刀
M09 ;	关冷却液
M05 ;	主轴停止
M00 ;	程序结束
T0101 ;	调用 1 号外圆车刀,并执行 1 号刀具偏置
M03 S1000 ;	主轴正转,转速为 1 000 r/min
M08 ;	开冷却液
G00 X52. Z2. ;	刀具快速定位
G70 P50 Q60 F0.1 ;	调用精加工循环指令
G00 Z100. X100. ;	快速退刀并取消刀尖圆弧半径补偿
M09 ;	关冷却液
M05 ;	主轴停止
M30 ;	程序结束

②右端外圆直槽车削。

加工路线如图 7-1-9 所示,程序及说明见表 7-1-10。

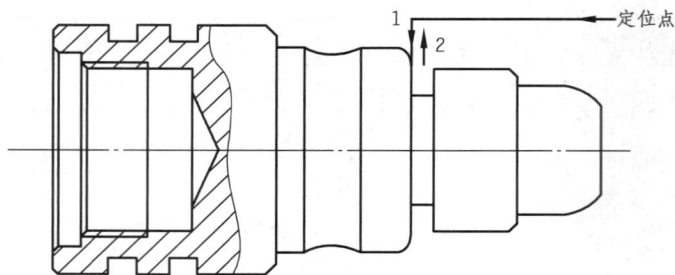

图 7-1-9　零件右端外圆直槽加工路线

表 7-1-10　**零件右端外圆直槽加工参考程序**

程序	说明
O0022；	程序名(右端直槽加工)
T0303；	调用 3 号外圆车刀，并执行 3 号刀具偏置
M03 S500；	主轴正转，转速为 500r/min
M08；	开冷却液
G00 X45. Z2.；	刀具快速定位
G00 Z-34.；	到达定位点
G01 X20.　F0.05；	直槽加工
G00 X100. Z100.；	快速退刀
M09；	关冷却液
M05；	主轴停止
M30；	程序结束

3）程序调试与仿真加工

在完成零件加工程序的编程后，可先在仿真软件上进行仿真加工，用来检验程序的正确性。此处采用宇龙数控仿真加工软件加工，加工过程见表 7-1-11。

表 7-1-11　**轴类零件综合加工仿真加工步骤**

步骤	图例	说明
（1）机床选择		数控车床： 　FANUC 0i 控制系统 刀架类型： 　前置刀架

步骤	图例	说明
（2）毛坯准备		毛坯尺寸： 　ϕ50 mm×100 mm 　孔：ϕ25 mm×32 mm
（3）刀具安装		选择刀位： 　T01 刀位：外圆车刀 　T02 刀位：镗孔车刀 　T03 刀位：外切槽刀 　T04 刀位：内螺纹刀
（4）对刀操作		试切法、测量法完成 对刀操作,设置参数

续表

步骤	图例	说明
（5）程序调试	程式　　　　　00001　　　N 0001 O0001 ; T0101 ; M03 S800 ; G00 X52. Z2. ; G71 U1. R0.5 ; G71 P10 Q20 U0.5 W0 F0.2 ; N10 G42 G00 X42. ; G01 Z1. F0.1 ; X46. Z-1. ; Z-41. ; N20 X52. ; ＞　　　　　　　　　S 0　　T 1 EDIT**** *** *** [BG-EDT] [O检索] [检索↓] [检索↑] [REWIND]	手动输入或 DNC 传送程序并调试修改
（6）轨迹检查	 右端外圆加工轨迹模拟	验证程序，对图形轨迹状态进行演示 （注：只提供部分程序刀具轨迹）
（7）仿真加工	 （1）左端外圆切削　　（2）左端外槽切削 （3）左端内孔切削　　（4）左端内螺纹切削	刀具回零，仿真加工

续表

步骤	图例	说明
(7)仿真加工	(5)右端外圆切削　　(6)右端外槽切削	刀具回零,仿真加工

【任务拓展】

完成如图 7-1-10 所示零件的编程与加工,毛坯尺寸为 $\phi50$ mm×100 mm,未注倒角 $C1$,材料为 45 钢。

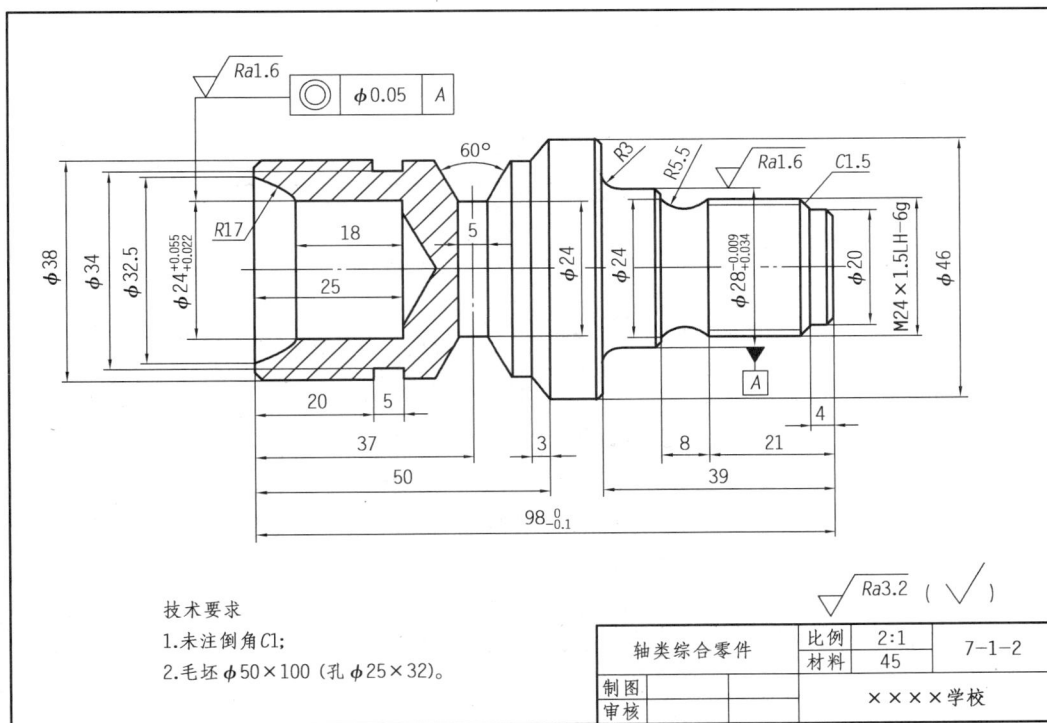

图 7-1-10　轴类综合零件练习图

该零件由外圆柱面、外圆弧面、外螺纹、T 形槽、内孔等组成,尺寸精度要求较高,编制程序时要注意取尺寸中差。

【评价反馈】

任务评价,见表 7-1-12。

表 7-1-12　任务评价表

评分项目		评分标准或要求	配分	评价方式			得分
				自评20%	互评30%	师评50%	
职业技能	技能实操	加工路线制订合理	5				
		刀具选择合理	5				
		切削参数选择正确	15				
		程序编写正确	10				
		仿真操作过程操作规范	10				
		能够在规定时间内完成课堂任务	10				
		仿真加工结果满足加工要求	15				
职业素养	学习意识	学习态度认真、主动性较强	5				
		能够根据材料自学、进行课前预习	5				
	合作意识	与组员合作融洽,帮助他人完成任务	5				
		具有良好的沟通、协作、组织能力	5				
	规范意识	理实一体教室环境卫生维护	5				
		多媒体教学设备维护	5				
总配分			100 分	总得分			

说明:教师就单个项目、活动或任务设计评分量表,可任意组合自评、互评、师评等评价方式,设置不同评价方式的权重并量化评价维度,明确评价具体要求。

【每课一练】

一、判断题

(　　　)1. 数控仿真操作中程序的输入、编辑必须在回零操作之后。

(　　　)2. 数控加工仿真系统是基于虚拟现实的仿真软件。

(　　　)3. 加工仿真验证后,只要用软件自带的后处理所生产的加工程序一般就能直接传输至数控机床进行加工。

(　　　)4. 自由曲面一般选择 CAM 的铣削模块进行加工。

(　　　)5. CAM 只能使用自身集成的 CAD 所创建的模型。

二、单选题

1. 下列软件中,包含 CAM 功能(不包括第三方插件)的 CAD\CAM 系统是(　　　)。

A. AutoCAD　　　　　B. CATIA　　　　　C. SolidEdge　　　　　D. SolidWorks

2. 下列软件中,属于高端 CAD/CAM 系统的是(　　　)。

A. SURFCAM　　　　　B. UG

3. 加工 $\phi14H7$ 的孔,采用钻、扩、粗铰、精铰的加工方案,钻、扩孔时的尺寸应该为( )。

A. $\phi5$、$\phi13.95$ B. $\phi5$、$\phi13.85$ C. $\phi13$、$\phi13.95$ C. $\phi13$、$\phi13.85$

4. 断续车削切削用量的确定应比相同情况下的连续车削为( )。

A. 大   B. 小   C. 相等   D. 任意

5. 回转体类零件适合使用的加工机床是( )。

A. 数控车床   B. 数控铣床   C. 加工中心   C. 数控刨床

任务7.2 套类零件综合车削编程与调试

关键词	套类零件	识读零件图	
	加工工艺分析	程序编制	

【任务描述】

如图 7-2-1 所示零件图为套类零件,要求选择合适的刀具及走刀路线,确定工艺参数,编写零件加工程序,并在宇龙仿真软件中仿真加工。毛坯材料 45 钢,毛坯尺寸 $\phi85\ mm\times45\ mm$（孔:$\phi35\ mm\times45\ mm$）。

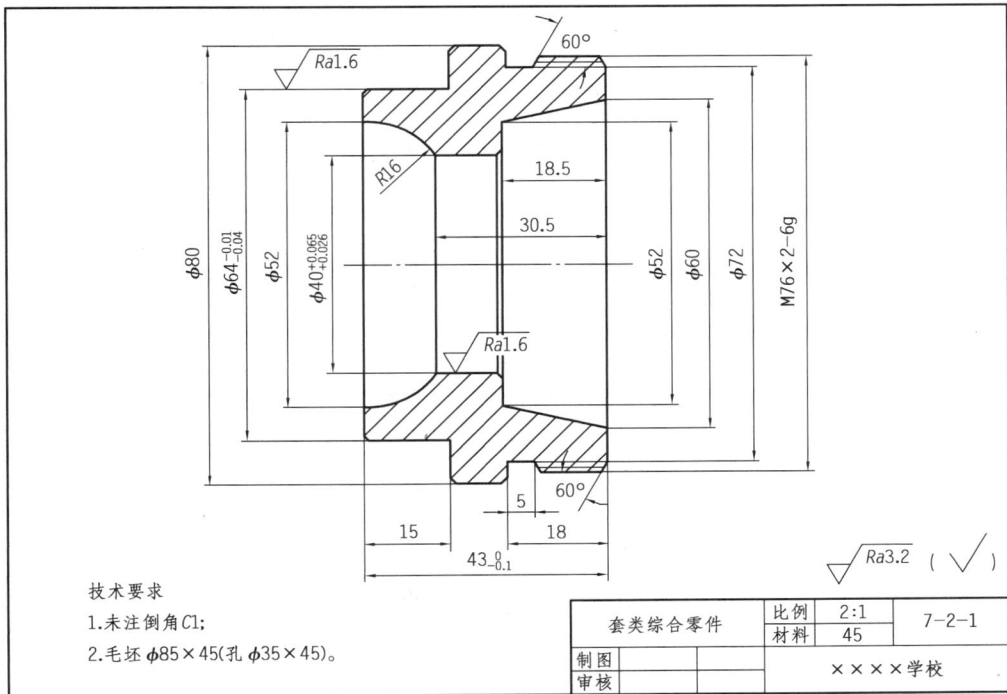

图 7-2-1 套类零件综合加工图

【学习要点】

此任务是车削套类综合零件,由圆柱面、圆弧面、外槽、内孔面、内螺纹面等组成。仔细观察零件图(图7-2-1),将读到的信息填入表7-2-1。

表 7-2-1 零件图信息

序号	识读内容	内容信息
1	零件名称	
2	零件材料	
3	技术要求	
4	零件轮廓要素	
5	表面质量要求	

【相关知识】

1)套加工技术要求

套类零件通常起支承和导向作用,其结构特点为长度大于直径,技术要求如下。

(1)尺寸精度

内孔面一般精度为IT7级,精密套类达IT6级;外圆面一般为IT7～IT6级。

(2)形状精度

内孔面主要是圆度,较长的套类需考虑圆柱度,一般控制在孔径公差范围内。精密套类一般控制在孔径公差的1/2～1/3范围内;外圆面一般控制在直径公差范围内。

(3)位置精度

内、外轮廓面同轴度是主要的位置精度,外圆面对内孔轴线的同轴度公差一般为$\phi 0.05 \sim 0.01$ mm。当套类零件端面作定位基准时,端面对内孔轴线有较高的垂直度要求,其公差一般为$0.05 \sim 0.02$ mm。

(4)表面粗糙度

内孔面表面粗糙度为$3.2 \sim 0.1$ μm,精密套类零件表面粗糙度为0.025 μm;外圆面表面粗糙度为$3.2 \sim 0.4$ μm。

2)孔加工方案

内孔有不同的精度和表面质量要求,也有不同的结构尺寸,如通孔、盲孔、阶梯孔、深孔、浅孔、大直径孔、小直径孔等。常用的孔加工有钻孔、扩孔、铰孔、镗孔、磨孔、拉孔、研磨孔、珩磨孔、滚压孔等。

(1)钻孔

用钻头在工件实体部位加工孔称为钻孔。钻孔属粗加工,可达到的尺寸公差等级为IT11～IT12级,表面粗糙度值为$Ra12.5$ μm。钻孔的工艺特点有:钻头容易偏斜,孔径容易扩大,孔的表面质量较差,钻削时轴向力大。因此,当钻孔直径$d>30$ mm时,一般分两次进行钻削。第一次钻出$(0.5 \sim 0.7)d$,第二次钻到所需的孔径。

（2）扩孔

扩孔是用扩孔钻对已钻出的孔做进一步加工，以扩大孔径并提高精度和降低表面粗糙度值。扩孔可达到的尺寸公差等级为 IT10～IT11 级，表面粗糙度值为 $Ra6.3～12.5\ \mu m$，属于孔的半精加工方法，常作铰削前的预加工，也可作为精度不高的孔的终加工。扩孔与钻孔相比有以下特点：刚性较好，导向性好，切屑条件较好。

（3）铰孔

铰孔是对未淬硬孔进行精加工的一种方法。铰孔的尺寸公差等级可达 IT6～IT9 级，表面粗糙度值可达 $Ra0.1～3.2\ \mu m$。铰孔的方式有机铰和手铰两种。铰削的余量很小，一般粗铰余量为 0.15～0.25 mm，精铰余量为 0.05～0.15 mm。铰削应采用低切削速度，以免产生积屑瘤和引起振动，一般粗铰速度为 4～10 m/min，精铰速度为 1.5～5 m/min。机铰的进给量可比钻孔时高 3～4 倍，一般可取 0.5～1.5 mm/r。

（4）镗孔

镗孔是很经济的孔加工方法，广泛地应用于单件、小批生产中。生产中的非标准孔、大直径孔、精确短孔、不通孔和有色金属孔等，一般多采用镗孔。镗孔既可以作为粗加工，也可以作为精加工。镗孔是修正孔中心线偏斜的有效方法，也有利于保证孔的坐标位置。镗孔的尺寸精度一般可达 IT6～IT9 级，表面粗糙度为 $Ra0.4～3.2\ \mu m$。

（5）拉孔

拉孔是一种高效率的精加工方法。除拉削圆孔外，还可拉削各种截面形状的通孔及内键槽。拉削圆孔可达的尺寸公差等级为 IT7～IT9 级，表面粗糙度值为 $Ra0.4$。

3）套类工件的加工方法

①一般把轴套、衬套等零件称为套类零件。为了与轴类工件相配合，套类工件上一般有加工精度要求较高的内轮廓孔，尺寸精度为 IT7～IT8，表面粗糙度要求达到 $Ra0.8～1.6$。

②内轮廓加工刀具由于受到孔径和孔深的限制，刀杆细而长，刚性差。

因此对于切削用量的选择，如时给量和背吃刀量的选择较切削外轮廓时的稍小。

【任务实施】

本任务含有多个精度较高的重要表面，如外圆面、内孔、内螺纹等。任务实施时，结合前面项目的任务各表面加工特点，综合考虑该零件的工艺和编程。

1）加工工艺分析

该零件形状结构较复杂，加工表面有圆柱面、内圆弧面、外槽、内孔面、外螺纹面，外圆径向尺寸分别为 $\phi64$ mm、$\phi80$ mm、$\phi72$ mm 以及 M76×2-6g 的外螺纹，其中径向尺寸 $\phi30$ 有公差，相应极限尺寸的中值为 $\phi29.825$，轴向尺寸 43 mm 有公差，相应极限尺寸的中值为 42.95 mm，内孔结构为 R16 的内圆弧面、径向尺寸为 $\phi40$ mm 的内圆柱面和内圆锥孔，其中径向尺寸 $\phi40$ mm 有公差，相应极限尺寸的中值为 $\phi40.455$ mm，其中 $\phi40$ mm 内孔面和基准 A 面的同轴度要求是 $\phi0.05$。零件表面粗糙度除 $\phi64$ mm 外表面为 1.6 μm，$\phi40$ mm 内孔面为 1.6 μm，其他全部为 3.2 μm。

（1）工艺路线的制订

工件全长 43 mm，选择零件 $\phi64$ mm 外圆作为调头后的装夹面先行加工，顺序为零件左端外轮廓粗精加工→零件左端内孔粗精加工→零件右端外轮廓粗精加工→零件右端外螺纹加工→零件右端内轮廓粗精加工,参考工艺表见表 7-2-2。

表 7-2-2　参考工艺表

工序	工序内容	刀具号	主轴转速 $n/(\text{r}\cdot\text{min}^{-1})$	进给量 $f/(\text{mm}\cdot\text{r}^{-1})$	背吃刀量 a_p/mm
1	装夹毛坯 $\phi 85$ mm×20 mm,建立左端面工件坐标系				
2	车端面	T1	800	0.1	
3	粗车左端外轮廓留粗加余量 0.5 mm	T1	800	0.2	1
4	精车左端外轮廓至尺寸 $\phi 64_{-0.04}^{-0.01}$ mm	T1	1 000	0.1	0.25
5	粗车左端内轮廓留粗加余量 0.5 mm	T2	800	0.2	1
6	精车左端内轮廓至尺寸 $\phi 40_{+0.026}^{+0.085}$ mm	T2	1 000	0.1	0.25
7	调头装夹 $\phi 64$ mm×15 mm,车削端面,控制轴总长至尺寸,建立工件坐标系				
8	粗车右端外轮廓留粗加余量 0.5 mm	T1	800	0.2	1
9	精车右端外轮廓至尺寸	T1	1 000	0.1	0.25
10	车削右端外螺纹至尺寸,M76×2-6g	T3	600	2	
11	粗车右端内轮廓留粗加余量 0.5 mm	T2	800	0.2	1
12	精车右端内轮廓至尺寸	T2	100	0.1	0.25

（2）建立工件坐标系

三爪卡盘装夹毛坯外圆,工件坐标系建立在毛坯的左端面,工件原点为轴线与端面的交点,轴向为 Z 方向,径向为 X 方向。工件调头装夹,工件坐标系建立在工件的右端面,工件原点为轴线与端面的交点,轴向为 Z 方向,径向为 X 方向。

（3）刀具的选择

外圆、内孔表面尺寸精度和表面粗糙度要求均较高,应分别选用粗、精车刀进行加工; M76×2-6g 外螺纹可选用 60°外螺纹车刀车削,数控刀具卡片见表 7-2-3。

表 7-2-3　数控刀具卡片

序号	刀具号/刀具名称	刀片/刀具规格	刀尖圆弧
1	T01,外圆车刀	35° V 形刀片/20 mm×20 mm	0.4 mm
2	T02,镗孔车刀	55° V 形刀片/$\phi 16$ mm	0.4 mm
3	T03,外螺纹刀	60°	

2）加工零件及程序编制

（1）加工零件左端

①左端外圆车削。

加工路线如图 7-2-2 所示，程序及说明见表 7-2-4。

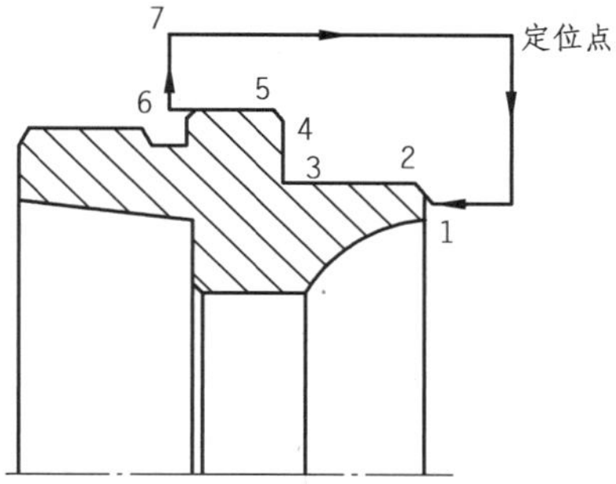

图 7-2-2　零件左端外圆加工路线

表 7-2-4　零件左端外圆加工参考程序

程序	说明
O0031；	程序名（左端加工）
T0101；	调用 1 号外圆车刀
M03 S800；	主轴正转，转速为 800 r/min
M08；	开冷却液
G00 X87. Z2.；	刀具快速定位
G71 U1. R0.5；	调用 G71 循环指令，设置背吃刀量和退刀量
G71 P10 Q20 U0.5 W0 F0.2；	指定轮廓程序段号，设置精加工余量和进给量
N10 G42 G00 X60.；	轮廓程序开始
G01 Z1.；	靠近端面
X64. Z-1.；	倒角 C1
Z-15.；	车削外圆柱面
X78.；	车削台阶
X80. Z-16.；	车削外圆倒角
Z-26.；	车削外圆柱面
N20 X87. G40；	轮廓程序结束
G00 X100. Z100.；	快速退刀
M09；	关冷却液
M05；	主轴停止
M00；	程序暂停
T0101；	调用 1 号外圆车刀，并执行 1 号刀具偏置

续表

程序	说明
M03 S1000;	主轴正转,转速为 1 000 r/min
M08;	开冷却液
G00 X87. Z2. ;	刀具快速定位并建立刀尖圆弧半径补偿
G70 P10 Q20 F0.1;	调用精加工循环指令
G00 X100. Z100. ;	快速退刀并取消刀尖圆弧半径补偿
M09;	关冷却液
M05;	主轴停止
M30;	程序结束

②左端内孔车削。

加工路线如图 7-2-3 所示,程序及说明见表 7-2-5。

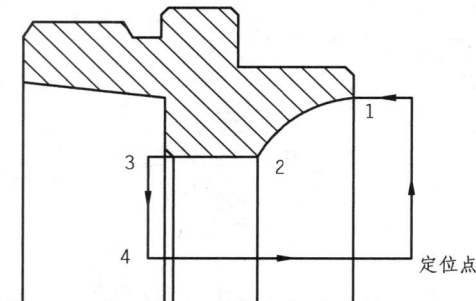

图 7-2-3 零件左端内孔加工路线

表 7-2-5 零件左端内孔加工参考程序

程序	说明
O0032;	程序名(左端加工)
T0202;	调用 2 号镗孔车刀
M03 S800;	主轴正转,转速为 800 r/min
M08;	开冷却液
G00 X23. Z2. ;	刀具快速定位
G71 U1. R0.5;	调用 G71 循环指令,设置背吃刀量和退刀量
G71 P30 Q40 U-0.5 W0 F0.2;	指定轮廓程序段号,设置精加工余量和进给量
N30 G41 G00 X52. ;	轮廓程序开始
G01 Z1. ;	靠近端面
Z0. ;	车削内轮廓第一点
G03 X40. Z-12.5 R16. ;	车削内圆弧面

续表

程序	说明
G01 Z-26. ;	车削内孔
N40 G40 X23. ;	轮廓程序结束
G00 X100. Z100. ;	快速退刀
M09 ;	关冷却液
M05 ;	主轴停止
M00 ;	程序暂停
T0202 ;	调用2号外圆车刀,并执行2号刀具偏置
M03 S1000 ;	主轴正转,转速为1 000 r/min
M08 ;	开冷却液
G00 X23. Z2. ;	刀具快速定位
G70 P30 Q40 F0.1 ;	调用精加工循环指令
G00 X100. Z100. ;	快速退刀
M09 ;	关冷却液
M05 ;	主轴停止
M30 ;	程序结束

（3）加工零件右端

①右端外圆车削。

加工路线如图7-2-4所示,程序及说明见表7-2-6。

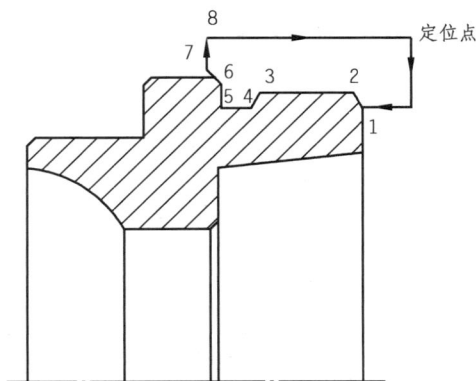

图7-2-4　零件右端外圆加工路线

表 7-2-6　零件右端外圆加工参考程序

程序	说明
O0041；	程序名（右端加工）
T0101；	调用 1 号外圆车刀
M03 S800；	主轴正转，转速为 800 r/min
M08；	开冷却液
G00 X87. Z2.；	刀具快速定位
G73 U6. R6.；	调用 G73 循环指令，设置背吃刀量和退刀量
G73 P50 Q60 U0.5 W0 F0.2；	指定轮廓程序段号，设置精加工余量和进给量
N50 G42 G00 X72.；	轮廓程序开始
G01 Z1.；	靠近端面
Z0.；	靠近端面
X76. Z−1.55；	车削倒角
Z−11.85；	车削外圆
X72. Z−13.；	车削端面
Z−18.；	车削外圆
X78.；	车削倒角
X80. Z−19.；	车削外圆
X87.；	抬刀
N60 G40；	轮廓程序结束
G00 X100. Z100.；	快速退刀
M09；	关冷却液
M05；	主轴停止
M00；	程序暂停
T0101；	调用 1 号外圆车刀，并执行 1 号刀具偏置
M03 S1000；	主轴正转，转速为 1 000 r/min
M08；	开冷却液
G00 X87. Z2.；	刀具快速定位
G70 P50 Q60 F0.1；	调用精加工循环指令
G00 X100. Z100.；	快速退刀
M09；	关冷却液
M05；	主轴停止
M30；	程序结束

②右端螺纹车削。

加工路线如图 7-2-5 所示,程序及说明见表 7-2-7。

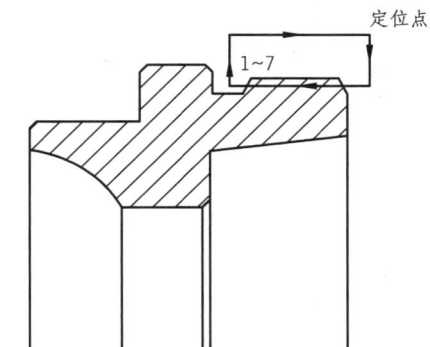

图 7-2-5 零件右端外螺纹加工路线

表 7-2-7 零件右端外螺纹加工参考程序

程序	说明
O0042;	程序名(右端加工)
T0303;	调用 3 号外螺纹刀
M03 S600;	主轴正转,转速为 600 r/min
M08;	开冷却液
G00 X80. Z5.;	刀具快速定位
G76 P011060 Q100 R0.05;	车削螺纹
G76 X73.4 Z−13. P1300 Q800 F2.;	车削螺纹
M09;	关冷却液
G00 X100. Z100.;	快速退刀
M05;	主轴停止
M30;	程序结束

③右端内孔车削。

加工路线如图 7-2-6 所示,程序及说明见表 7-2-8。

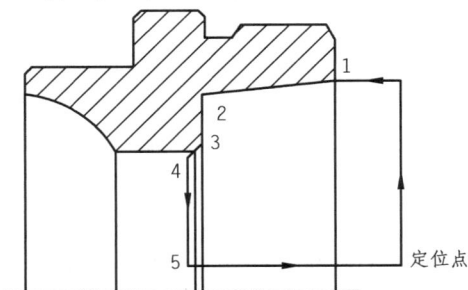

图 7-2-6 零件右端内孔加工路线

表 7-2-8　零件右端内孔加工参考程序

程序	说明
O0043；	程序名(右端加工)
T0202；	调用 2 号镗孔车刀
M03 S800；	主轴正转,转速为 800r/min
M08；	开冷却液
G00 X23.Z2.；	刀具快速定位
G71 U1.R0.5；	调用 G71 循环指令,设置背吃刀量和退刀量
G71 P70 Q80 U-0.5 W0 F0.2；	指定轮廓程序段号,设置精加工余量和进给量
N70 G41 G00 X60.；	轮廓程序开始
G01 Z1.；	靠近端面
Z0.；	靠近端面
X52.Z-18.5；	车削内孔
X42.；	车削内孔端面
X38.Z-20.5；	车削内孔倒角
X23.；	车削内孔
N80 G40；	轮廓程序结束
G00 X100.Z100.；	快速退刀
M09；	关冷却液
M05；	主轴停止
M00；	程序暂停
T0202；	调用 1 号外圆车刀,并执行 1 号刀具偏置
M03 S1000；	主轴正转,转速为 1 000 r/min
M08；	开冷却液
G00 X23.Z2.；	刀具快速定位
G70 P70 Q80 F0.1；	调用精加工循环指令
G00　Z100.；	快速退刀
M09；	关冷却液
M05；	主轴停止
M30；	程序结束

3)程序调试与仿真加工

零件编程完成后,先在仿真软件上进行仿真,检验程序的正确性。此处采用数控宇龙仿真加工系统软件进行仿真加工,加工过程见表 7-2-9。

表 7-2-9　套类零件综合加工仿真加工步骤

步骤	图例	说明
（1）机床选择		数控车床： 　FANUC 0i 控制系统 刀架类型： 　前置刀架
（2）毛坯准备		毛坯尺寸： 　ϕ85 mm×45 mm 　孔：ϕ35 mm×45 mm
（3）刀具安装		选择刀位： 　T01 刀位：外圆车刀 　T02 刀位：镗孔车刀 　T03 刀位：外螺纹刀

续表

步骤	图例	说明
(4)对刀操作		试切法、测量法完成对刀操作,设置参数
(5)程序调试	 程式　　　　　00043　　　N 0020 O0043 ; T0202 ; M03 S800 ; G00 X23. Z2. ; G71 U1. R0.5 ; G71 P70 Q80 U-0.5 W0 F0.2 ; N70 G41 G00 X60. ; G01 Z1. ; Z0. ; X52. Z-18.5 ; X42. ; ＞　　　　　　　　　S 0　T 2 EDIT**** *** *** [程式] [LIB] [　] [　] [操作)]	手动输入或 DNC 传送程序并调试修改
(6)轨迹检查	 左端外圆加工轨迹模拟	验证程序,对图形轨迹状态进行演示 (注:只提供部分程序刀具轨迹)

步骤	图例	说明
（7）仿真加工	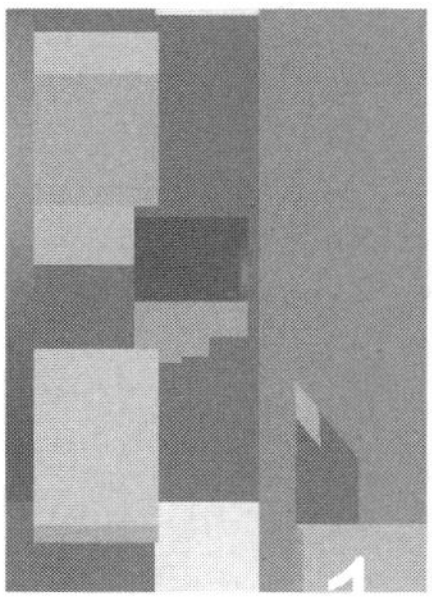  （1）左端外圆切削　（2）左端内孔切削 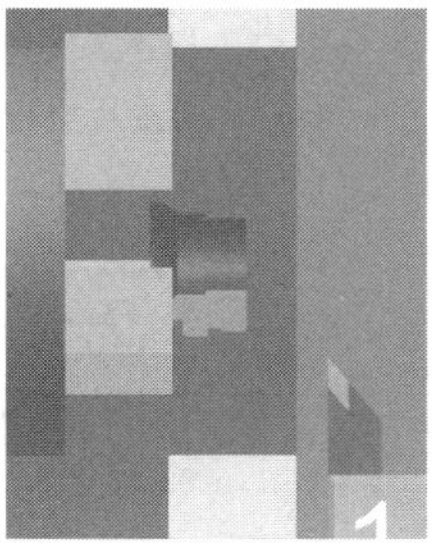  （3）右端外圆切削　（4）右端外螺纹切削 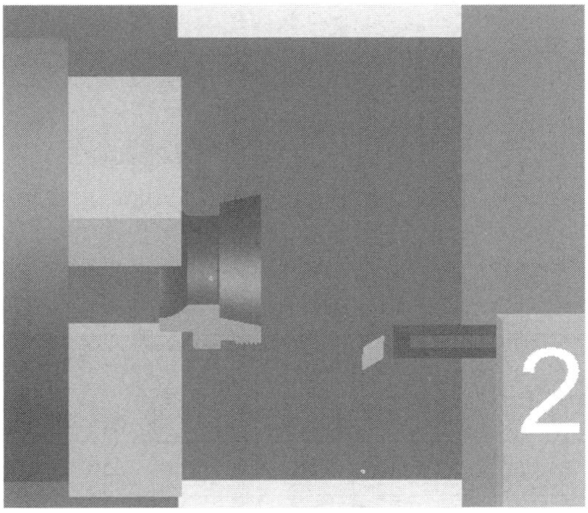 （5）右端内孔切削	刀具回零,仿真加工

【任务拓展】

完成如图 7-2-7 所示零件的编程与加工,毛坯尺寸为 $\phi85$ mm×$\phi25$ mm×37 mm,未注倒角 $C1$,材料为 45 钢。

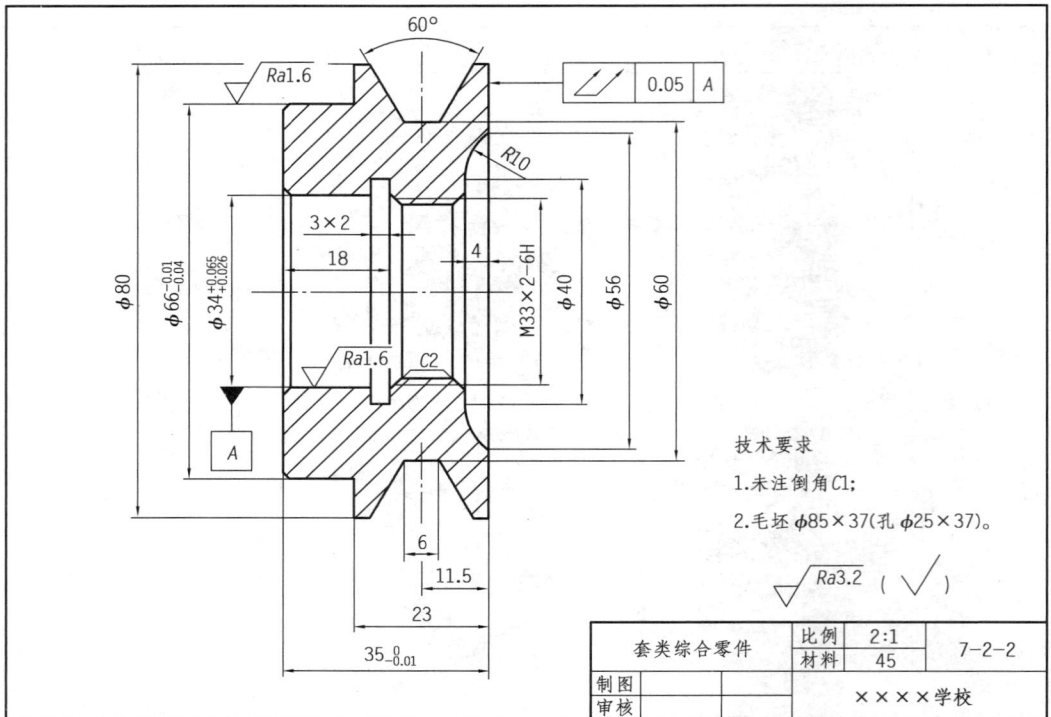

图 7-2-7　套类综合零件练习图

该零件由外圆柱面、T形槽、内螺纹、内孔等组成,尺寸精度要求较高,编制程序时要注意取尺寸中差。

【评价反馈】

任务评价,见表7-2-10。

表 7-2-10　任务评价表

评分项目		评分标准或要求	配分	评价方式			得分
				自评20%	互评30%	师评50%	
职业技能	技能实操	加工路线制订合理	5				
		刀具选择合理	5				
		切削参数选择正确	15				
		程序编写正确	10				
		仿真操作过程操作规范	10				
		能够在规定时间内完成课堂任务	10				
		仿真加工结果满足加工要求	15				

续表

评分项目		评分标准或要求	配分	评价方式			得分
				自评20%	互评30%	师评50%	
职业素养	学习意识	学习态度认真、主动性较强	5				
		能够根据材料自学、进行课前预习	5				
	合作意识	与组员合作融洽,帮助他人完成任务	5				
		具有良好的沟通、协作、组织能力	5				
	规范意识	理实一体教室环境卫生维护	5				
		多媒体教学设备维护	5				
总配分			100分	总得分			

说明:教师就单个项目、活动或任务设计评分量表,可任意组合自评、互评、师评等评价方式,设置不同评价方式的权重并量化评价维度,明确评价具体要求。

【每课一练】

一、判断题

(　　)1. CAM 加工的工艺参数都由计算机自动确定。

(　　)2. 通常,CAM 系统是既有 CAD 功能又有 CAM 功能的集成系统。

(　　)3. 目前,绝大多数 CAM 系统都属于交互式系统。

(　　)4. 只有实体模型可作为 CAM 的加工对象。

(　　)5. G04 执行期间主轴在指定的短时间内停止转动。

二、单选题

1. 某卧式数控车床,前置刀架车削外圆时,刀具向尾架方向进给,如需刀尖圆弧半径补偿,应使用(　　)指令。

A. G40 　　　　　　　　　　　　　　　　B. G41 或 G42,具体根据坐标系判定

C. G42 　　　　　　　　　　　　　　　　D. G41

2. 在使用 G41 或 G42 指令建立刀补的过程中,只能用(　　)指令。

A. G00 　　　　　B. G00 或 G01 　　　　C. G01 或 G02 　　　　D. G02 或 G03

3. 在使用 G40 指令取消刀补的过程中,只能用(　　)指令。

A. G00 或 G01 　　　B. G01 或 G02 　　　C. G02 或 G03 　　　D. G04

4. C 功能刀尖圆弧半径补偿有效时,在执行"N50 G01 W-20. F0.1;　N60 U-5.;"程序段镗孔时,系统会自动在轨迹拐角进行(　　)转接。

A. 插入型 　　　　B. 伸长型 　　　　　C. 缩短型 　　　　　C. 圆弧型

5. C 功能刀尖圆弧半径补偿有效时,在执行"N50 G01 W-20. F0.1;　N60 U-5.;"程序段车削外圆时,系统会自动在轨迹拐角进行(　　)转接。

A. 圆弧型 　　　　B. 缩短型 　　　　　C. 伸长型 　　　　　C. 插入型

参考文献

［1］朱勇.数控机床编程与加工［M］.北京:中国人事出版社,2011.

［2］席凤征.数控车床编程与操作［M］.北京:科学出版社,2014.

［3］谢仁华.典型车削零件数控编程与加工［M］.北京:北京理工大学出版社,2014.

［4］王忠斌.数控加工编程与操作实训教程［M］.北京:北京大学出版社,2014.

［5］王吉连,王吉庆.数控车削编程与加工［M］.北京:外语教学与研究出版社,2011.

［6］朱明松,陶建东.数控车削编程与加工(FANUC 系统)［M］.北京:机械工业出版社,2015.